U0303217

清华科史哲丛书

克丽奥眼中的科学

科学编史学初论（第三版）

刘兵 著

商务印书馆
The Commercial Press

图书在版编目(CIP)数据

克丽奥眼中的科学:科学编史学初论/刘兵著.—3版.
—北京:商务印书馆,2021(2023.7重印)
(清华科史哲丛书)
ISBN 978-7-100-19592-8

Ⅰ.①克… Ⅱ.①刘… Ⅲ.①自然科学史-研
究-世界 Ⅳ.①N091

中国版本图书馆 CIP 数据核字(2021)第 034633 号

清华科史哲丛书

克丽奥眼中的科学
——科学编史学初论
(第三版)

刘 兵 著

商 务 印 书 馆 出 版
(北京王府井大街 36 号 邮政编码 100710)
商 务 印 书 馆 发 行
北京虎彩文化传播有限公司印刷
ISBN 978-7-100-19592-8

2021 年 5 月第 1 版 开本 880×1230 1/32
2023 年 7 月北京第 2 次印刷 印张 12½
定价:58.00 元

总　序

　　科学技术史(简称科技史)与科学技术哲学(简称科技哲学)是两个有着内在亲缘关系的领域,均以科学技术为研究对象,都在20世纪发展成为独立的学科。在以科学技术为对象的诸多人文研究和社会研究中,它们发挥了学术核心的作用。"科史哲"是对它们的合称。科学哲学家拉卡托斯说得好:"没有科学史的科学哲学是空洞的,没有科学哲学的科学史是盲目的。"清华大学科学史系于2017年5月成立,将科技史与科技哲学均纳入自己的学术研究范围。科史哲联体发展,将成为清华科学史系的一大特色。

　　中国的"科学技术史"学科属于理学一级学科,与国际上通常将科技史列为历史学科的情况不太一样。由于特定的历史原因,中国科技史学科的主要研究力量集中在中国古代科技史,而研究队伍又主要集中在中国科学院下属的自然科学史研究所,因此,在20世纪80年代制定学科目录的过程中,很自然地将科技史列为理学学科。这种学科归属还反映了学科发展阶段的整体滞后。从国际科技史学科的发展历史看,科技史经历了一个由"分科史"向"综合史"、由理学性质向史学性质、由"科学家的科学史"向"科学史家的科学史"的转变。西方发达国家在20世纪五六十年代完成了这种转变,出现了第一代职业科学史家。而直到20世纪末,我国科技史界提出了学科再建制的口号,才把上述"转变"提上日程。在外部制度建设方面,再建制的任务主要是将学科阵地由中国科学院自然科学史所向其他机构特别是高等院校扩展,在越来越多的高校建立科学史系和科技史学科点。在内部制度建设方面,再建制的任务是由分科史走向综合史,由学科内史走向思想史与社会史,由中国古代科技史走向世界科技史特别是西方科技史。

科技哲学的学科建设面临的是另一些问题。作为哲学二级学科的"科技哲学"过去叫"自然辩证法",但从目前实际涵盖的研究领域来看,它既不能等同于"科学哲学"(Philosophy of Science),也无法等同于"科学哲学和技术哲学"(Philosophy of Science and of Technology)。事实上,它包罗了各种以"科学技术"为研究对象的学科,是一个学科群、问题域。科技哲学面临的主要问题是,如何在广阔无边的问题域中建立学科规范和学术标准。

本丛书将主要收录清华师生在西方科技史、中国科技史、科学哲学与技术哲学、科学技术与社会、科学传播学与科学博物馆学五大领域的研究性专著。我们希望本丛书的出版能够有助于推进中国科技史和科技哲学的学科建设,也希望学界同行和读者不吝赐教,帮助我们出好这套丛书。

吴国盛

2018 年 12 月于清华新斋

第一版序

刘兵兄研究科学编史学已有好些年了。

这几年,我们曾多次在一起讨论与科学编史学有关的理论问题,有时竟深夜不眠。在这个问题上,我们是从不同的出发点走到一起的。刘兵的研究领域,除了西方科学史之外,近年来主要关注与科学哲学关系密切的科学编史学;我的本行主要是中国古代科学史,按理说这也与科学编史学有密切的联系,应该不难想象。近年来,当刘兵致力于编史学理论研究时,我正好一直在思考着我自己的天文学史研究能否有新的大突破——尽管这种大突破迄今为止仍然只是梦想,但使我一再将目光投向科学编史学。

然而,多年来国内科学史界的普遍风气,似乎一直是对带有科学哲学色彩的研究完全不加理睬,甚至视之为虚空无用之说,"不是真学问"。在此风气之下,科学编史学的理论问题当然更加不可能进入视野之内——在许多科学史研究者的心目中,也许根本就不存在"科学编史学"这样一种"学"和这一方面的问题。这种情况在国外同样存在,正如美国科学哲学家劳丹(H. Laudan)所说,尽管一些科学哲学家开始和科学史"联姻",但是大多数科学史家却宁愿"尽快将这些求婚者打发走"。

回忆十几年前,我和刘兵都在北京的中国科学院研究生院念书时，古代科学史专业的导师们都不要求学生修科学哲学的课程。但是我不知怎么会鬼使神差地选修了科学哲学课程，从此就有一个念头在我脑子中"常驻内存"了：科学史研究不应与科学哲学理论分离。后来我自己带研究生，就总是在第一年为他们开"科学哲学导论"这门课，而在这门课中，我总要向他们强调科学编史学的理论问题。

去年秋天，一位颇有名声的美籍华人教授来上海讲学，座谈时他放言曰，在今天的美国大学中，谁要是还宣称他能知道"真正真实的历史"，那他就将失去在大学中教书的资格。有趣的是，座中一位同样颇有名声的前辈学者，接下去在抨击国内史学界现状之后，却语重心长地敦请那位华人教授为我们提供"真实的历史"。后来每当我又想到科学编史学问题时，上面那一幕情景经常会浮现在眼前。史学研究，并不是只靠勤奋治学和功力深厚就能取得成就的。如果"只埋头拉车，不抬头看路"，不思考最根本的理论问题，对别人思考所得的成果也不屑一顾，那恐怕就永无进入国际先进水准之日（推而广之，其他一切研究也是如此）。上面那一幕情景，正表明了我们在理论方面的欠缺。就科学史这一研究领域而言，情况也不例外。

"真实的历史"这个以往被认为是天经地义的主题，经过20世纪科学哲学和科学编史学的"蹂躏"，早已成为一个难圆之梦。科学史研究者已经无法采取鸵鸟政策，用充耳不闻、视而不见的办法将科学哲学和科学编史学拒之于门外，因为他们将经不起来自门外的理论诘难。梦想可以保留在心中，但是"梦想成真"却无法成为现实。"真实的历史"当然仍然可以追求，但是采用不同的理论工具或模式(比如社会学的、计量学的、心理学的等),就会构建出各不相同的科学史;这些各不相同的科学史之间的优劣异同当然可以比较品评,然而再也没有哪一个能居于独尊的地位。正是在这样一幅多元互动的图景之中,科学史研究将得到发展和深入。

不少科学史研究者早就问过,科学哲学或科学编史学对科学史研究有什么用呢?确实,这个问题很难回答。刘兵在他的书里虽然提供了一些答案,但没有任何一个答案能够像"笔有什么用?可以写字"那样简洁明了、令人满意,那么我们为何不可以反过来问,科学史对我们有什么用呢?历史学对我们又有什么用呢?很多人会说,其实没用。没有历史学,地球照样转动,社会照样运作,生活照样进行。同样的,没有科学哲学或科学编史学,科学史的论文也照样一篇篇地写成,科学史的书籍也照样一本本地出版。不过,人类是有文明的,人类总需要一些没有"用"的东西,历史学就是其中的一种——至少,历史会使我们变得更聪明些。同样的道理,科学哲学或科学编史学也会使得科学史研究者变得更聪明些。那些形形色色的哲学思考和理论探索,对于只知道急功近利、"立竿见影"的人们当然无用,但是对于真正的史学研究,却是有益的滋养。中国古代史学家讲培养"史识",或许也隐约有这方面的意思。

刘兵兄长居京华,陋室之中,但见群书满架;红尘深处,偏能心如止水,以"十年磨一剑"之精神,写成此书。欣喜之余,为作短序如上。

江晓原

1996年1月9日

于上海二化斋

第二版序

刘兵兄的《克丽奥眼中的科学——科学编史学初论》初版于1996年，我为那个初版写了序。现在此书又迎来了新的修订版，刘兵兄再次征序于我。就像他为我的《天学真原》初版（1992）和新版（2004）都写了序一样，我也不能不从命。

刘兵兄率先在国内鼓吹科学编史学，十余年于兹矣。效果如何？可用两句话概括之，曰：成效显著，影响深远。这两句判断，当然不是我为老朋友捧场随口徒托空言，而是有真凭实据的。

成效之实据安在？请先看下列论文目录：

刘晓雪：布鲁诺再认识——耶兹的有关研究及其启示（已毕业之硕士论文）；

王延峰：对福尔曼魏玛文化与量子力学关系研究的编史学研究（已毕业之硕士论文）；

章梅芳：女性主义科学史的编史学研究（已毕业之博士论文）；

卢卫红：人类学进路科学史的科学编史学研究（已毕业之博士论文）；

王延峰：皮克林的社会建构论研究（已毕业之博士论文）；

谭　笑：科学修辞学进路科学史的编史学研究（撰写中之博士论文）；

王　哲：建构主义科学史的编史学研究（撰写中之博士论文）；

杜严勇：对爱因斯坦研究的编史学研究（撰写中之博士论文）；

宋金榜：视觉科学史的编史学研究（撰写中之博士论文）；

董丽丽：对伽里森的科学编史学研究（撰写中之博士论文）。

此八篇博士论文和两篇硕士论文皆为刘兵所指导。不难想象，刘兵在这些学生思想中播下的"科学编史学"之种，将随着这些学生的毕业，而在四方发芽生根，开花结实。

影响之实据安在？请先看下列高校名单：清华大学、北京大学、上海交通大学、内蒙古大学、内蒙古师范大学、武汉理工大学……

请原谅我未能获得完整的统计数据。仅据我个人见闻所及，上述高校都采用本书作为相关课程的教材或参考教材。

所谓"科学编史学"，刘兵给出的定义是一个连环套。"编史学"的定义是："对于历史的撰写和历史的方法、解释、争论的研究。""科学编史学"的定义是："对科学史进行的编史学的研究。"这听起来似乎相当抽象，相当学术化，若用大白话来说，则"科学史理论研究"一语，差能近之。

这种学问的价值何在呢？可以从科学、科学史、科学编史学三者的关系来入手考虑。

我和刘兵的共同朋友，北大的刘华杰教授，倡学问分"阶"之说，比如科学本身为一阶，则科学史为二阶，而科学编史学为三阶……有趣的是，在一些怀有偏见的人来看，学问中"阶"数越小则越尊贵，"阶"数越大则越可以鄙视。按照这样的标尺，刘兵兄的科学编史学研究"阶"数为三，自然是没有尊贵可言的了。幸好刘兵兄从来没有将这类偏见放在眼里,否则他恐怕就不研究科学编史学了。

　　如果将通常的科学研究活动称为一阶,而将科学史研究(对科学的历史的研究)称为二阶,那么科学编史学就将是三阶。当然,对一个科学史研究的从业者来说,他也完全可以将科学史视为一阶(尽管这样做丝毫不会让那些怀有偏见的人对科学史更加尊重),那么科学编史学就成为二阶。但是,在上面这个"阶系"中,不管我们选择哪一个坐标原点,科学编史学都脱不了"对研究进行研究"的身份。

　　因此,科学编史学的价值,首先就体现在对科学史研究的帮助上。它帮助科学史研究者回顾以往研究的成败得失,也帮助科学史研究者思考新的研究路径。

　　当然,科学编史学在这方面的价值,迄今为止也许并未得到科学史研究者普遍一致的认同。有些研究者认为,只有进行一阶的研究,才是"真功夫",才有学术价值。这种狭隘功利的观念,导致一些人轻视科学史研究,这样的人当然更会轻视科学编史学的研究。即使在科学史界,认为科学编史学不着边际、不切实用的,恐怕也还颇有人在。关于这方面的情况,我在1996年本书的初版序中已谈到。

　　不过,十几年过去了,情况显然有所改善,有更多的人认识到了科学编史学的学术价值,此则刘兵兄鼓吹之功,不可没也。

　　刘兵兄所从事的科学编史学研究,除了对科学史有意义之外,还有更为广泛的意义,值得特别提出来讨论几句。

　　从1996年到2009年,这十几年间,有一个非常重要的变化必须考虑,即科学史这个学科的处境有了相当大的改变。

1996年,科学史是一个默默无闻的、被严重边缘化了的甚至其从业者的生存都成问题的小小学科。借用证券行业的术语,我在1999年上海交通大学科学史系成立大会上,将这个中国第一个科学史系的创建比喻为"走出阶段性底部的第一根阳线"。如果这个比喻可以成立的话,那么1996年的中国科学史界,确实可以说是在"底部"挣扎着。

然而到了2009年,科学史虽然依旧是一个小的交叉学科,但它至少已经被国家承认为理科的一级学科,除了中国科学院自然科学史研究所这个国家队,全国高校中已经有了四个科学史系。更重要的是,以科学史、科学哲学、科学社会学等学科为依托的科学文化传播,在国内公众媒体中的话语日益增长,正产生着越来越广泛的社会影响。

在这样的情况下,科学编史学对以往科学史的反思和对有关问题的探讨,就远远越出了科学史的象牙之塔,而开始对公众的思想产生了影响。例如,当刘兵对国内科学史中的"辉格解释"进行研究之后,就不可能不对以往科学史面向大众的主要接口——爱国主义教育和传统"科普"——产生某种震撼性的甚至是颠覆性的影响。

也就是说,随着科学文化对公众话语影响的增长,科学编史学的研究成果将有机会被"放大"。我认为,这应该是今后科学编史学研究中进一步注意的一个方面。

最近十多年来,我经常在想一个问题,有时也和朋友们讨论这个问题,即一个人在提倡某种学术研究时,究竟能够产生多大的作用？

在我们以往的思维习惯中，我们总是倾向于将个人渺小化，将个人的作用虚无化。一个人如果取得了一些成绩，他必须说这是"领导英明"和"同事协作"的结果，这样才被认为是得体的；如果他表示"这确实是我自己多年来努力的结果"，领导和同事们就要在心里悄悄不高兴了。在这样一种大家都习惯的氛围中，我们往往不敢想象或展望个人在提倡某种学术研究时的作用。

现在，看来是考虑改变上面这种思维习惯的时候了。因为刘兵让我们看到了反例。

在我的视野中，近年来，在学术界大力提倡科学编史学研究的，就是刘兵单枪匹马一个人。但是，他已经让科学编史学研究产生了不可忽视的作用和影响。套用好莱坞电影中常见的套话，可以说"他成功了"。成功的原因，我姑且先归纳出两个。

一是由于他持续不断的努力。十余年来一以贯之，这在个人方面倒也不是太难——有一定毅力的学者都能做到。但在效果上来说，就相当可观了。在如今众声喧哗、泡沫腾飞、信息爆炸的学术环境中，只有长期坚持，才可能产生足够的效果。当然，这是以所坚持的是严肃认真的学术为前提的。反之，我们看到有些纯粹哗众取宠的妄人言论，"毅力"倒也不小，已经"坚持"好几年了，效果则只是让人看到跳梁小丑，成为笑柄。

二是由于刘兵持续进行学术文本和大众阅读文本之间的跨文本写作。如果说持续的学术研究是基本信号，那么持续的跨文本写作就是强大的"功放级"，使得刘兵的声音覆盖面宽阔，而且能够传播到距离遥远的地方。曾有传言曰"有科学的地方就有刘兵"，这话当然会被有些人利用来讽刺刘兵,但又何尝没有一点与昔日"凡有井水处,即能歌柳词"异曲同工之处呢?

在持续进行跨文本写作以传播自己的学术理念这一点上,我与刘兵兄深有同好。有些人甚至已经将我们两人视为中国当代"科学文化运动"的倡导者,这在我们自己当然愧不敢当,但也确实表明,一小群人持续的跨文本写作,真的有可能产生比人们通常想象的大得多的影响和作用。

火热的社会生活和象牙塔中的学术思考未必总是格格不入的。任何一种严肃认真的学术研究——哪怕是"三阶"的科学编史学,都有可能对公众产生影响。当我为本书写完这篇新版序时,这是最令我感到兴奋的一点。

江晓原

2009 年 4 月 5 日

于上海交通大学科学史系

第三版序

十多年前，在与朋友的谈话中，曾说到当下许多出版的书籍多为应急之作，可用来谋求功利，却未必有重要的学术价值。当时我曾提了一个非常简化的判据，即判断一本书的学术价值，可以看看它在大多数购买了它的学者的书架上是否能待够十年而不被处理掉。当然，这是一个很粗略而且有些玩笑性的判据。不过，近似地看，却也能够部分地说明一些问题。

二十多年前，本书在山东教育出版社出了第一版，当时也算是国内在这个领域的第一本研究专著。十多年前，在上海科技教育出版社又出了修订版。在第一版出版的二十多年后，现在能有机会在商务印书馆作为"清华科史哲丛书"的一种再出第三版，我个人实在是感到非常幸运。至少，这表明这本小书在我自己的那个粗略的判断下，似乎还有些学术价值，还有学术界的需要。

关于何为科学编史学，及在这个领域进行研究的意义等，在仍保留在这第三版中由我的朋友江晓原为前两版所写的序中已讲了不少，在书的正文也有所讨论，这里就不再画蛇添足地多讲了。在这次修订准备第三版的过程中，与前两版相比，我还是做了较大的改动，包括新增了第六章"考据与科学史"和第十六章"地方性知识与科学史"，在第四章补充了较多的新内容，重写了原名为"科学史的客观性"并新更名为"科学史的客观性与相对主义"的第七章,并在其中补充了大量内容。另外,对于原书的其他章节也进行了相应的内容和文字方面的修订。

在此书的第一版中,我就提到,我计划后面还要再写此书的续篇,但计划变成现实总是不那么顺利。由于时间、精力、工作方向等方面的原因,最后这个续篇的写作计划,变成了汇集在这些年我所指导的从事科学编史学研究的博士生们的工作,将其博士学位论文的精华部分整合在一起的科学编史学的新论,而我主编的这本新论也应该很快可以出版,这也许是令我更为欣慰之事。

最后,要感谢这些年中阅读了前两版的读者,也希望第三版能为更多的新读者所接受。

希望有更多的科学史和相关学科的研究者,以及对科学史和相关问题有兴趣的读者关心科学编史学这个"无用"的领域,希望科学编史学在未来能有更好的发展!

刘　兵

2020 年 5 月 20 日

于北京清华园荷清苑

目　　录

导言 何为科学编史学

名不正则言不顺，言不顺则事不成。

——孔子：《论语》

正如本书的副标题所示，本书所要讨论的是科学编史学。为使读者不致产生某些误解，在正式展开论述之前，在这里先对几个相关的概念做一些简要的说明。

一 编史学

在英语中，Historiography 一词通常有两种含义：（1）被人们所写出的历史；（2）对于历史这门学问发展的研究，包括作为学术的一般分支的历史的历史，或对特殊时期和问题的历史解释的研究。[1] 对于此词，国内有不同的译法，如"史学"或"历史编纂学"等，本书将其译为"编史学"。当然，这种译法也可能带来让人望文生义的误解，所以这里先要对编史学的概念做一些简要的讨论。

如前所述，讲英语的历史学家在两种意义上使用编史学这一

---

[1]　H. Ritter, *Dictionary of Concepts in History*, Greenwood Press, 1986, pp. 188-193.

术语。在宽泛的意义上,它指一般的被人们写出的历史,或是撰写历史的活动,在某些场合编史学家(historiographer)甚至可以是历史学家(histoiran)的同义词,但这种用法现已较为少见。这是一种传统的用法,其历史至少可以追溯到 16 世纪。直到现在,许多历史学家也还常在这种意义上使用此词,但在更多的情况下,它已被另一个更简短但又多义的词——"历史"(history)所取代。

狭义地讲,编史学这一术语在英语中指对于历史的撰写和历史的方法、解释、争论的研究。虽然对于史学史的研究并不是什么新的领域,向前也可追溯到公元前,但直到大约 18 世纪末和 19 世纪初,史学史的研究才趋向于成熟,一种对历史学这门学科的历史的分析性和批判性的观点才确立起来。相应地,英语中编史学一词在与史学史研究密切相关的这种用法的起源较晚,大约在 20 世纪初才出现,而且这与 19 世纪末德国史学史家频繁地使用德语的 Histoiographie 一词有间接的联系。20 世纪,在英语世界人们越来越意识到史学史的价值所在,尤其是认识到像其他的文化形式一样,历史著作实际上也是一种历史的产物,必须将其放在产生它们的文明的背景中作为人类思想史的一个方面来考查。同时,随着史学职业化,对历史解释的争论也逐渐增多,人们愈发感到需要一个专门的术语来表示对史学争论的研究。这样,编史学一词便更多地在第二种意义上为人们所使用。

在随后的发展中,编史学与史学史相关的这种用法的含义又有了进一步的扩展。编史学的研究范围延伸到当代,包括分析和研究历史学中当前的各种思潮,力图帮助史学家发现他们的研究兴趣、方法等与范围更广的思潮的联系。在某种程度上,编史学也成了一种"批判的工具",并与历史哲学(philosophy of history)的研究范围有了很多的重叠。

在我国,学术界常用"史学理论"一词,来指那些非原初意义上的历史研究而又与一些史学基础性问题(包括历史哲学)有关的研究。这种"元"史学的研究,与编史学的所指是相近的。当然,国内"史学理论"界所关心的问题和研究的方法,与国外的编史学研究还是有相当大的区别。

在做了以上的讨论之后,便可以较为明确地讲,本书书名所指的编史学,就是在第二种扩充了的意义上的编史学。

在史学界,有时还可以看到这样一种观点,即认为编史学研究不是第一流的学者所从事的工作,仿佛其工作的价值要低于真正的史学研究(如从原始史料出发的对"历史"的研究)。在我国,这种观点也是存在的。其实,这主要是与研究者对于研究的"阶"数问题的理解相关,即不同"阶"的研究,其原始史料也是有所不同的,就像科学史家在做标准的科学史工作时,其最原初的一手文献并非像科学家那样是直接读取仪器上的数据一样。对此,这里不准备再做长篇的分析讨论。简单地讲,编史学研究的意义和价值,尤其是研究和借鉴西方编史学的成果对于我国史学发展的意义和价值,应该说是显而易见的。

二 科学史

讲到科学史的概念,首先涉及对"历史"概念的理解。事实上,"历史"的概念是一个多义的概念。在英语中 history(历史)一词至少可以在两种层次上来理解。首先,在最常见的用法中,它泛指人类的过去,而在专业性的用法中,它或是指人类的过去,即所谓的"历史Ⅰ",或是指对人类过去本质的探索,即所谓的"历史Ⅱ"。[①] 同时,不论是在通常的用法中还是在专业的用法中,这一概念也还指对于过去所发生事件的说明和描述,也即由人所写出的"历史"(当然,仅仅对于一个事件的各个方面做出按时间顺序的说明还不一定是历史,例如,像"大事记"等并不能等同于"标准"的历史)。对于历史这一概念的这些不同的理解,在历史哲学中也对应于不同的流派。例如,在一些唯心主义的历史哲学家中,便认为除了历史学家根据原始材料而构造的历史之外,并不存在有"实际"的历史。但如果不做本体论讨论(这种本体论的讨论将是更有争议且更难达到一致的结论),而从认识论的角度来说,像这样的说法也并不是很容易被驳倒。因而,在西方的历史学界,目前较为普遍采用的看法,是将历史视为人类(当然是在原始材料的基础上)进行的建构,而对本体论意义上的那种"实际"的历史的问题,采取了回避的态度。

至于谈到科学史,则除了历史的概念之外,还涉及"科学"的概念。"科学"同样也是一个有多重含义的概念。在对此做专门研究的科学哲学界,对于什么是科学,或者说科学的"划界"问题(也即定出某种标准,将科学与非科学清楚地划分开来)也一直是争论的焦点问题,而且尚无为所有科学哲学家一致认可的对"科学"的定义,甚至有人认为从根本上不可能给出一个通用的统一划界标准。

---

① H. Ritter, *Dictionary of Concepts in History*, pp. 193-200.

但是,在就与科学史相关的一般理解中,"科学"至少也有两层含义。其一,是被看作关于自然的经验陈述和形式陈述的集合,是在时间中某一给定时刻构成公认的科学知识的理论与数据,是典型的已完成的产品,即所谓的"科学Ⅰ"。其二,科学是由科学家的活动或行为所构成的,即它是作为人类的一类行动,即所谓的"科学Ⅱ",而不论这种行动是否带来了关于自然的真的、客观的知识。①一般地讲,在科学史家所关注、所研究的"科学史"中所涉及的"科学",主要是后一种意义上的科学(当然,也是不能完全地将前一种意义上的科学完全地排斥出科学史领域的)。

从学科范围的意义上来说,"科学"有狭义和广义之分。狭义的"科学",通常指西方近代科学革命以来产生的,建立在数学和实验基础上的,系统化的、具有严密逻辑性的知识体系。而广义的"科学"则包括人类在与自然互动过程中形成的一切系统性的知识体系,或与西方近现代科学具有某种关联,或目前还未发现这样的关联,但仍然具有独立的认识意义和价值。在这种意义上,"科学"的划界大大拓展,例如中国古代科学,以及各国家、各地区、各民族的许多原本被排除在狭义的科学概念之外的"地方性知识",也都可以被纳入其中。

在此需特别说明,本书的讨论在以上两个方面都是指后一种意义上的"科学"。

---

① H. Kragh, *An Introduction to the Historiography of Science*, Cambridge University Press, 1987, p. 22.

三　科学编史学

在做了以上的准备之后，我们可以说，本书所要讨论的"科学编史学"，即是对"科学史"(history of science)进行的"编史学"(historiographical)的研究。至于科学编史学是否可成为一个独立的学科，这方面虽有争议，但并不特别重要。重要的是这个领域中的理论性研究对于科学史乃至一般历史学的意义。这种意义甚至远可推及科学哲学、科学社会学、科学传播、科技政策等众多相关的学科。与一般历史学相比(如从学科确立的时间和研究者的人数等方面来相比)，科学史的确可以说是一个晚生的小学科。而与科学史的发展相比，科学编史学的研究就更滞后，研究成果就更少，研究的规模就更小了。但即使如此，科学编史学仍是一个相当广阔的领域，有众多重要的课题需要进行认真的研究。

就研究对象来说，我们可以将科学、科学史和科学编史学一并在表1中给出说明。

表 1　科学、科学史和科学编史学的研究层次和研究对象

类别	研究者	研究对象	阶数
科学研究	科学家	自然	1
科学史研究	科学史家	科学和科学家	2
科学编史学研究	科学编史学家	科学史和科学史家	3

根据上表可以看出，如果我们把科学家对自然界的研究作为一阶研究的话，科学史就已经是二阶的研究，它也有些类似于对科学和科学家进行哲学研究的科学哲学。当然这仅仅是在"阶"的意

义上的类似。而在学科领域、学科分类和研究方法上，也有哲学与历史之间的区别。相应地，科学编史学则是三阶的研究。

按此分类，至少从研究对象上来看，科学编史学与科学史显然是有所不同的。

但是，在这里需要说明的是，与一般历史学相对应的编史学有所不同，科学编史学因其发展的时间短，研究者少，还远没有形成一个相对独立的研究者共同体。因此，在学术交流和在学术评价上都经常处在科学史的领域，交流的对象和评价者也主要是科学史家。这与同是二阶研究的科学哲学又有不同，因为科学哲学的交流和评价并非是在科学家共同体，而通常是在科学哲学家或哲学家的学术共同体进行的，即使是像科学哲学史那样同样可以归为三阶的研究。

四　对于科学编史学的某些偏见

在目前国内的现实中，如前所述，由于科学编史学研究者人数很少，还没有形成相对独立的学术共同体，其交流和评价往往是在科学史或科学哲学等学科共同体进行的，尤其是某些科学史家，往往会对科学编史学的研究有一些偏见。

例如，典型的偏见有：(1)科学编史学这样的理论研究对于科学史的研究"无用"；(2)科学编史学不是在"一手材料"的基础上进行的，不是"原创"的；(3)科学编史学的研究者因其不做具体、直接的科学史研究，因而没有"资格"对科学史和科学史家"品头论足"。

如此等等。

但我们首先可以注意到这样一个现象,即在不同阶的研究者之间的交流,往往会引发矛盾和冲突。而科学史和科学编史学恰恰是属于不同阶的研究。

之所以不同阶的研究者之间的交流会带来矛盾和冲突,一个重要的原因(或者稍有些夸张地说,我们经常会见到有些像一个较有普遍性的现象甚至说是"规律"),就是被研究者总是对于研究者和研究者的成果有所保留,甚至于不理解和反感。在此,我们可以举出两个例子。

例子一:文学家对于文学评论家和文学理论家的态度。一些文学家经常会认为文学评论是没有价值的,对于文学创作没有直接帮助,认为文学评论家因为本人不写小说、诗歌,因而没有"资格"对文学家的写作说三道四。

例子二:科学家对于科学哲学家和科学史家的态度。其实,除了科学哲学和科学史之外,在以科学和科学家为研究对象的其他学科,如科学社会学、科学伦理学等,也是类似的。在现实中,一些科学家经常会瞧不起这些对他们的工作和他们本人进行研究的研究者,认为这些研究的结果对于他们进行科学研究没有用(而且在现实中确实绝大多数科学家对这些成果基本是漠不关心),而且也认为这些研究者因其并不从事科学研究,可以认为是"不懂"科学,因而他们也没有"资格"对科学和科学家进行研究。

科学史家对于科学编史学的态度也是类似的,所以才会有前面所说的那些对科学编史学的偏见。

其实,在学术研究的意义上,并不存在有研究者和被研究者谁高谁低的价值区分。

对于前面所说的三种常见的对于科学编史学偏见中的后两者，我们可以简要地分析和反驳如下。

首先，任何阶数的研究都因其有着直接的对象，也因而可以有相应的"一手材料"。只是因为研究的"阶数"不同、对象不同，这些"一手材料"的类型也不同。如果说科学家的著作、论文、书信、笔记、档案、谈话等可以作为科学史研究的"一手材料"，那么科学史家的著作、论文、书信、笔记、档案、谈话等同样也是科学编史学的"一手材料"。相应地，针对这些不同的一手材料的研究也都可以是"原创性"的研究。如果混淆了不同阶的研究，就会带来问题。例如，科学家若对科学史家提出其研究的"一手材料"和"原创性"问题，科学史家应该如何回答？而且在现实中，确实也有科学家对科学史研究的"原创性"有所质疑，其主要原因也还是因为这种在对不同阶数研究的直接对象和相应的"一手材料"认识上的混淆。

其次，任何学科在发展到一定程度后都可以有其独立性和自主性。研究者都可以专业化，而不必按其上一阶的标准来要求。例如，文学评论家并不一定要直接创作文学作品，科学史家并不一定要从事科学研究，相应地，科学编史学家也同样可以凭其自身特殊的训练和资格从事对科学史和科学史家的研究。这也是学科发展专业化的需要。

五　科学编史学的"用处"

在前面谈到对于科学编史学的偏见时，最常见、最容易为一些科学史家所提及的，就是认为科学编史学这样的理论研究对于科学史的研究"无用"这种看法。

这就涉及科学编史学的"用处"的问题。

像科学编史学这样的理论研究，对于科学史的研究是否有用，首先是取决于对"用"这个概念的直接和间接的理解。正如许多科学家尽管对科学哲学表示不感兴趣或者持歧视态度，但他们在其科学研究中，并不能回避其仍具有涉及科学观和科学方法的理解（这些恰恰是科学哲学专门研究的内容）一样，科学史家在进行科学史研究时，也无法回避其所带有的科学史观和相应的科学史方法论的影响。问题只是在于，那些关心科学编史学的科学史家，对于在其研究中起作用的科学史观、科学史方法论等内容，是有着自觉的意识的，可以主动地调整和利用，当然也有反思；反之，那些对科学编史学持拒绝态度的科学史家，依然无法在其研究中回避那些立场、观点和方法的作用，只不过是以一种朴素、模糊、不自觉的方式在受其影响而已。前者是积极主动的，后者则是消极被动的。

在这里，我们还可以更一般地针对人文学科的"有用性"问题再展开一点进行讨论。

除了直接针对科学编史学的有用性问题，对于科学编史学的一个相关学科，也即科学哲学（当然，对于科学社会学、科学伦理学等也是一样），人们同样可以提出类似的问题：科学哲学对具体的科学研究有用吗？

首先，需要分析的是对于"有用性"之"直接"和"间接"的理解。显然，如果从"间接"的"有用性"来看，科学哲学和科学史对于科学研究，科学编史学对于科学史的研究，其意义是可以辩护的。当然，这种"间接"的"有用性"还是针对上一阶的研究，即对科学家和科学史家而言的。

除此之外，我们还可以在另一个层次上来看待"有用性"的问题，即抛开"直接"甚至"间接"的"有用性"的考虑。也就是说，在更广泛的"观察者"中的一种对于上一阶工作的"理解"的问题。因为文学评论的读者并不只限于文学家，还包括了关心文学的其他人；科学哲学的读者也不只限于科学家，还包括了所有对科学感兴趣的人；科学编史学也是类似的，所有科学史的阅读者也都可以是科学编史学的潜在读者（尽管现实还远远达不到这样的理想状况）。

也就是说，抛开直接的实用性，在更广泛的范围内可以带来一种对其研究对象的理解，这也是所有更高阶研究的意义。

这样，科学哲学就不必只听命于科学家的直接需求，而科学编史学也不必只针对科学史家的直接需要，正如文学评论并不一定承担指导如何进行文学创作的使命一样。

当然，我们也需要承认，当有可能满足那些"直接"或"间接"的"需求"时，相关的研究也是值得去做的事。

第一章　科学史的历史概述

> 研究任何历史问题都不能不研究其次级的历史。所谓次级的历史是指对该问题进行历史思考的历史……正如哲学对自身的批判形成了哲学史,历史对自身的批判也形成了史学史。
>
> ——柯林伍德:《自传》

一　对讨论范围的限定

中国的史学传统源远流长。在众多古代史书中,很早就有了与科学史有关的史料记载。在宋代,像周守忠的《历代名医蒙术》这样的医史著作出现了。而到了清代,甚至有了由阮元等人撰写的《畴人传》这样专门的天文学家、数学家传记专著(其中并有若干重要的西方科学家之传)。有人认为,我国学者对科学史(主要是中国科学史)的真正研究(而不仅仅是对史料的汇集和简单记述)始于20世纪前后。[①] 但是,近代科学产生于西方,一般地认为与

---

① 郭金彬、王渝生:《自然科学史导论》,福建教育出版社1988年版,第258—259页。

近代科学诞生直接相关的文化传统也是西方的。相应地,科学史在其作为一门学科这种意义上,基本上也是产生于西方的文化土壤。本书所要讨论的主要内容,正是与西方科学史发展密切相关的理论性问题。因此,在概要地回顾科学史的发展时,我们也只局限于西方科学史的范围。当然,这并不是说在中国历史上绝无科学史的工作(哪怕只是萌芽式的工作),只是说这些内容不在本书所讨论的范围而已。

从科学编史学的角度来看,西方的科学史在其长期的发展过程中,从形态、研究方法、侧重点到总的科学史观都经历了种种变化。正像有人认为理解科学的最好方式之一是学习科学史一样,通过对科学史这门学科历史发展的考察,也会有助于我们更加深入地理解科学史本身。

然而,"科学史的历史"是一个很大的题目,在本章的有限篇幅内我们所能做的只是勾勒出一个大致的轮廓。关于科学史发展的相对近期情况和现状,则将在本书其余各章的相关内容中部分地有所涉及。至于完整的科学史发展史,那应是一部篇幅巨大的专著才能容纳的课题。

另外需要说明的是,在一些科学史家的著作中,对于科学史、医学史、技术史等有时是分别对待的,这些学科之间也确实有些明显的区别。当然,其间也有着密不可分的内在联系。但在这里,我们先不做细致的区分,而是对最广义上的科学史(即包含所有这些学科在内的关于最广义的科学的历史)做一个整体性的概述。

二　科学史的起源

如果从分类的角度而言,可以说科学史是历史学的一个子分支。当然,对于科学史与历史学的关系,直到 20 世纪才开始有人予以认真的考虑。而在相当长的时间内,一般的历史学与科学史的发展彼此几乎没有联系。

从古希腊希罗多德的《历史》算起,西方历史学家的兴趣一开始就集中在战争和军事方面,后来的《伯罗奔尼撒战争史》和罗马时期的《高卢战记》《喀提林叛乱记》等史学名著亦表明了这一趋向。随着朝代的更迭、政局的动荡,政治与军事一样,也成为古代史学家关注的主题和记叙的中心。这种研究状况持续的时间相当长,直到 18 世纪维科、孟德斯鸠和伏尔泰时代,史学家才渐渐把他们的注意力转向经济、哲学、宗教、文学、艺术等其他领域。这样,除了战争史、政治史以外,历史的视野被拓宽了。这种对人文和社会历史的全方位考察,被称之为文化史或文明史研究。不仅学科范围扩大了,史学研究的地域范围也扩大了。

有了历史学家"研究触角"的延伸,还不足以激发出他们对科学的历史产生充分的兴趣并将这部分内容独立地加以研究。科学史后来之所以作为一门独立学科受到重视,其中的重要因素之一便是:萌芽状态的科学史研究由来已久,为科学史的创立奠定了理论基础。①

----

① 张晓丹:"一个值得重视的学科:科学史学史",《史学理论研究》1994 年第 3 期。

　　与历史学相同,西方的科学史最初的形态亦出现于古希腊时期。几乎从一开始,历史的描述和分析就伴随着科学的发展。早在公元前 5 世纪,古希腊的希波克拉底(Hippocrates)就已描述了到他那个时代为止的医学发展的历史。就医学史而言,公元前 2 世纪,古罗马的名医盖伦(Galen)也做过类似的工作。公元前 4 世纪,亚里士多德在他的著作中的习惯是,从对所讲述课题的历史回顾开始论述,他在《形而上学》一书中留下了关于早期希腊哲学的历史。当他想要谈论原子与虚空的问题时,他就先描述原子论的历史,并在想象中与已去世的德谟克利特进行讨论。亚里士多德的这种历史方法还影响了逍遥学派,例如,他的学生、植物学家德奥弗拉斯特(Theophrastos,公元前 372—前 287)就创立了搜集汇编和注释古希腊哲学家著作这种历史撰写的方式。尤其应当提到的是,亚里士多德的另一位学生埃德谟(Eudmos)曾经撰写过《算术史》《几何史》和《天文史》。遗憾的是,这些著作都已遗失,只是从古代末期和中世纪初期其他一些人的著作中,我们才知道其片断。事实上,当古希腊的数学家想要解决问题时,一种很自然的方法就是从说明这个特殊课题的历史开始,这被看成是问题的一个内在组成部分。稍后一些,5 世纪,普洛克劳斯(Proclus)曾撰写过欧几里得几何学的历史;6 世纪,辛普利修斯(Simplicius)撰写了关于亚里士多德自然哲学著作的注释,并对更早期的自然哲学家的观点给予了说明。

　　中世纪时,一些阿拉伯学者也对科学的历史也表现出了兴趣。例如,11 世纪,赛义德·阿尔·安达卢西(Said al-Andalusi)在其撰写的科学史中,就已将世界各国的科学作为一个整体来考虑,强调了科学的整体性概念、科学的国际定义和科学作为一种智力冒险的重要性。伊斯兰学者还以人物为线索对科学的发展进行了梳理,如伊本·阿尔-格弗兑(Ibn al-Qifti)著有《科学家列传》,伊本·艾比·伍赛比尔(Ibn Abi Uscei'ah)写过《医学家列传》,阿拉伯的学术成就后来深刻地影响了西方文明的复兴。此后在 13 世纪左右,一些埃及、叙利亚的学者也对科学史表现了相当程度的关注。[①]

三　科学史的早期发展

一般认为,16—17 世纪的科学革命,就是哥白尼、哈维、伽利略和牛顿的科学成就取代亚里士多德的物理学、盖伦医学等古代学说的过程。由于狄博斯(Allen G. Debus)等人的工作,我们现在知道,这个时期的科学革命还有另外一个重要的方面,即围绕帕拉塞尔苏斯(Paracelsus)学派的观点所引起的一场持续的、场面更大的论战。[②] 在这场论战中,帕拉塞尔苏斯信徒们的武器就是科学史。

帕拉塞尔苏斯原名为菲利浦·泰奥法拉斯都·波巴都斯·冯·霍恩海姆(Philipus Theophrastus Bombastus von Hohenheim),自称帕拉塞尔苏斯,取超过罗马最伟大的医生塞尔苏斯之意。他第一个打破当时的传统,四处奔波,与盖伦理论的信徒论战。他提

① S. N. Sen,Changing Patterns of the History of Science, *Science and Culture*,1965,31(5):214-219.

② 狄博斯:《文艺复兴时期的人与自然》,周雁翎译,复旦大学出版社 2000 年版,第 136—152 页。

出了崭新的世界观,认为炼金术是重新理解宇宙的基础。由于旧传统的强大,论敌过多,他的大部分著作在他去世约二十年后才陆续出版。他的著作出版后赢得了许多读者,并且引起了历史上罕见的大规模争论。实际上,由于帕拉塞尔苏斯学说对科学各领域的普遍影响,我们甚至可以说,它几乎从根本上改变了当时整个科学发展的道路。

博斯托克(R. Bostocke)是帕拉塞尔苏斯学说理论上的捍卫者。他的论著中几乎有一半都是关于化学史和医学史的。他认为,追求真理的人应当向上帝,而不是向古人的著作学习。博斯托克进而提出,帕拉塞尔苏斯的功绩在于他恢复了古人就知道的真理的本来面貌。可见,博斯托克的这种历史论证,只是为了用来宣传帕拉塞尔苏斯学说的正当性。

另一位著名学者居恩特(Guinter of Andernach)对帕拉塞尔苏斯学派的思想和态度极为反感,但他同时又认为这个学派所采用的化学药品的作用不可否认。他为了论证化学疗法的合理性,也采用历史方法。不过,他所理解的历史与博斯托克的历史大不相同。在他看来,古代医术的成就是希腊人创造的,化学药品是阿拉伯医生首先采用的。帕拉塞尔苏斯的功绩在于重新发现了化学药品,而其宇宙论则应当抛弃。[①]

概而言之,16 世纪的科学论战在很大程度上是围绕帕拉塞尔苏斯学派的理论和实践而展开的。与这种状况相应的科学史,就

---

① 邓宗琦、张祖林、任定成:"科学史学史述略",《华中师范大学学报》(自然科学版)1989 年第 3 期。

是研究者根据自己对这个学派的不同态度所撰写的这个学派的历史背景。

　　其间斯普拉特(T. Sprat)的《皇家学会史》(1667)的出现也与当时的形势有关,是为了保护皇家学会会员免受鼓吹亚里士多德哲学的人士的攻击,它是以辩护的方式写成的。1673 年,英国数学家沃利斯(J. Wallis)关于几何学的历史与实践的论著,被称作是英国第一部严肃的数学史著作。而沃顿(W. Wotton)于 1694 年出版的《对古代与近代学术的反思》一书,虽然广泛涉及人类知识的各个领域,但特别关注一些科学学科,尤其以对生命科学的论述最为出色,包括对血液循环的发现和近代解剖学发展的论述。它被称作是英语中在很大程度上致力于科学史的最早的单卷本著作。①

　　此外,这一时期西方还出现过一些科学史专题研究著作,如瑞典学者武尔(P. Wurtz)在 1649 年著有《伽利略后期》,肖(P. Shaw)在 1725 年编有《波义耳著作》,伯奇(T. Birch)在 1756 年撰有《伦教皇家学会史》,斯图尔特(Robert Stuart)在 1824 年著有《蒸汽机的历史和轶闻》。② 不过这些工作都还只是零散自发地进行的,包括上述几位科学史专题著作的作者,对于科学史性质和任务的认识尚未形成。

　　从现代的观点来看,上述这些早期的工作还只能算是科学史

---

① H. Guerlac, The Landmarks of the Literature, *The Times Literary Supplement*, 1974, Apr. 26:449-450.

② 张晓丹:"一个值得重视的学科:科学史学史",《史学理论研究》1994 年第 3 期。

的雏形。实际上，直到 18 世纪之前，对于科学史细致的、系统的研究几乎还不存在。因此，从古希腊到 18 世纪以前，可以说是科学史发展的史前时期。

四　从学科史到综合科学史

从 18 世纪开始，伴随着启蒙运动和近代科学的兴起，人们将历史看作是一种工具，认为它在反对古老封建秩序的斗争中有重要作用。18 世纪文化的特征是科学与进步，是把科学看作社会进步的源泉，这种对科学与进步的强烈信念也反映在当时的科学史著作中。启蒙时期科学史的特征是，在科学与社会问题方面有一种朴素的乐观主义。随着科学的发展，人们感到，如果不懂科学的历史，就不可能理解科学；因为只有了解一门学科的历史，才能使一个对这门学科感兴趣的人知道，在此之前人们已经做了什么工作，以及还留下什么未完成的事要做。这个时期的科学史也不是一种现代意义上对科学发展真正的历史透视，而更多强调对有关课题的编年细节与概览。科学史研究的典型做法是选择某一个已经确立的学科或学科分支作为对象，并描述构成了该学科当代主题的各种因素是在何时何地形成以及怎样形成的。在这种背景下，一些细致的学科史研究开始出现了。

要追溯学科史的发展，可以沿着两条不同的线索。一条线索是，从更早的时期以来，甚至从古代开始，许多专业学术文献和著作中就包含有叙述该学科历史的章节。而到了 18 世纪之后，随着科学的蓬勃发展，科学家更经常地在其著作中包括了"历史导言"，当时这样做是为了将自己的工作置于该学科的历史传统背景中,以强调其独创性和重要性。例如,达尔文在其《物种起源》后期的版本中,就对从拉马克到他自己在进化概念上的贡献给出了历史的说明,类似的例子还有像拉格朗日(J. L. Lagrange)在其数学著作中、赖尔(C. Lyell)在其地质学著作中对历史的叙述等。从18世纪开始,一直到21世纪的今天,这种传统被继承下来。当今许多科学专著和教科书中仍常常以"历史导言"作为开始,这种历史主要是为了叙述和理解专著中所涉及的专业内容而服务的。这其中也常常包括重要的观点,因而对于科学史的研究者来说,这种"历史导言"是一类重要的文献,它们包含有很多重要的信息,而且反映出作为研究者的科学家的一些有价值的看法。但与此同时,也恰恰由于这类历史的作者是科学家而非专业的科学史家,所以以现代的某种观点来看,很多科学史家不认为它们是真正意义上的科学史,在其写作的准确性上和在写作规范、历史观念等方面存在一些问题,至少需要进行批判式的阅读。这一点,对于非科学史专业的研究者,尤其值得注意,因为一些写作和引用者恰恰是出于对其所参考的材料的性质在判断上的不准确,导致了对于非标准科学史文献的依赖。

学科史发展的另一条线索是,从18世纪中叶开始,出现了一批对一些专业学科的发展做了较系统研究的著作。当然,作者仍是科学家,而不是职业科学史家(在当时还未出现职业科学史家)。在这些开创性的研究中,首推以发现氧气而闻名的英国化学家普里斯特利(J. Priestley)的两部著作:《电学的历史与现状》(1767)和《关于视觉、光和颜色发现的历史与现状》(1772)。另外还有法国数学家蒙蒂克拉(J. E. Montucla)的《数学史》(1758)(这是到当时为止对此最详尽、准确的研究,事实上,此书包括了力学、天文学、光学和音乐的内容,因为当时这些学科被认为是数学的分支),以及法国天文学家巴伊(J. S. Bailly)的《古代天文学史》(1775)和《近代天文学史》(3 卷,1779—1782)。这些著作在今天的科学史研究中还常常为人们所参考使用。普里斯特利本人曾表述过他研究科学史的动机,他认为与欧洲文明的任何其他特征相比,除了其综合性的力量之外,科学更能以进步的思想使启蒙运动让人满意,历史显示出来的这种进步不仅令人愉快,而且更为道德,人们可以从历史中学到,过去的伟大发现并非是无与伦比的天才们的工作,而是由像他们自己一样的人所做的工作。[①]

　　但是,此时的科学史还不具有自身独立的价值标准,而是更多地要为当时的需要服务。例如,普里斯特利更把科学史看作是对尚未解决的问题已研究到了什么程度的一种估量,而巴伊则认为科学史往往是关于我们已做了些什么,以及我们还能够做些什么的报告而已。此外,从 18 世纪末期到 19 世纪初期,一批德国的学者对学科史的发展也做出了重要的贡献,写出了一批较有影响的著作,其中包括格迈林(J. D. Gmelin)的《化学史》(3 卷,1791—1799)、卡斯特纳(A. G. Kastner)的《数学史》(4 卷,1796—1800)、菲舍尔(K. Fischer)的《物理学史》(8 卷,1801—1808)和贝克曼(J. Beckmann)的《发明与发现史》(4 卷,1784—1805)。在 19 世纪,这种德国传统的学科史的撰写方式又有了更多的继承者,继承者著作的

　　① A. R. Hall, Can the History of Science be History? *British Journal for the History of Science*, 1969, 4 (15):207-220.

质量当然胜过了前人,并在一定程度上受到了以历史学家兰克(L. Ranke)为代表的柏林学派的影响。在此期间,出现了像柯普(H. Kopp)的《化学史》(4 卷,1843—1847)、施普伦格耳(K. Sprengel)的《植物学史》(2 卷,1817—1818)、达伦姆贝格(V. Daremberg)的《医学科学史》(2 卷,1870)、珀根多尔夫(J. Poggendorff)的《物理学史》(1879)、坎托(M. Cantor)的《数学史教程》(4 卷,1880—1908)等一系列的学科史著作。在 19 世纪后期,一些德国学者还参加了多卷本《德国科学史》的编写,撰写了一些学科史作为这部巨著的各分册。当然,我们也不能不提到著名的科学家、科学哲学家和科学史家马赫(E. Mach)所撰写的《力学史评》(1883)、《热学史评》(1896)、《物理光学史评》(1921)等学科史著作。马赫的史学著作最突出的特点是将科学、哲学和史学的思考融为一体。

　　这个时期可以说是学科史硕果累累的时期,除了上面提到的著作外,还可以列举出其他许多,如德朗布尔(J. B. J. Delambre)4 卷本的《天文学史》(1917—1827)、汤姆森(T. Thomson)2 卷本的《化学史》(1830—1831)、格兰特(E. Grant)的《从最早期到 19 世纪中叶的物理天文学史》(1852)、克莱克(A. Clerk)的《17 世纪通俗天文学史》(1885)、肖莱马(C. Schorlemmer)的《有机化学的兴起和发展》(1885)等。如果将时间放宽到 20 世纪初的话,这方面代表性的著作或许我们还可以列举出有像弗罗因德(I. Freund)的《对化学合成物的研究,其方法与历史发展》(1904)、惠特克(E. J. Whittaker)的《以太与电的理论历史》(1910)等。当然,这里所罗列的著作名单远远不是完备的。

　　这样一种学科史的研究传统直到今日也仍未中断,其发展的趋势是研究得更加深入、更加细致,当然,与19世纪以前的学科史相比,在研究方法、目的等方面又是相当不同的。尤其是,在当今科学史家的目光转向个别学科分支的精细历史研究时,他们也研究那些有关时期中实际存在的领域,同时也意识到当时其他学科的状况。至于19世纪以前的学科史,作者主要为专业科学工作者和学习科学的学生们而写作的。一般来说,他们并不担心对科学的历史解释同科学与哲学的综合,以及科学与社会、文化、经济等因素之间关系的问题。只有少数杰出的学者能将专业与一种真正的历史感和历史知识相结合。实际上,由于它们很强的专业性,除了专家之外,一般人也很难接近这些著作。

就科学史的总体发展来看,一个重大的转折是综合性科学史的出现。要追溯这一转变的出现,可以首先从哲学观点对于科学史研究的影响谈起。

早在17世纪,培根就指出,对于那些想要发现人类理性本质和作用的人来说,学习历史是有目的的。培根的研究者罗西(P. Rossi)曾评论说:"按照培根的观点,如果我们想建立一种符合当代需要的新哲学,那么,我们必须首先获得一种坚实的知识,即关于我们所要取代的哲学的起源和信仰的知识。因此,在进步和增长中,他引申出来一种历史探究的方法,就是把现存的每一种哲学都作为一个整体,通过它的发展及其同产生它的那个时代的联系来进行描述。"[①]

---

① 转引自:A. R. Hall,Can the History of Science be History? *British Journal for the History of Science*,1969,4 (15):207-220.

在 19 世纪,出现了第一部综合科学史,即英国科学史家休厄耳(W. Whewell)的《归纳科学的历史》(1837)。正是从综合史的角度,有时人们评价说这是近代最早的一本科学史著作,它在整个维多利亚时代都保持了经典的地位。这本书的书名也反映了休厄耳对培根观点的信奉,即强调以观察和实验为基础的科学——归纳的科学。影响了休厄耳观点的还有 19 世纪英国天文学家赫谢尔(J. Herschel)关于自然哲学的著作。休厄尔试图对归纳科学的历史发展做出综合的估价。但他的科学史是在许多甚至当时就已过时了的二手文献基础上写成的,是一种为了哲学的目的而写的科学史,他的目的是要发展一种对于科学的哲学理解,试图以历史为基础从中提炼出一种准确的科学方法论,而不是要在历史背景中去理解科学。此外,休厄耳的《归纳科学的历史》虽然表面上是一部综合科学史,包括许多科学学科的历史发展,但这部著作实际上并未将所有这些门科学作为一个有机的整体,而只不过是将各门科学的历史汇集、堆砌在一起而已。还不能算是严格现代意义上的综合科学史。在休厄耳之后,这种以哲学为主要目的的科学史在 19 世纪后期有了更进一步的发展。像马赫、奥斯特瓦尔德(F. W. Ostwald)、贝特洛(P. E. M. Berthelot)和迪昂(P. Duhem)这样一些信奉实证主义哲学观点的杰出科学家和科学史家,他们一方面具有专业的知识,另一方面又出于哲学的动机而进行科学史研究,并将这两者出色地结合起来。顺便可以提到的是,迪昂的一个重要贡献是纠正了休厄耳对于中世纪的看法,强调了中世纪对现代科学起源的重要意义。

综合科学发展的另一线索可以从法国实证主义者孔德(A.

Comte)讲起。萨顿(G. Sarton)甚至评价说:"应该把奥古斯特·孔德看作科学史的创始人,或者至少可以说他是一个对于科学史具有清晰准确(如果不完全的话)认识的人。"[①]孔德在1830—1842年出版的《实证哲学教程》中明确提出了三个基本思想:(1)像实证哲学这样一部著作,如果不紧紧依靠科学史是不可能完成的;(2)要了解人类思想和人类历史的发展,就必须研究不同科学的进化;(3)仅仅研究一个或多个具体学科是不够的,必须从总体上研究所有学科的历史。由此可见,与实证主义的哲学纲领相一致,孔德强调了统一的科学和统一的、综合性的科学史。但除了这种哲学上的重要号召之外,孔德本人对科学史的实际研究却是较肤浅的。作为孔德思想的继承者,"在上世纪末本世纪初……坦纳里(P. Tannery)可以说是最伟大的而且实际上是第一位科学史家……是最早充分研究科学史的人"[②]。

坦纳里于1843年出生于法国,他的职业是法国烟草专卖局的技师,而他的科学史研究则完全是在业余时间进行的。坦纳里自己也强调他的思想与孔德思想的联系,并且经常表露对实证主义创始人的景仰。但与孔德大不相同的是,坦纳里本人对科学史进行了大量的深入研究。遗憾的是,他自己也最终未能将这种研究设想实现。他一生只写了三部著作:《关于古希腊科学史》(1830)、《希腊几何学》(1887)和《古代天文学史研究》(1893),而他大部分的精力则用于编辑古代著作的工作。坦纳里曾说过,显然,要成为

---

① 萨顿:《科学的生命》,刘珺珺译,商务印书馆1987年版,第27页。
② 萨顿:《科学的历史研究》,刘兵等编译,科学出版社1990年版,第117页。

一个优秀的科学史家，只是一个科学专家还不够。首先，他必须有专心于历史这样一种愿望，即要喜欢历史；他必须在内心中培养自己的历史感，这是一种同科学意识完全不同的意识；最后，他还必须掌握许多专门的技能，这些技能对历史学家来说是必不可少的助手，但对那些只关心科学进步的科学家来说却毫无价值。

尤其引人注目的是，对于综合性科学史，坦纳里也很早就具备了超前的深刻认识：他从一开始就将科学视为一个整体，强调科学是一般人类历史的一个内在组成部分，而不仅仅是从属于特殊科学的一系列科学学科，他指出科学通史并不仅仅是许多专科史的汇总或精炼。他认为科学通史将涉及科学的社会环境、各学科之间的关系、科学家的传说传记、科学的交流、科学的教育等。坦纳里对科学史的这些认识的确是十分精辟的。

但是，坦纳里在科学史方面的成就是作为一位终生的"业余研究者"而取得的，虽然他也曾有过改变这种命运的机会。部分地在法国实证主义哲学家孔德的影响下，法兰西学院在 1892 年最先创立了一个科学史的教席。该教席的第一位执教者是当时实证主义的首领拉菲特。当拉菲特于 1903 年去世时，坦纳里已是享有国际声誉的科学史家了，本该是接任这一教席的最佳人选。然而，有关行政部门最后愚蠢地选定的是一个对此职位并无特殊资格的人。在此不公正的打击下，坦纳里很快就在 1904 年去世了，最终没有完成他设想的那部完美的综合性科学史著作。但无论如何，坦纳里这位"现代科学史运动真正的奠基者"的科学史思想和研究对科学史的发展产生了重要影响，成为许多科学史家仿效的榜样。

孔德在他的实证主义哲学著作中，阐述了科学史在哲学和历史中的重要地位,说明了总体研究科学史的必要性,这些观点对科学史的创立无疑起了奠基作用。但要实现这些观点却十分不易,其间还有一个艰巨的探索过程。如果说坦纳里被萨顿推崇为孔德思想的继承人,那么萨顿则无愧是孔德思想的实践家。《爱西斯》(*Isis*)杂志的创刊和《科学史导论》的问世,标志着科学史研究进入了一个新的历史时期。

五 独立的科学史学科的形成

要使科学史变成一门独立的学科,除了在史学思想和研究方法方面的准备之外,还需要将分散的研究活动变得有组织,并使科学史的研究和教学变成一种专门的职业。到 19 世纪末 20 世纪初,已经有许多迹象表明科学史正在开始形成一门独立的学科。例如,早在 1832 年,孔德曾向法国政府提议设立一个讲授一般科学通史的教授席位。时过 60 年,也就是在孔德去世 35 年后,这一建议终于得到批准,1892 年在法兰西学院设立了科学史教授席位。1900 年,坦纳里在一次历史学的国际会议上,组织了第一届专门的科学国际会议。在德国,发展要更顺利一些,1901 年成立了医学史与自然科学史协会,1902 年有了专门的科学史杂志《医学史与自然科学史通报》,1908 年德国著名的医学史家苏德霍夫(K. Sudhoff)又创办了杂志《医学史档案》。

尽管有上述许多令人欣慰的进展,但对于科学史的发展、对于确立了科学史作为一门独立学科的地位做出最大贡献的,应该说是萨顿这位杰出的科学史家。在科学史作为一门现代的、独立的专业学科这种意义上,萨顿是真正的奠基者。

萨顿于 1884 年出生于比利时,他早期对于文学、艺术和哲学有很大的兴趣,先是在根特大学学习哲学,但很快就转学自然科学。他学习了化学、结晶学和数学,在 1910 年立志献身于科学史的研究。萨顿的第一个创举是在 1912 年办起了综合性的科学史杂志《爱西斯》。1913 年,该杂志的第一期正式由出版社发行。到目前为止,这份杂志仍是科学史领域中最权威的杂志之一。在萨顿早期的一篇题为《爱西斯之目的》的文章中,他讲到:

> "《爱西斯》杂志的独创性与其说是在于它对工作范围的选择,毋宁说是它在力求做到百家争鸣。其实还有别的研究一门或数门科学史的刊物,但没有一家刊物是把方法论、社会学和哲学的观点与纯史学的观点结合在一起。然而,根据我在杂志的简介中所陈述的方法,只在汇集了所有这些观点和方法,历史研究才能获得它的全部意义。"[1]

如果只是从上述的引文来看,并且按照一种现代的立场来解读的话,是容易产生一些误解的,以为萨顿的做法与今天的标准看法非常接近。其实,萨顿当时所说的在科学史研究方法上的理想,并没有马上得以充分的实现。而这种实现是需要一个漫长的过程。实际上,方法的改革又是与科学观和科学史观密切相关的。没有在科学观和科学史观上的根本性变化,萨顿设想的那种科学

---

① 转引自:科恩:"乔治·萨顿",《科学与哲学》1984 年第 4 期。

研究方法上的改变就不可能有一种相对彻底的落实。

就科学观和科学史观而言，萨顿受到了实证主义者孔德的极大影响，可以说是孔德和坦纳里的继承者，并将这两位先验者的理想付诸实施。他坚信科学史是唯一可以反映出人类进步的历史。正是由于这种信念，以及他最高的目标——建立以科学为基础的新人文主义，即科学的人文主义，萨顿将整个一生都贡献给了科学史的事业。他一生共写了300多篇论文和札记、15部著作，编写了79篇科学史研究文献的目录（这种编写详尽文献目录的传统至今仍为《爱西斯》杂志所继续，成了科学史家重要的索引工具）。1915年，萨顿到了美国，并在那里继续奋斗。在萨顿等人的努力下，1924年在美国建成了以学科为基础的学会——科学史学会。由于萨顿相信科学史研究最根本的原则是统一性原则，认为自然界是统一的，科学是统一的，人类是统一的，他本人还着手撰写《科学史导论》，以期实现他所追求的综合性科学史。但对于这部巨著萨顿在有生之年只完成了3卷（1927—1948），而且第3卷的内容也只写到1400年。

萨顿对于使科学史成为一门独立学科所做的另一重大贡献，是他致力于建立科学史的教学体系。从1920年起，他开始在美国哈佛大学开设系统的科学史课程，他不但为科学史课程的建设和科学史学位研究生的培养做出了开创性的贡献，而且也对科学史教学的意义和目的、对科学史教师的要求与科学教学的许多具体技术性问题都做了大量的论述。

总之，正如萨顿的传记作者所言，萨顿的不朽功绩在于，"他创造了一门学科的工具、标准以及批判的自觉性""现在科学史已是一个稳定的学术领域,乍一看来显不出萨顿影响的痕迹,然而他不仅通过英雄般的劳动业绩创造并收集必要的建筑材料,而且他也把自己看成将科学史建成一个独立的和有条有理的学科的第一个深思熟虑的建筑师,他的确是科学史的第一位建筑师"。[①]

自然,萨顿并不是新科学史运动唯一的组织者,在科学史学科的建设中,我们也应提到萨顿同时代的人,如英国科学史家辛格(C. Singer)、意大利科学史家米利(A. Mieli)等人的贡献。辛格于1923 年负责建立了伦敦大学学院的科学史与科学方法系,米利则于 1927 年创办了第一份意大利的科学史杂志,于 1928 年创立了国际科学史学会。

从 20 世纪初科学史作为一个独立学科的确立到现在,国际上科学史研究人员的队伍、有关机构、刊物的数目、科学史教学的普及程度、科学史研究的方法和理论,以及科学史研究的领域等都有了极大的发展。例如,在 1983 年《爱西斯》出版的《科学史指南》专刊中,所提到的与科学史有关的刊物就达 100 种[②],而这份清单还并不是十分完备的,目前发表科学史论文刊物的数目又有了很大的增加。尤其从编史学的角度来看,科学史也早已超越了萨顿的时代。从孔德到坦纳里到萨顿,占主导地位的主要是一种实证主义的科学史观,现在人们已经看到了这种传统的局限。美国科学史家和科学哲学家库恩(T. S. Kuhn)曾说:"由于去世不久的科学史家乔治·萨顿在建立科学史专业中的作用,对他极为感谢,但他

---

① 撒克里等:"萨顿",《科学与哲学》1981 年第 1-2 期。

② R. E. Goodman. Guide to Scholarly Journals, *Isis*: *Guide to the History of Science*, 1983, pp. 71-85.

所传播的科学史专业的形象继续造成了许多损害,即使这种形象早就被摈弃了。"①

此外,英国科学史家霍尔(A. R. Hall)的一段论述也是有代表性的:

"现在我们大大地超过坦纳里的最重要的一点,就是认识到尽管实证主义对编史学可以有很大的帮助,但它也可以有很大的危害,就像它对坦纳里本人的专业的影响一样。它是一种帮助,因为它能认识到成就的一种时间次序的意义;它是一种危害,因为它完全忽视了在科学中的主观性和理论的负载,更不用说带有特性的要素了。实证主义与优秀的常识完全一致,但是也与对历史的最精细结构的轻视相符合。它太容易产生编年史了,并且在受过训练的人们中鼓舞了这样的信念:科学是必须理解的,而历史是某种人们总可以查出来的东西。"②

萨顿之后,科学史研究无疑更专业也更细分化,撒克里(A. Thackray)在其有关科学史现状的综述中所总结的科学史研究的核心领域,或许可使读者对此后科学史研究的范围有初步的印象。这些领域是:(1)科学的社会根源与社会史;(2)科学革命;(3)古代与中世纪的科学;(4)在非西方文化中的科学;(5)国别研究;(6)学

---

① 库恩:《必要的张力》,纪树立等译,福建人民出版社 1981 年版,第 147—148 页。

② A. R. Hall, Can the History of Science be History? *British Journal for the History of Science*, 1969, 4 (15): 207-220.

科史;(7)科学与宗教;(8)科学、医学与技术;(9)科学哲学、科学心理学和科学社会学;(10)"伟人"研究。[①]虽然对这些核心领域的罗列是撒克里个人的看法,但它大致地反映了国际上科学史家的主要兴趣所在。当然,这样的总结还是比较传统的,在撒克里做出这些总结的多年之后,情况发生了不少变化,更多新的关注热点出现了。但就对科学史的初步了解来说,上述总结还是有一定的代表性。

六　库恩的重要性

对于那种萨顿式的将科学史视为客观知识的理性积累的实证主义科学史观,真正提出了挑战的是美国科学哲学家和科学史家托马斯·库恩,尤其是以他在60年代出版的名著《科学革命的结构》为代表。

库恩于40年代末期将研究兴趣转向科学史。1957年,他出版了第一部科学史著作——《哥白尼革命:西方思想中的行星天文学》。他通过对哥白尼"日心说"理论如何引发了科学革命,分析了科学革命应具备的要素,透视了哲学思想与科学革命之间的关系以及宗教、政治等因素对科学发展的影响。1962年他出版了《科学革命的结构》一书。库恩在此书中明确批评了"把历史仅仅看成是一堆轶事和年表"和把科学看成"是一堆现行课本中的事实、理

---

①　A. Thackray, History of Science, in *A Guide to the Culture of Science, Technology, and Medicine*, P. T. Durbin, ed, the Free Press, 1980, pp. 3-69.

论和方法的总汇"的传统观念。他指出,假如科学的发展仅仅被看成是一点一滴的进步,各种货色一件一件地或者一批一批地添加到那个不断加大的科学技术知识的货堆上,科学史势必沦为一门专门记载科学连续积累过程的学科。其实科学的发展并非只是单纯的积累,还有突发式的革命,积累与革命这两个概念通常是互补的,在科学永恒渐进增长的观念指导下,以往科学史研究"把个别的发明和发现孤立起来",主要任务在于考据何人何时何地发现或发明了科学中的何种事实、定律和理论,然而这种科学观忽视了科学固有的内部联系和外部作用,不符合科学的实际形象,因而它就难以解释科学发生和发展的实际过程。库恩大胆地怀疑以前科学史研究的缺陷,试图"勾画出一种大异其趣的科学观,一种可以从科学研究的历史记载本身浮现出来的科学观"①,来表现科学发展的完整历史。他的科学观是"从科学研究的历史记载本身浮现出来的科学观",暗示了一种新的科学形象,表明了编写历史的某些新含义,最终引发了科学史和科学哲学领域中的一场革命。

科学革命动摇了"常规科学"的地位,推翻了盛极一时的科学理论,改变了科学的形象——即改变常规科学所遵循的规则。科学的这种突破性进展和新科学观的形成,势必迫使科学史研究重估原来的事实和重构原先的理论。1977 年库恩的一本自选论文集《必要的张力:科学研究的传统和变革》问世。在该书中,库恩精辟地考察了"科学史的历史发展和现状"。他首先提出了"科学编

---

① 库恩:《科学革命的结构》,金吾伦、胡新和译,北京大学出版社 2003 年版,第1页。

史学"的概念,并认为它具有两种传统:一种是科学传统,一种是哲学传统。前者表现为历史上的科学史著作,大多由科学家(通常是第一流的科学家)来完成,"历史往往是他们从事教学的副产品"。后者表现为科学史的"编史目的具有更为明确的哲学性",培根、孔德等人正是试图将哲学的理性描述建立在对西方科学思想做历史考察的基础上。

"科学编史学"与"科学史学史"是两个相近相关的概念。不过,"科学编史学"侧重探讨科学史编纂的过程和方法,外延要更宽泛些;"科学史学史"则侧重研究科学史本身的历史发展,在某种意义上,也可以是广义的科学编史学的一个组成部分。"科学编史学"除了上述科学传统和哲学传统以外,还有第三个传统,这就是历史的传统。库恩在文中虽然不止一次地描述了这种传统的影响,比如他指出,作为科学史职业教育的先辈,大多是历史学家,他们研究科学史只是业余爱好。从学科史发展到科学通史,是科学编史学的一个重要阶段,即库恩所说的从单科史研究向科学通史研究的深化,科学通史的出现是科学史研究走向成熟和哲学、社会学以及历史学方法渗透到科学史研究中来的结果,科学通史可以从以往的学科史中吸取许多养料,但并不能完全替代学科史研究。另外,科学通史的研究本身也存在困难。

正如库恩所指出的:"按照一部科学通史的要求,即使有超人的学识也难以把所有进步都编到一部连贯的历史叙述之中。"[①]在题为"科学史"的这篇论文中,库恩提出了内史和外史相结合的研

---

①　库恩:《科学革命的结构》,第109页。

究方法。此举与萨顿在科学通史领域史诗般的研究遗产具有几乎同样重大的意义。因为科学史从反思科学进而反思自身无疑是一个真正成熟的标志。在库恩看来,存在两种不同的科学史,一种是把科学实体作为知识来考察;另一种是把科学家的活动作为一个大文化范围中的社会集团来考察。这两种方法尽管存在"天然的自主性",但它们是能够互相补充的。怎样把二者结合起来,是科学编史学所面临的最大挑战,库恩《哥白尼革命》一书,实际上是将科学内史和科学外史融会贯通、综合体现的一个成功的科学史研究范例。

后面我们在科学哲学与科学史关系的章节,还将再次讨论库恩的观点,但在这里可以简单地提到,虽然有人认为库恩观点的主要影响是在科学哲学界,而在科学史界的直接影响不是很大,但这种说法也只是适用于那些传统的科学史研究。其实,对于近年来在科学史和科学哲学(特别是有后现代意味的科学史和科学哲学),尤其是在 science and technology studies 意义上的 STS 中的许多新发展,如果追溯其思想来源时,大多可以找回到库恩的工作。自库恩以来,随着多数科学史家对实证主义科学史观的抛弃,科学史领域又生发出了所谓"与境主义"(contextualist,既包括内史的也包括外史的)、"后现代主义""社会建构论"、女性主义、后殖民主义、人类学进路等形形色色的新的科学史观与研究方法。关于这些科学史的最新发展,作为科学编史学初论的本书将只在后续章节做部分地讨论。

科学并非一个凝固、僵化的封闭体系,而是一个进化、更新的开放空间,它包含着思维训练、方法选择、工具创造、技术操作等各种物质的和智力的活动。科学史的研究当然也要与科学的发展相适应,不断加以改进和完善。关于科学的观念,也随着人们更加深入的研究而变化,这样就给科学史家的研究造成了极大的困难(历史与科学的双重素养和多种语言工具的训练常常是一个科学史家所必需的)。尽管我们并不否定到目前为止科学史的研究在全世界取得了令人瞩目的成就,但正如库恩所言:"科学史作为一门独立的专门学科,至今仍然是正在从漫长的和多变的史前阶段中突现出来的新领域。"①

---

① 库恩:《必要的张力》,纪树立等译,福建人民出版社 1981 年版,第 103 页。

第二章 内史与外史

仿佛永远分离,却又终身相依。

——舒婷:《致橡树》

一 背景

如前章所述,萨顿虽然对于将科学史建立成为一个独立的学科做出了重要的贡献,但他的那种研究方法和历史观却在科学史界没有延续多长时间,而且对于后来科学史家的实际工作影响不大。尤其是在谈到对于美国在萨顿之后新成长起来的一代科学史家的实际影响时,我们不能不提到亚历山大·科瓦雷(Alexandre Koyré)的名字。科瓦雷是一位从俄国移民的法国科学史家,他具有引人注目的哲学研究背景。早年科瓦雷在德国和法国学习过数学和哲学,法俄战争爆发以后,他回到巴黎从事笛卡尔理论研究和教学工作。1934 年他翻译了哥白尼的《天体运行论》第一卷,30 年代下半叶他去开罗大学做访问学者期间,完成了他的重要著作《伽利略研究》。这时正好是 1940 年,法国已被德军包围,科瓦雷只好逃亡,先去埃及,后去美国。《伽利略研究》在美国也是一部非常有影响的著作,其主要思想是,经典物理学的产生是由于落体定律和惯性定律公式化的结果。他把惯性定律的发现归结于笛卡尔的工作,并认为自有人类文明以来惯性概念所导致的人类观念的改变比世界上任何知识事件都来得巨大。1961 年科瓦雷完成了他的最后一本著作《论"天体运行"》,涉及开普勒、哥白尼和意大利天文学家波雷里(G. A. Borelli)。《牛顿研究》是他最重要的著作之一,而这是在他逝世后才得以问世的。科瓦雷对于科学史的研究,开创了"观念论"(idealist)的科学史研究传统。这种传统视科学在本质上是理论性的,是对真理的探索,而且是有着"内在和自主的"发展的探索。50 年代以后,科瓦雷的著作逐渐被译成英文,加上他在美国的讲学活动,使这种观念论的科学史研究传统在美国科学史家中产生了巨大而深远的影响。

库恩曾说过,他从物理学转向科学史是由于研读三位法国科学史学家著作的结果,除了前面提到的科瓦雷,另外两位分别是爱弥尔·梅耶逊(Emile Meyerson)和海伦奈·迈兹热(Helenne Metzger)。[1] 爱弥尔·梅耶逊是出生在俄罗斯的犹太人,在德国接受大学教育,并成为法国公民。1908 年出版了他的代表作《同一和现实》,阐述因果律在自然科学中的关键作用。他认为科学思想是常识的延续,科学是现实理性的进步。他的著作还有《科学的解释》(1921)、《相对演释》(1925)和《论思想进程》(1931)。[2]

海伦奈·迈兹热起初研究矿物学,1918 年通过一篇关于结晶

---

① 库恩:《科学革命的结构》,第 2 页。
② 张晓丹:"一个值得重视的学科:科学史学史",《史学理论研究》1994 年第 3 期。

学史的论文取得了博士学位。1930 年她写作《化学》一书,对化学史进行了全面的研究。她不满于严格的实证主义观点,在她看来,宗教的、形而上学的和科学的观念在特定的历史时期形成了一个统一体,必须将它们放到一起研究,这些思想今天已经被学术界普遍接受。上述观点主要反映在 1954 年她出版的一本名为《科学、宗教的呼唤和人类的愿望》的著作中。令人痛惜的是,这位卓越的女科学史家没能见到自己这部著作付梓,她在 1944 年被占领法国的德军逮捕,死于去波兰集中营的途中。①

二 内史与外史

虽然萨顿等人也曾提到要注意科学发展的社会文化背景,但他们却没有在这些方面进行认真、系统的研究。按照现代的划分标准,不论是萨顿的那种实证主义科学史,还是科瓦雷式的观念论科学史,其实还都是属于标准的"内史"(internal history)范畴,与之相应的科学史观可以称为内史论。按内史论进行研究的科学史家认为,科学主要是一种至高无上的、理性的、抽象的智力活动,而与社会的、政治的和经济的环境无关。他们关注的是科学自身独立的发展,注重科学发展中的概念框架、方法程序、理论的阐述、实验的完成、理论与实验的关系等,关心科学事实在历史中前后的逻辑联系。在某种程度上,对于比较成熟的科学学科来说,按这种方

---

① 张晓丹:"一个值得重视的学科:科学史学史",《史学理论研究》1994 年第 3 期。

式来进行历史研究也许相对更合适些,因为成熟的科学学科本身的发展确实相对具有更大一些的自主性和独立性,内史虽然忽视了外部环境对科学发展的影响,但这并不一定意味着这种研究方式就很容易。事实上,以这种方式从事历史研究的科学史家要对所研究的科学问题有深刻的理解。这种科学的内史对于科学教学来说,也有重要的意义。在内史研究的传统下,产生了许多出色的成果。

与内史论的观点相对,在 20 世纪的科学史发展中,"外史"(external history)的研究和相应的外史论的观点逐步兴起,形成了一种新的研究传统。按照库恩在为《国际社会科学百科全书》(1968)所写的科学史条目中的看法,这就是指"把科学家的活动作为一个更大文化范围中的社会集团来考虑",主要的三种形式是研究科学制度史、科学思想史,以及以通过前两种研究的结合来考察某一地理区域中的科学,以加深人们对科学的社会作用和背景的理解。① 按照目前更广义的理解,外史论认为社会、文化、政治、经济、宗教、军事等外部环境对科学的发展有影响,这些环境影响了科学发展的方向和速度,因此在研究科学史时,要把科学的发展置于更复杂的背景中。

虽然很早就有人做了在库恩所讲的那种意义的外史研究(例如前面提到的斯普拉特在 17 世纪对英国皇家学会史的研究),但真正对外史论的发展有直接关系的有两条线索。一是马克思主义的历史观(按库恩的观点,与此相关的还有通史传统和德国的社会

---

①   库恩:《必要的张力》,第 108—113 页。

学)。第一位持马克思主义观点的科学史家是马克思和恩格斯的朋友肖莱马,他关于有机化学史的著作《有机化学的兴起和发展》(1885),可以说是第一部运用马克思主义观点写成的科学史。[①]然而,此后这类研究却中断了近半个世纪之久。

在此线索的延续中,另一个重要的里程碑出现在1931年。当时,在英国召开的国际第二届科学史大会上,苏联物理学家格森(B. Hessen)提交了一篇题为"牛顿力学的社会经济根源"的论文,这是一篇以马克思主义的观点,通过对牛顿时代的经济状况、阶级斗争、哲学背景、物理学、技术等方面的分析来研究牛顿力学的产生与发展的论文。格森主张,要想知道像牛顿这样的大科学家之所以取得如此伟大的成就,答案最好是从产生这些成就的社会背景中去寻找。[②]格森的这篇著名论文向西方的科学史家展示了一种新的科学史研究方式,在国际科学史界引起了巨大的反响,从而开创了科学史中外史研究的新时代,尽管这也还是一个并非立竿见影的过程。

与科学史外史研究传统的产生直接相关的另一线索是,作为萨顿的学生,默顿(R. K. Merton)从1933年开始撰写他的博士论文,这篇题为《17世纪英国的科学、技术与社会》的著作于1938年正式出版,成了科学史中外史论传统发展中的又一经典之作。[③]

[①]　H. Kragh, *An Introduction to the Historiography of Science*, Cambridge University Press, 1987, pp. 13-14.

[②]　赵红洲、蒋国华:"一篇论牛顿的科学史文章引起的风波",载戴念祖、周嘉华编,《"原理"——时代的巨著》,西南交通大学出版社1988年版,第268—292页。

[③]　默顿:《十七世纪英国的科学、技术与社会》,范岱年等译,四川人民出版社1986年版。

默顿的这部著作从占有丰富的历史资料出发,既论述了英国 17 世纪清教主义的文化背景、意识形态和价值观念对促进科学技术的作用,也论述了经济和军事的需要对科学技术的促进。

在这些进展之后,尤其是伴随着 50 年代以后美国科学史的职业化运动(在对科学史的发展的研究中,这是一个极为值得注意的转折),对科学的外史研究越来越蓬勃发展起来。随着这种新的发展趋势,新的问题也接踵而来。因为在科学史这门学科发展的漫长历史中,人们撰写的科学史基本上是内史,只有当 20 世纪出现了外史论的观点和以这种观点指导而写出的外史著作后,内史与外史的区别才出现,人们才开始将这两种不同的研究方式对立起来。正如库恩在 70 年代所说,怎样把这二者结合起来,也许就是这个学科现在所面临的最大挑战。

当然,内史和外史有着明显的区别,它们研究的角度不同,关注的重点也不同,但它们各自却具有自身的价值和重要性。这一点在前面已经分别论述了,因此并不能简单地说谁优谁劣。尤其是即使在传统的观点中也可以认为,在大多数情况下,内史与外史可以是一种人为的划分。虽然不同的研究者由于工作的目的、思想方式和所受的训练不同,在科学史研究中对内史研究和外史研究的侧重也有所不同。就内史而言,科学的发展与社会、文化、军事、经济等外部环境密切相关,但科学的发展也在一定的程度上具有相对独立性,尤其是当读者的兴趣和着眼点主要放在科学自身的内容时。因此,"如果认识到内史论只不过是由历史学家为其自身的目的和方便而发明的一种分类的话,那么,作为一种非教条的方法,内史论仍将在科学史中继续作为一种必不可少的传统"①。

但总的来说,外史论的观点对于当代科学史家是颇有吸引力的,它代表了科学史发展的一个方面,人们正变得越来越注重外史的研究。"虽然关于历史方法的争论从未达成最终的一致,但在当代的编史学中,社会史似乎提供了最有影响的研究方法,即众多的历史学家相信社会史提供了通向实在的最佳途径。"②从前一章中我们所引的撒克里总结目前科学史研究的中心领域的清单中,我们也可以看出这种趋势。

三　内史与外史的关系之争

对于西方科学史研究的"内外史"演变和争论,国内学者的态度大抵可以分为以下两类。一种是埋首于个人的具体研究,不去关心和讨论这个编史学理论问题,但潜在地却基本同意"内外史"的划分,这类学者占大多数;另一种是对该问题做了专门的研究和讨论,当然这些学者在人数上不是很多。在这类学者中,通常极端的"内史论"和"外史论"都不被他们同意,他们在某种程度上坚持对二者的综合运用。

具体而言,在第一类学者看来,具体的实证研究更为重要,讨

---

① W. Bynum, et al. eds., *Dictionary of the History of Science*, Princeton University Press,1981,p. 211.

② R. Jones,The Historiography of Science:Retrospect and Future Challenge,in *Teaching the History of Science*,*British Society for the History of Science*,M. A. W. Shortland,eds. ,1989,pp. 80-99.

论"内外史"之争的问题往往是"空谈理论",对于实际的科学史研究没有多大的意义。这种观点的存在,究其原因可能在于国内科学编史学研究相对来说一直较为薄弱,其价值和意义尚未引起足够的重视。不过,值得注意而且也不可否认的一点是,在这些实证的研究中,"内史"所占的比重远远超过"外史"。在许多学者看来,科学有其内在的发展逻辑,科学史描述的就是科学自身发展的历史和规律。少数"外史"研究也大多停留在描述社会、文化、政治、经济等因素对科学发展的速度、形式的影响上,把社会因素作为科学发展的一个外在的背景环境来考虑,尚未触及社会因素对科学内容的建构与塑型的层面。

在第二类学者中,20 世纪 80 年代末就已经有人讨论过这个问题。他们指出科学中的多数重大进展都是由内因和外因共同作用促成的,认为在"内史"和"外史"之间必须保持必要的张力。[①]随后,一些学者较为系统地对 20 世纪 80 年代以来西方科学史研究的"外史"转向进行了专门研究。例如,有人通过对国际科学史刊物 ISIS 自 1913 年到 1992 年的论文和书评进行的计量研究,发现科学史的确发生了从内史向外史的转向,指出 20 世纪 80 年代之前以内史研究为主,80 年代之后以外史研究为主。[②]此外,也有人就"内史"为何先于"外史"、"内史"为什么转向"外史"、"内史"与"外史"的关系究竟如何进行了分析,总结了国外学者关于"内外

---

①　邱仁宗:"论科学史中内在主义与外在主义之间的张力",《自然辩证法通讯》1987 年第 1 期。

②　魏屹东、邢润川:"国际科学史刊物 ISIS(1913—1992 年)内容计量分析",《自然科学史研究》1995 年第 2 期。

史"问题的观点,并认为"内外史"二者应该有机地结合起来。① 其理由在于,"极端的'内史论'会使科学失去其赖以生存的社会动力和基础,无法解释科学的发生和发展;极端的'外史论'又会使科学失去科学味,而显得空洞"②。除此之外,还有一些学者虽然未对"内外史"问题进行专门研究,但从不同的关注角度出发,大多都认为科学史的"内史论"与"外史论"必须进行某种综合。

　　无论是根本就不去讨论"内外史"问题,还是总结国外学者的观点并主张"内外史"综合,实际上,前面说的第一类学者和第二类学者都默认了"内史"与"外史"的划分方式,且大多更为看重"内史"。如果对他们的观点做深入分析,不难发现,在背后支撑着这种划分和侧重的仍然是传统的实证主义科学观。这种科学观认为,科学是对实在的揭示和反映,它的发展有其内在的逻辑规律,不受外在的社会因素的影响,科学的历史是一系列新发现的出现,以及对既有观察材料的归纳总结过程,是不断趋向真理和进步的历史。这种科学观指导下的科学史研究就必须揭示出科学发展的这种"内在"发展逻辑,揭示科学的纵向的"进步"历史。例如,有学者在从本体论、认识论、方法论和科学、科学史的发展来谈"内史"先于"外史"的合理性时,提到"科学史一开始的首要任务就是对科学史事实(包括科学家个人思想、科学概念及理论发展)的内部因素及产生机制的研究。而这一科学史事实在内部机制的研究构成了科学史区别于别的学科的特质和自身赖以存在的基石。也就是

---

　　① 魏屹东:"科学史研究为什么从内史转向外史",《自然辩证法研究》1995 年第11 期。

　　② 魏屹东:"科学史研究的语境分析方法",《科学技术与辩证法》2002 年第 5 期。

说,内史研究是科学史的基础和起点""外史是在内史研究的基础上随着科学对社会的影响增大而非研究外史不可的地步时才逐渐从内史中生长出来的"。[①] 这些观点大致包含了三层含义。首先,科学史事实在内部蕴含了科学发展有其独立于社会因素影响之外的内部机制、逻辑与规律。其次,对这些科学发展规律、机制和内部自主性的研究构成了科学史学科的特性。最后,注重科学内部理论概念等的自主发展的"内史"研究先于"外史"研究,"外史"在某种程度上只是"内史"的补充。尽管一些作者坚持一种"内外史"相结合的综合论,但经仔细分析后,其"外史"仍然没有取得与"内史"并重的位置。而且,其强调的"外史"研究也只是重视"分析科学发展的社会历史背景如哲学、社会思潮、社会心理、时代精神和非精神因素诸如科学研究制度、科学政策、科学管理、教育制度特别是社会制度和社会经济因素的科学发展的阻碍或促进作用"[②]。此外,在不少围绕着"李约瑟问题"而讨论近代科学为什么没有在中国产生的诸多研究中,也存在着同样的问题。在这里,种种社会因素只被看成是科学活动的背景(尽管可能是非常重要乃至于决定性的背景因素),而不是其构成因素。因为以这样的观点来看,科学有其自身发展的内在逻辑,科学方法、程序和科学结果的可检验性保证了科学本身的客观性,对科学历史的研究,必然要以研究科学本身的内在逻辑发展为主要线索,科学史仍然是普遍的、抽象的、客观的、价值中立的、有其独立的内在发展逻辑的科

[①]　魏屹东:"科学史研究为什么从内史转向外史",《自然辩证法研究》1995 年第 11 期。

[②]　同上。

学活动的历史。

四 科学知识社会学对"内史"与"外史" 之划分的消解

从前面的讨论可以看出,对"内史"与"外史"的传统划分的坚持和在此基础上的"综合"运用,都是以科学的一种内在、客观、理性和自主独立发展为前提假定的,只有基于这样的科学观,才可能使得"内史"研究和"外史"研究分别得以成立,"内史"与"外史"的划分才成为可能。从某种程度上可以说,西方科学史界"内史论"与"外史论"的争论之所以长期持续,原因可能恰恰在于这种科学观本身。它使得研究者或者片面强调"内史",完全否认"外史"研究的合法性;或者虽偏重"外史",但仍只将社会因素作为科学发展的背景来考察;或者虽强调"内外史结合",但仍以"内史"为主、"外史"为辅。要结束这种争论,就必须在科学观和科学史观的层面进行超越。

近年来,在西方发展起来的科学知识社会学(SSK),正是基于对这一科学观和前提假定的解构,消解了传统的"内史"与"外史"的划分。[①]

科学知识社会学出现于 20 世纪 70 年代初的英国,它以爱丁堡大学为中心,形成了著名的爱丁堡学派,其主要代表人物为巴恩

---

① 刘兵、章梅芳:"科学史中'内史'与'外史'划分的消解——从科学知识社会学(SSK)的立场看",《清华大学学报》(哲学社会科学版)2006 年第 1 期。

斯、布鲁尔、夏平、皮克林等。SSK 明确地把科学知识作为自己的研究对象，探索和展示社会因素对科学知识的生产、变迁和发展的作用，并从理论上对这种作用加以阐述。其中，巴恩斯和布鲁尔提出了系统的关于科学的研究纲领，尤其是因果性、公平性、对称性和反身性四条"强纲领"原则。除此之外，SSK 的学者如谢廷娜、夏平、拉图尔等，在这些纲领下做了大量成功的、具体的案例研究。

"爱丁堡学派"自称其学科为"科学知识社会学"，主要是为了与早期迪尔凯姆、曼海姆等人建立的"知识社会学"，以及当时占主流地位的默顿学派的"科学社会学"相区别。在曼海姆的知识社会学中，对数学和自然科学知识是不能做社会学的分析的，因为它们只受内在的纯逻辑因素的决定，它们的历史发展在很大程度上取决于内在的因素。在默顿的科学社会学中，科学是一种有条理的、客观合理的知识体系，是一种制度化了的社会活动，科学的发展及其速度会受到社会历史因素的影响，科学家必须坚持普遍性、共有性、无私利性等社会规范的约束。而科学知识社会学则首先不赞成曼海姆将自然科学排除在社会学分析之外的做法，他们认为独立于环境或超文化的所谓的理性范式是不存在的，因而对科学知识进行社会学的分析不但可行而且必须，布鲁尔对数学和逻辑学进行的社会学分析便充分说明了这一点。由此也可以看到，SSK 与默顿的科学社会学最重要的区别在于，它进一步将科学知识的内容纳入社会学分析的范畴。在 SSK 看来，科学知识并非由科学家"发现"的客观事实组成，它们不是对外在自然界的客观反映和合理表达，而是科学家在实验室里制造出来的局域知识。通过各种修辞学手段，人们将这种局域知识说成是普遍真理。科学知识实际上负载了科学家的认识和社会利益，它往往是由特定的社会因素塑造出来的。它与其他任何知识一样，也是社会建构的产物。

SSK 与传统知识社会学、科学社会学的上述区别直接反映在其相关的科学史研究上，表现为对"内外史"的不同侧重和消解。传统知识社会学在自然科学史领域仍然坚持的是"内史"传统，科学社会学虽然开始重视"外史"研究，但正如有的学者所说，时至今日它只讨论科学的社会规范、社会分层、社会影响、奖励体系、科学计量学等，而不进入认识论领域去探讨科学知识本身；在其看来，研究科学知识的生产环境和研究科学知识的内容本身是两回事，后者超出了社会学家的探索范围。可见，传统的科学观在科学社会学那里仍没有被打破，科学"内史"与"外史"的划分依然存在，二者的界线依然十分清晰。但 SSK 坚持应当把所有的知识，包括科学知识，都当作调查研究的对象，主张科学知识本身必须作为一种社会产品来理解，科学探索过程直到其内核在利益上和建制上都是社会化的。这样一来，因为连科学知识的内容本身都是社会建构的产物，独立于社会因素影响之外的、那种纯粹的所谓科学"内史"便不复存在，原来被认为是"内史"的内容实际上也受到了社会因素无孔不入的影响，从而，"内史"与"外史"的界线相应地也就被消解了。正如巴恩斯所说，柏拉图主义对于科学而言是内在的还是外在的，柯瓦雷本人的观点也含糊不清。又如布鲁尔就开尔文勋爵对进化论的批判事件进行分析时所指出的那样，该事件表明了社会过程是内在于科学的，因而也不存在将社会学的分析局限在对科学的外部影响上的问题。

SSK 关于科学史的内在说明和外在说明问题也有直接的分

析。其重要代表人物布鲁尔在对"知识自主性"进行批判时,就对科学自身的逻辑、理性说明和外在的社会学、心理学说明之间的关系问题进行过讨论。他指出,以往学者一般将科学的行为或信仰分为两种类型:对或错、真或假、理性或非理性,并往往援引社会学或心理学的原因来说明这些划分中的后者,对于前者而言,则认为这些正确的、真的、理性的科学之所以如此发展,其原因就在于逻辑、理性和真理性本身,即它是自我说明的。更为重要的是,人们往往认为这种内在的说明,比外在的社会学和心理学的说明更加具有优先性。实际上,布鲁尔所要批判的这种观点代表着 SSK 理论出现之前,科学哲学和科学史领域的某种介乎于传统实证主义和社会建构主义之间的过渡性科学编史学思想。其中,拉卡托斯可以被看成是一位较具代表性的人物。一方面,他将科学史看成是在某种关于科学进步的合理性理论或科学发现的逻辑理论框架下的"合理重建",是对其相应的科学哲学原则的某种史学例证和解释。也就是说,科学史是某种"重建"的过程,而非科学发展历史的实证主义记录或者某种具有逻辑必然性的历史。另一方面,拉卡托斯又认为科学史的合理重建属于一种内部历史,其完全由科学发现的逻辑来说明,只有当实际的历史与这种"合理重建"出现出入时,才需要对为什么会产生这一出入提供外部历史的经验说明。也就是说,科学发展仍然有其内在的逻辑性、理性和真理性,科学的内部历史就是对这种逻辑性和合理性方面的内部证明,它具有某种逻辑必然性;而社会文化等方面因素仍然外在于科学的合理性和科学的逻辑发展,仍然外在于科学的"内部历史",是科学史家关注的次要内容。但这种历史观内在的悖论在于,那种纯内史的合理重建,实际上又离不开科学史家潜在的理论预设,因而是不可能的。

正如布鲁尔所说,考察和批判这种观点的关键首先在于认识到,它们实际上是把"内部历史"看成是自洽和自治的,在其看来,展示某科学发展的合理性特征本身就是为什么历史事件会发生的充分说明;其次还在于认识到,这种观点不仅认为其主张的合理重建是自治的,而且对于外部历史或者社会学的说明而言,这种内部历史还具有优先性,只有当内部历史的范围被划定之后,外部历史的范围才得以明确。实际上,布鲁尔强调科学知识本身的社会建构性,恰恰是基于对这种科学内部历史的自治性和随之而来的"内史"优先性假定的批判,而这一批判又导致了科学编史学上"内外史"界线的模糊和"内外史"划分的消解。

"内史"与"外史"的划分、"内史"与"外史"何者更为重要,以及"内史"与"外史"二元划分的消解,分别代表了不同的科学观,在这些不同的科学观下又产生了科学史研究的不同范式和纲领。"内史"的研究传统在柯瓦雷关于16—17世纪科学革命时期哥白尼、开普勒、牛顿等人的研究那里,取得了巨大的成功;"外史"的研究方法则在18世纪工业革命时期的科学技术的互动方面,找到了合适的落脚点;而SSK的案例研究则充分体现了打破"内外史"界线之后,对科学史进行新诠释的巨大威力。其实,对于SSK,到目前为止仍存在一定的争议,主要聚焦于科学知识本身是对外部世界的客观认识,还是人为的主观建构。但诸多争论者却往往未曾提及,SSK的代表人物实际上并未完全否定外在的自然是科学研究的对象,对科学知识的生产具有影响,而只是强调了其中具有人类建构的这部分而已。尽管科学哲学领域对于 SSK 的"相对主义""反科学"和围绕科学实在论与反实在论的争论仍在持续,但在某种意义上讲,对于科学史研究来说,SSK 对"内外史"界线的消除也可以被看作是打通了"内史"和"外史"之间的壁垒,形成了一种统一的科学史。在这种新的范式下,科学史研究能够大大拓展自己的研究领域,给予科学与社会之间的互动关系以更为深入的分析和诠释。

第三章　科学史的功能

无用之用,是为大用。

——《庄子》

对于科学史这样一个学科,专业研究者以外的人士经常会提出这样的问题,科学史有什么用处? 事实上,这样的问题对于学习科学史的学生,甚至于专业的研究者,对于与科学史相似的像科学哲学、科学社会学等专业学科的研究者,也同样是非常重要而且需要有某种理解和答案的。一般地讲,与那些直接面对实用需求并解决应用问题的技术学科不同,与同技术学科密切相联系的科学学科的研究也不同,面对许多人文学科的研究,人们也会提出类似的问题。因而,对于以科学史为特例的有关其"用处"或者说"功能"之提问的回答,也对理解一般人文学科的研究之功能有着某种相关的联系。

长期以来对于这个问题的回答,人们显然并无一致的看法,有时不同的回答甚至是彼此冲突和矛盾的。但这并不就说明对此的思考没有意义,反而更加表明像科学编史学这样对科学史本身进行理论思考的研究,是有其特殊的价值的。因为从理论上分析和讨论科学史的"功能",恰恰也是科学编史学的一项重要任务。

一　克拉的总结

在丹麦科学史家克拉(H. Kragh)那本影响很大的《科学编史学导论》①第三章"目标与辩护"中,对于过去一些常见的关于科学史的"目标"(其实在很大程度上也就是其"功能")进行了比较全面的总结。② 在下面按照克拉的总结并对之略有发挥的转述中,可以看到这些观点大致包括:

(1)如果做法恰当,科学史可以对今天的科学研究产生有益的影响(例如,可以让科学家从其更早期的前辈的工作中获得灵感,或者认为科学史可以作为一种分析工具,用来批判性地评价现代科学中出现的各种方法和概念)。

(2)科学史可以增进我们对今天所拥有的科学的赏识(这尤其以在20世纪初对科学史学科的早期发展起了重要推动作用的哈佛大学校长柯南特为代表),可能让人们理解"何以需要更多的科学",从而有利于科学的发展。

(3)科学史为科学的批判性自我检验提供材料。

(4)科学史可以在科学和人文的鸿沟间架构桥梁。科学史还可以满足一些科学家要了解科学理论起源的愿望,并在此过程中

---

① 此书的中译本译者,将其书名译为《科学史学导论》,这涉及有关对 historiography 一词进行翻译。本书作者认为,基于许多方面的考虑,对之还是不译为"史学",而是译为"编史学"更为合理。

② H. Kragh, *An Introduction to the Historiography of Science*, Cambridge University Press, 1987, pp. 32-38.

获得智力和美学的愉悦。

（5）科学史可以成为一些"元"科学研究（如科学哲学和科学社会学）的一种重要背景。或者成为进行归纳的基础，从而可以提出某些论点和结论，或是作为检验某引起论点的证据（有些类似于科学中实验事实对于理论的验证）。

（6）科学史可以在展示科学知识的真正本质方面有一种重要的教育上的功能。

（7）在当代科学史学科奠基人萨顿的看法中，在其"新人文主义"的立场上，认为科学史可以反映科学的人性，揭示出当代在科学和人文之间的鸿沟并非是西方文化的固有特征。

如此等等。

但特别值得注意的是，克拉还专门提到了另外一种与上述看法大为不同的观点，即认为对科学史价值并不需要做实用主义的辩护。这也就是说，在这种理解中，科学史或者一般历史，其价值和意义，只在于为其同行的研究者所理解，他们为彼此而写作，这一学科的价值并不需要受到来自外部的目标和要求所支配。而且只有以这样的立场，才能真正写出有学术价值的、"纯洁的"科学史，才有利于这一学科的健康发展。换言之，这是一种"为学术而学术""为历史而历史"的态度。虽然这种观点为一部分历史学家持有，而且也不能说全无道理，但在面向社会、面向公众时，毕竟还是会面临说明上的困境。当然，如果只限于学术共同体内部，而且限定在特定的语境下，这种立场对于提高历史学的学术质量，肯定也还是会有一定价值的。

我们还可以注意到，其实克拉在讨论这些问题时，一方面尽量全面地提到了已经存在的各种不同观点，另一方面对一些对此观点的反驳和争议，也做了"公允"的引述。甚至于他并未明确地表述其个人的观点。当然，像这样的做法，也可以算是一种典型的研究叙事方式。

二　对科学史之功能的进一步归并

在 20 世纪末，本书作者在一篇讨论科学史的功能与生存策略的文章中，曾把当时认为较有把握地认同的科学史的功能大致为分为四类。

其一，是在帮助人们理解科学本身和认识应如何应用科学方面的功能。也就是说，科学史可以带来对于科学本身以及与其内外相关因素更全面、更深刻的认识。

其二，是对于作为其他相关人文学科之基础的功能，即作为诸如像科学哲学、科学社会学等相关学科的知识背景、研究基础，或者说认识平台。

其三，是科学史的教育功能，特别是其在一般普及性教育方面的功能，包括对人类自身的认识和对两种文化之分裂的弥合，而科学史在科学教育中的功能，相对来说还一直有较多的争议。

其四，是作为科学决策之基础的功能，在这方面国外近年来逐渐兴起的科技政策史的研究尤为值得我们关注。①

如果与前面提到的克拉的总结对比，我们可以发现，这四类功

---

① 刘兵："科学史的功能与生存策略"，《自然科学史研究》2000 年第 1 期。

能归并了克拉总结中的一些不同的类,例如其(3)和(5)对应于这里的第二类。同时,也删去了一些有争议的功能。如克拉提到的功能(1),其实经常只是对于历史文献的科学利用,而不是典型的科学史研究。对于本书作者的这种总结,江晓原又指出,其实这里的功能一和三还可再合并,功能四虽然也很重要,但特别值得重视的是功能二。①

除了这种分类之外,在中国的语境中,关于科学史的功能还有另外两种典型的看法值得在此提及。

首先,是在中国科学史界,过去曾有很长一段时间,对研究中国古代科学史赋予了一种带有很强的价值色彩的功能,认为研究和学习中国古代科学史,可以用于爱国主义教育,即"科学史研究为爱国主义教育服务"。其基础在于,研究和发现中国古代悠久的科学传统和成就,并向公众宣传,可以提高民族自尊心。因而,科技史工作者有义务向人们提供一本我们祖先在科技文化等方面的"功劳簿"。不过,早在 20 世纪 80 年代,就已经有人对于这种观点进行了系统的批评和反驳。江晓原曾在题为"爱国主义教育不应成为科技史研究的目的"一文中明确地指出:"我们应该在思想上明确,可以而且应该引用科技史研究的某些成果来进行爱国主义教育,但在进行科技史研究时,绝不可将爱国主义教育当作目的。把爱国主义教育当作科技史研究的目的,尽管动机是善良的,但这样做既有害于科技史研究本身,也不符合进行爱国主义教育的本

---

① 江晓原:《科学史十五讲》,北京大学出版社 2006 年版,第 4 页。

意。"[①]因为这样做一是会妨碍科技史研究者在研究中实事求是的态度,二是会对中国过去存在的问题视而不见,带来一种虚幻的自大。

其次,在国内(当然也不仅限于国内)一种非常典型的、很有代表性的且影响很广的观点,认为研究科学史可以从中发现科学发展的历史规律。当然,如果认可了这一说法,那当然就可以用这种被发现的"历史规律"来预言未来的科学发展。其实,如果超出科学史,涉及一般的历史学,我们也时常会听到类似的看法。这种看法在某些比较传统的历史学者那里,以及在一些科学史的初学者那里,会相对比较常见。

对于这种看法,我们首先可以说,那种认为通过历史研究可以发现"规律"的看法,至少在那种严格意义上对规律的理解中,在国际范围内现在一般已经不是科学史界主流的看法。对此,可参考本书第七章的内容。但是,如果这一前提不成立,那么想要用科学史来"预测"科学的发展,也就成为不可能的事。一般地讲,对于历史学,就其本性来说,关心的只是过去,是不认为其有"预测"功能的。如果一定要关心预测的问题,那恐怕也只好向"未来学"或"预测学"这样的学科中去寻求帮助,但那些学科所能够给出的预测,也仍然只是一种或然性的预测。不过,在相对更弱的意义上,如果我们说科学史的研究,能够给人们提供启示、启发、借鉴甚至警示,这还是可以接受的。

---

　　①　江晓原:"爱国主义教育不应成为科技史研究的目的",《大自然探索》1986 年第 4 期。

三　进一步的分析讨论

在本章的最后一节，我们可以在前面的基础上，对科学史的功能问题再做进一步的分析和讨论，并提出作者目前的看法。

对于科学史功能的理解，是与对科学史本性的理解密切相关的。例如，若是将科学史理解为对科学之发展的"客观"记述，或对科学发展之"客观规律"的发现，那么，我们就可以将科学史赋予很强的功能。当考虑到对于作为其他相关人文学科之基础的功能，即作为诸如科学哲学、科学社会学等相关学科的知识背景、研究基础，或者说认识平台的时候，或者当把科学史用作科学决策之基础时，其实也已经在某种程度上潜在地假定了科学史具有这样的性质。但我们又知道，其实科学史只是在不同时期人们基于当时的理论、兴趣，基于对科学之不同的关注，而对科学的过去所做出的不同解释、说明时，这种想把科学史当作坚实的"历史事实"基础而赋予其相应的"验证""检验"的功能，就会弱化许多。在 20 世纪的科学哲学发展中，一个重要的观点是"观察渗透理论"。按照这种观点，实际上是否定了长久以来被认为是科学之坚实基础的绝对"中性""客观"、与理论无涉的观察之存在。其实这样的观点也同样可以被移用于看待科学史的研究。当拉卡托斯谈到科学史的"合理重建"，及科学史对科学哲学家的意义时，一方面认为科学哲学提供规范方法论，历史学家据此重建"内史"；另一方面借助于（经规范地解释的）历史，可对相互竞争的方法论做出评价。对于后一点，即希望用科学史来"检验"科学哲学（例如对之"证伪"）；但其前一点,即历史学家"重建"历史时离不开某种规范方法论,正表明了对历史的"观察"也渗透着理论,因而"任何合理重建都不可能与实际历史恰好重合"。结果,"科学史常常是其合理重建的漫画;合理重建常常是实际历史的漫画;而有些科学史既是实际历史的漫画,又是其合理重建的漫画"①。考虑到这些讨论,那种想把科学史当作科学哲学、科学社会学等学科之"可靠基础"的做法,就很成问题了。当然,把科学史作为这些学科的研究仍然需要考虑的"背景",则又是无法回避而且必需的,只不过我们要认识到其局限而已。

但也是在前提所总结的科学史的功能中,其教育功能虽然在某些应用上(如服务于科学教育)仍有争议,但在一般教育的意义上,却基本上是为人们所认可的。而作为教育功能之基础的,则是认为科学史有助于帮助人们理解科学本身和认识应如何应用科学,有助于我们从历史的侧面对科学有更全面、更深刻的认识。在这种认识的基础上,就可以将历史的经验和教训借鉴于当下(注意,这里说的是借鉴而不是指导!)。半个多世纪以前,当代科学史学科的奠基人萨顿在其"一个人文主义者的信念"中说到:

　　"确实,大多数的文人,而且我也要遗憾地说还有不少的科学家,都只是通过科学的物质成就来理解科学,却不去思考科学的精神,既看不到它内在的美,也看不到它不断地从自然

---

　　① 拉卡托斯:《科学研究纲领方法论》,兰征译,上海译文出版社 1986 年版,第 141—191 页。

的内部提取出来的美。现在我要说,在过去的科学著作中发现的那种没有也不可能被更换的东西,也许正是我们自己研究中最重要的部分。一个真正的人文主义者必须理解科学的生命,就像他必须理解艺术的生命和宗教的生命一样。

"我们只能生活在现在,而且我认为我们必须完全地毫无保留地是我们自己这个时代的人。但是,为了理解现在并且使它多少成为我们自己的现在,我们必须既回顾过去又瞻望未来。我们的职责就在于充分利用每一种可能得到的信息来源,充分表彰过去的每一个真正伟大的、真正高尚的行动,还要为了更伟大更高尚的东西而瞻望未来。简而言之,一个人文主义者的职责不单是用一种被动羞怯的方式研究过去,并使自己沉醉在崇敬的心情之中,而是他对过去的深思必须从现代科学的顶点出发,动用全部人类的经验和一颗充满希望的心。"①

半个多世纪后,如果说有什么变化的话,也许是在对待科学的进步意义的评价上。但在对于科学史就理解科学、理解人类对自然之认识的本性,甚至理解人类和人类社会方面的意义却依然是不变的。例如,英国科学史家劳埃德就在关于古代科学史研究的意义方面谈到:"机遇在于我们能够把握那些雄心所采取的不同形式和古人养成的不同理解风格。在研究古代社会的过程中,我们能够越来越清醒地了解我们自己的那些偏见的局限性,我们自己

---

① 　萨顿:《科学史和新人文主义》,陈恒六等译,华夏出版社 1989 年版,第 10 页。

的那些价值标准的狭隘性,以及在处理现代社会中呈指数增长的难题是,我们的社会制度潜在的不充分。"①

　　正如人没有记忆,就无法对当下的自我定位一样。对科学也是一样。在隐喻的意义上,科学史就像是有生命的科学之记忆。作为人文学科的科学史(这是就此学科之本质来说而不是就它目前在中国的学科设置体系中的分类来说),所能够起到的这里所说的理解的作用,应该是科学史最为重要的功能。尽管在这种理解的基础上所派生出的功能还可以有很多,但那些派生的功能,也都只是间接的"应用"。我们更应避免,像在技术学科中的那样,在直接的应用的意义上不恰当地追求科学史之"用处"。那样的"应用",既不能发挥科学史真正有意义的功能,又会给科学史这门学科的发展带来危害。

　　① 劳埃德:《古代世界的现代思考:透视希腊、中国的科学与文化》,钮卫星译,上海科技教育出版社 2008 年版,第 217—218 页。

第四章　历史的辉格解释与科学史

今日之谈中国古代哲学者,大抵即谈其今日自身之哲学者也。所著之中国哲学史者,即其今日自身之哲学史者也。其言论愈有条理统系,则去古人学说之真相愈远……

——陈寅恪:《冯友兰中国哲学史上册审查报告》

就科学编史学来说,其中有若干问题是最为重要的、核心的、本质的,对于任何科学史的研究(乃至于阅读)都是无法回避的。当然,对之有关的争论也是旷日持久的。在本章,我们将讨论这些问题中的一个,即对历史的"辉格"解释的问题。

在当代西方的科学史文献中,像"历史的辉格解释"(the whig interpretation of history),或"辉格式的历史"(whig history)这样一些术语(相应的形容词和名词还有 whiggish、whiggism 和 whiggery)是极为常见的。事实上,在范围更大的历史学界,这些术语也是重要的专业用语。它们涉及历史研究中一些本质性的问题,是历史学家区分某种历史研究方法与倾向的重要判据。多年来,历史学家一直就有关的问题争论不休。直到近年来,在一般历史学界,仍不时有对此问题进行研究的颇有分量的著作问世。[①]
而对于科学史的研究来说,这更是一个重要的,不仅仅是理论性
的,而且也与科学史研究的实践密切相关的问题。

一　概念的提出

在英国历史上,曾有过两个对立的政党:辉格党(Whig)和托
利党(Tory)。辉格党即是自由党的前身,它提倡以君主立宪制代
替神权专制,站在资产阶级和新贵族的立场上拥护国会,反对国王
和天主教。

19世纪初期,属于辉格党的一些历史学家从辉格党的利益出
发,用历史作为工具来论证辉格党的政见。1827年,作为辉格党
人的英国著名历史学家哈兰(H. Hallam)出版了其代表作《英国
宪政史》,他提出了英国自古以来就有一部不成文的宪法,一向就
是主权在民的,并高度赞扬了1688年的"光荣革命",歌颂君主立
宪制。这部著作成了一部具有深远影响的英国近代史,也开创了
一代辉格史学。因为它"虽然完全避免了党派热情,却自始至终地
充满了辉格党的原则"[②]。另一位有代表性的辉格党的历史学家
麦考莱(T. B. Macaulay)则更明确地指出,在很长的时间内,"所有
辉格党的历史学家都渴望要证明,过去的英国政府几乎就是共和

---

① 例如: A. Patterson, *Nobody's Perfect: A New Whig Interpretation of History*, Yale University Press, 2002.

② H. A. L. Fisher, *The Whig Historians*, Humphrey Milford Amen House, 1928, p. 12.

政体的;而所有托利党的历史学家都要证明,过去的英国政府几乎就是专制的"①。但就历史学后来发展的主要趋势来说,辉格党的历史学似乎占了上风。直至20世纪,像屈维廉(G. M. Trevelyan)这样的英国自由主义历史学家,在其著作的倾向和历史观方面,也继承了这种辉格党人的史学传统。

1931年,英国历史学家巴特菲尔德(H. Butterfield)出版了《历史的辉格解释》一书。在这部史学名著中,巴特菲尔德将"辉格式的历史"(或称"历史的辉格解释")的概念做了重要的扩充。巴特菲尔德开宗明义地指出,就这本书来说:"所讨论的是在许多历史学家中的一种倾向:他们站在新教徒和辉格党人一边进行写作,赞扬使他们成功的革命,强调在过去的某些进步原则,并写出即使不是颂扬今日也是对今日之认可的历史。"②

可以说,这就是巴特菲尔德所提出的广义的辉格式历史的定义。在这里,他已远远超出了原来狭义的辉格史学所涉及的英国政治史的范围,进而考虑历史学研究中更为一般和更具有普遍性的倾向,涉及历史研究和所谓通史之间的关系,也涉及历史作为一种研究而带有的本质性局限。巴特菲尔德认为,他并不是在讨论历史哲学的问题,而是在讨论历史学家的心理学的一个方面。也就是说,他所抨击的历史的辉格解释并不是辉格党人特有的,它比思想上的偏见更微妙,是一种任何历史学家都可能陷入其中而又

---

① H. A. L. Fisher, *The Whig Historians*. Humphrey Milford Amen House, 1928, p. 6.

② H. Butterfield, *The Whig Interpretation of History*, G. Bell and Sons, 1931; AMS Press reprint, 1978, p. V.

未经检查的心智习惯。当把辉格史从其概念来源(也即辉格党人所写的历史)推广成一种历史样式时,在这样的分类中,即使那些为托利党政见辩护的历史学家,就其研究方式的实质而言,也是这种广义"辉格式"的。巴特菲尔德还更加明确地指出:

> "历史的辉格解释的重要组成部分就是,它参照今日来研究过去……通过这种直接参照今日的方式,会很容易而且不可抗拒地把历史上的人物分成推进进步的人和试图阻碍进步的人,从而存在一种比较粗糙的、方便的方法,利用这种方法历史学家可以进行选择和剔除,可以强调其论点。"[①]

照此分析,辉格式的历史学家是站在 20 世纪的制高点上,用今日的观点来编织其历史。巴特菲尔德认为,这种直接参照今日的观点和标准来进行选择和编织历史的方法,对于历史的理解是一种障碍。因为这意味着把某种原则和模式强加在历史之上,必定使写出的历史完美地会聚于今日。历史学家将很容易地认为他在过去之中看到了今天,而他所研究的实际上却是一个与今日相比内涵完全不同的世界。按照这种观点,历史学家将会认为,对我们来说,只有在同 20 世纪的联系中,历史上的事件才是有意义的和重要的。这里的谬误在于,如果研究过去的历史学家在心中念念不忘当代,那么这种直接对今日的参照就会使他越过一切中间

---

① H. Butterfield, *The Whig Interpretation of History*, G. Bell and Sons, 1931; AMS Press reprint, 1978, pp. V, 11.

环节。而且这种把过去与今日直接并列的做法尽管能使所有的问题都变得容易,并使某些推论显而易见(且带有风险),但它必定会导致过分简单地看待历史事件之间的联系,必定会导致对过去与今日之关系的彻底误解。

那么,究竟应如何看待过去与今日之关系呢?巴特菲尔德认为,历史学家不应强调和夸大过去与今日(一个时代与另一个时代)之间的相似性,相反,他的主要目标应是去发现和阐明过去与今日之间的不相似性,并以这种方式扮演一个在我们和其他各代人之间的中介者。为了要获得对历史真正的理解,历史学家所要做的是:

"……不是要让过去从属于今日,而是……试图用与我们这个时代不同的另一个时代的眼光去看待生活。假定路德、加尔文和他们那代人只不过是相对的,而我们这个时代才是绝对的,这样做是不能获得真正的历史理解的;要获得这种理解只能是通过充分承认这样一个事实,即他们那代人与我们这代人同样正确,他们争论的问题像我们争论的问题一样重要,他们的时代对于他们就像我们的时代对于我们一样完美和充满活力。"[1]

因此,

---

① H. Butterfield, *The Whig Interpretation of History*, G. Bell and Sons, 1931; AMS Press reprint, 1978, pp. V, 16-17.

"如果我们把今日变成一种绝对,而相比之下所有其他各代人都仅仅是相对的,那么,我们就正在失去历史所能教给我们的关于我们自己的更真实的观点,我们就不能认识那些我们在其中也仅仅是相对的事物,我们就失去了发现的机会,在历史的长河中,不能发现我们自己、我们的观点和偏见位于何处。换言之,我们就无法认识到,我们自己如何不是完全自主或绝对的,而只是伟大的历史过程的一部分;我们就无法认识到,在事物的运动中,我们自己不仅是开拓者,而且也是过客。"[1]

在这样的观点来看,历史更本质的价值就在于恢复过去具体生活的丰富性与复杂性。历史学家的工作不应是对在时间和空间中发生的事情给出哲学的解释,不应是由过去而推断出某种结论。相应地,巴特菲尔德否认可以以因果联系的方式讲述历史。或许更一般地,历史可以假定这样一种因果关系:是整个过去导致了复杂的今日,它包括过去运动的复杂性、纷繁的争论、错综交织的相互作用等。但是当历史学家真正去追溯过去时,他就会发现相互作用的网络是如此复杂,以至于不可能指出过去(比如说 16 世纪)任何一件事是 20 世纪今日任何一件事的原因。因此,历史学家所能做的,只不过是以某种可能性去追溯从一代人到另一代人之间事件的序列关系,而不是试图描绘交错直至第三代和第四代人的

---

① H. Butterfield, *The Whig Interpretation of History*, G. Bell and Sons, 1931; AMS Press reprint, 1978, p. 63.

原因与结果的极为复杂的图表。历史学家本质上是一个观察者，他像旅行家一样，向我们这些不能去访问一个未知国家的人描述那个国家，他只讨论确定的、具体的、特殊的事情，他不应过分关心哲学和抽象的推理。简而言之：

> "作为最后的手段，历史学家对所发生事情的解释不是做一番一般的推理。他解释法国大革命，是通过精确地发现发生了什么事情。如果在任何时候我们需要进一步的阐述，那么他所能做的一切就只是把我们带入更加详细的细节，让我们确切地看到实际发生了什么事情。"①

巴特菲尔德强调，只有通过一段实际的研究，以微观的方式看待历史中的某一点，才能真正使历史变革背后复杂的运动具体可见。这种对人类变化复杂性的展示，对人类任何给定的行动或决定之最终后果的不可预见特征的展示，是人们可以从细节中学到的唯一教益。

然而，越来越深入细致的研究将带来另一个问题，这就是巴特菲尔德反复强调的节略问题。由于历史中的内容无限丰富，要把所有事实都充分讲授的历史实际上是无法写出的，所以任何一部历史著作都必然是节略的，这其实也正是前面提到过的历史Ⅰ和历史Ⅱ的关系问题。问题只在于，历史学家是以什么方式、按照什

---

① H. Butterfield, *The Whig Interpretation of History*, G. Bell and Sons, 1931; AMS Press reprint, 1978, p. 72.

么标准来进行节略。在巴特菲尔德看来,对于所有的历史,当它们变得更加节略时,必定就成正比地更倾向于辉格式。"在某种意义上,历史研究的全部困难都来自有关节略的根本性问题。"历史学家的困难是,他必须节略,而且必须在不改变历史的意义和特殊信息的情况下节略。辉格史学家的错误在于,它们是为了今日的缘故而研究过去,这个理论基础为他们提供了一条穿越历史复杂性的捷径,使他们很容易发现在过去什么东西是重要的(实际上却只是以当代的观点来看是重要的),从将节略的问题变得容易了。他们基于某种固有的原则去进行选择和剔除,去组织历史故事,使历史运动中相互作用的复杂性被极度压缩,直到使历史运动看上去像一简单的进步运动为止。这样一种节略的历史可能会讲述一个完全不同的故事。因此,在巴特菲尔德看来,辉格式的历史并不是一种真正合理的节略。

不过,我们也应承认,辉格式的历史却是长时间以来历史学家所习惯采用的一种非常方便的节略。

那么到底应该怎样进行节略呢?巴特菲尔德指出,节略就是对复杂性进行节略。它不仅是写入什么或省略什么的机械性技艺,而是在不丧失总体性和主旨的前提下如何有机地压缩细节的问题。在节略时,历史学家不应按照某种原则来选择事实,不应插入一种理论。巴特菲尔德要求历史学家应具有一种能看到重要的细节和发现事件之间的关系与影响的天赋,以及领悟使历史过程得以起作用的整体模式的天赋。遗憾的是,除了这些一般性的原则和模糊的天赋概念之外,巴特菲尔德对此问题的解决并未提出什么具体可操作的措施。正是这一弱点成为巴特菲尔德所提倡的

反辉格式历史不能贯彻到底的重要原因。此外,巴特菲尔德在该
书中还以较大的篇幅讨论了在历史研究中进行价值判断和道德判
断的问题。他认为这两种判断都是历史学家所应回避的。

巴特菲尔德一生著述甚丰,除了为数众多的专题性历史研究
著作(主要是关于 18 世纪英国政治史和欧洲近代史的著作)之外,
侧重史学理论方面的有《基督教与历史》(1949)、《人类论述其过
去:史学史研究》(1955)、《乔治三世与历史学家》(1957)等专著,及
"历史与马克思主义方法"(1933)等论文。不过,其中最有影响的
还是《历史的辉格解释》一书。① 该书很快就被人们看作是史学理
论方面的一本经典名著,多年来一直不断重印。巴特菲尔德的这
部著作本身虽然只涉及政治史与宗教史,但它的影响则波及整个
历史学界。"辉格式的历史"一词成了历史学界进行史学批评的标
准专业用语。在很长的时间内,几乎没有什么历史学家愿意成为
(或被人称为)辉格式的历史学家。在科学史界,巴特菲尔德的这
种影响尤为强烈。

二 历史的辉格解释与科学史

正如我们在第一章中所讲到的,从科学史这一学科的发展来
看,如果不考虑最初那些萌芽性的科学史著作,大致可以说从 18
世纪开始出现了早期的科学史(严格地讲只是学科史)著作。与启

---

① A. Wilson and T. G. Ashplant, Whig History and Present-centred History, *The Historical Journal*, 1988, 31:1-16.

蒙运动和近代科学的兴起相伴,这个时期的科学史著作反映了对科学与进步的强烈信念,把科学看作是社会进步的源泉。当然,此时从事科学史工作的多为科学家,科学史这门学科尚不成熟。到20世纪初,科学史研究出现了从学科史到综合性科学史(通史)的转变,有了少数职业科学史家,科学史学科自身的价值标准也开始确立。然而,当时科学史界对科学史所持的看法,基本上就是巴特菲尔德所批评的辉格式的观点。例如,科学史学科重要的奠基人萨顿就曾在他的几部著作中,模仿公理系统的表述方式,以定义、定理和推论的形式反复地强调他的科学观和科学史观:

> "定义:科学是系统的、实证的知识,或在不同时代、不同地方所得到的、被认为是如此的那些东西。
>
> "定理:这些实证的知识的获得和系统化,是人类唯一真正积累性的、进步的活动。
>
> "推论:科学史是唯一可以反映出人类进步的历史。事实上,这种进步在任何其他领域都不如在科学领域那么确切,那么无可怀疑。"①

正因为如此,萨顿在他的科学史研究中,很自然地把炼金术、占星术和自然巫术当作伪科学而不予考虑,他还把盖伦的生理学理论斥为空想和荒唐,并以此为理由拒绝讨论它们。这些做法当然与萨顿本人所坚持的实证主义观点相一致的。实际上,在科学

---

① 　G. Sarton, *The Study of History of Science*, Dover Publication, 1957, p. 5.

史这门学科发展的初期,实证主义的科学史观占据了统治地位;相应地,在科学史研究中辉格式的倾向也相当极端和普遍。

大约从 50 年代起,情况逐渐有了改变。在专业科学史学家中,极端的辉格式研究倾向开始消失。对此,英国科学史家怀耳德(C. B. Wilde)提出三个主要的原因。第一,历史学家已经表明一种研究法的优越性,即从各个方面努力重组以前的思想家面临的各种问题,而不是以事后认识到的好处作为标准去评判过去。第二,科学的实证主义哲学的衰落,致使那种认为科学知识的现状在任何绝对的、认识论的意义上,都比早期的知识形式更优越的信仰难以维持下去。第三,历史学家已经表明,已比被取代的、在现代科学家看来可能是荒唐可笑的许多观念,在早期的科学发展中却发挥了重要作用。[①]

巴特菲尔德对于辉格式历史研究法的批评,无疑在科学史界产生了深刻的影响,但在某种意义上来说,这还只是一种外来的影响。大约也是在萨顿的时代,科学史中另一种研究传统的出现,则是科学史界接受反辉格观点的内在基础。正如怀耳德在第一条理由中表明的,像法国哲学家和科学史家科瓦雷有关笛卡尔、伽利略等人的一系列研究,就是根据过去时代本身具有的术语去解释过去的典范。这种研究传统尤其在美国科学史界影响巨大,而它恰恰正是反辉格式的。[②] 后来,像医学史家佩格耳(Q. Pagel)1967年在他研究哈维的生物学思想的著作中,则更清楚地指出:

---

① 拜纳姆等:《科学史词典》,宋子良等译,湖北科技出版社 1988 年版,第 711 页。

② H. Kragh, *An Introduction to the Historiography of Science*, Cambridge University Press, 1987, p. 100.

"……对于历史学家,就是要颠倒进行科学选择的方法,并要在原来的语境中重新叙述其英雄人物的思想。这样,科学的和非科学的这两套思想的表现,将不是通过简单的并列或彼此无关的表述,而是作为一个有机的整体。在这个整体中,它们相互支持、相互确证。"[①]

此外,60年代初以后,像科学史家耶茨(D. F. Yates)对科学革命和炼金术关系的研究,以及众多学者对牛顿炼金术手稿的研究等,也都是科学史界反辉格式研究传统的典型表现。

更有代表性的是,美国科学史家和科学哲学家库恩1968年在为《国际社会科学百科全书》撰写的条目"科学的历史"中,有这样一段话,它表明了西方科学史界对这种新的研究传统的普遍接受:

"内部编史学的新准则是什么? 在可能的范围内……科学史家应该撇开他所知道的科学,他的科学要从他所研究时期的教科书和刊物中学来……他要熟悉当时的这些教科书和刊物及其显示的固有传统。"[②]

在西方,随着科学史研究的职业化和研究队伍的不断壮大,新一代的科学史家从一开始就更多地接受了人文科学的训练,相应地,新的研究传统和新的价值标准得以巩固。正像有人注意到的

---

① 转引自:A. G. Debus,*Science and History:A Chemist's Appraisal*,Servico de Documentacao e Publicacoes da Universidade de Coimbra,1988,pp. 21-22.

② 库恩:《必要的张力》,第108页。

那样,这新一代专业工作者在称呼他们认为过了时的科学史著作时,喜欢用的最粗鲁的词汇之一,就是说那些著作是"辉格式的"![①]

三 问题与争论

在《历史的辉格解释》一书出版了近二十年后,巴特菲尔德本人也对科学史产生了兴趣。1950 年,他在一篇题为"科学史家与科学史"的文章中,仍坚持反辉格式倾向的重要性:

> "……实际上,我相信已经证明,有时更有用的是要学习早期科学家未起作用的某些东西和错误的假说,是要去考察某一特定时期内在智力方面难以克服的特殊障碍,甚至是要去追溯已走入了死胡同但对科学总体进步有其影响的科学发展的过程。正如在所有其他历史形式中一样,在科学史中错误的做法,就是总把当代放在人们的心目中作为参照的基础,或是设想在世界史中 17 世纪科学家的地位将取决于他看上去与氧气的发现有多么接近的问题。"[②]

但值得注意的是,1949 年,巴特菲尔德出版了一部重要的科学史著作——《近代科学的起源》。这部著作虽然主要是根据二手

---

① C. Russell, Whigs and Professionals, *Nature*, 1984, 308:777-778.

② H. Butterfield, The Historian and the History of Science, *Bulletin of the British Society for the History of Science*, 1950, 1:49-57.

文献写成的,可是由于它成功地把科学史结合到一般的历史中去,有别于过去那些学习科学出身的科学史家所写的总是带有某种与一般历史学的风格有差别的科学史,从而得到广泛的称赞,成了一本经典的科学史名著。但也正如许多人都注意到的,巴特菲尔德的这本书的写法,却正是他所强烈批评的那种辉格式的写法!因为他致力于要发现科学的起源,而他却并未试图在一个时代的总体构成中(即社会的、智力的乃至政治的构成中)去理解这个时代的科学。更令人惊讶的是,他预先便知道这种起源在何处(即在17世纪的科学革命中),所以他描述的只是能够表明在17世纪的科学中带来了近代对物理世界看法的那些成分。例如,他根本就没有提到帕拉塞尔苏斯、海尔梅斯主义和牛顿的炼金术。巴特菲尔德甚至并未意识到自己正在撰写一部显然是出色的辉格式的历史!同样地,在1944年出版的《英国人及其历史》一书中,他所采取的撰写方法,也同样是辉格式的。① 体现在巴特菲尔德身上的这种明显的自相矛盾表明,即使是他本人在其历史研究实践中,也难以完全贯彻他自己的理论主张。因而,70年代中后期以来,人们对反辉格式研究传统的问题再次进行反思,这就是很自然的事。

美国科学社会学家和科学史家默顿在1975年提出:"或许,在编史学中有半个世纪之久的关于辉格式原则的禁忌,已远远超越了反对那种赞扬式的当代主义的目标⋯⋯对于历史,或许已经到了要求反对反辉格式倾向的时候。"② 比这更早一点,美国科学史

---

① G. R. Elton, Herbert Butterfield and the Study of History, *The Historical Journal*, 1984, 27: 729-743.

② R. K. Merton, Thematic Analysis in Science, *Science*, 1975, 188: 335-338.

家布拉什(S. G. Brush)也曾指出,由于科学史家对反辉格式传统的接受,他们热心于把科学理论同前几个世纪的哲学与文化运动联系在一起,因而开始降低了在这些理论中技术性内容的重要性,但正是这些技术性内容才使这些理论在现代科学中有意义。这样做的结果,是在历史学家和科学教师的目标之间形成了一道鸿沟。[①] 然而,对反辉格式研究方法更为系统的反思和对巴特菲尔德的批评,主要还是出现在 1979 年巴特菲尔德去世之后,它们一方面来自一般历史学家,另一方面来自科学史家。

历史学家的反思与批评有的涉及《历史的辉格解释》这本书本身,如指出它非常空洞、缺少有力的历史例证等。[②] 有的则涉及历史研究中带有根本性的问题,如威耳逊(A. Wilson)和艾什普兰特(T. G. Ashplant)认为,巴特菲尔德正确地辨认出了在历史著作中普遍存在的与原来时代不符的模式,但他未能恰当地指出这种错误的实质和令人满意的补救办法。他们认为,此错误的真正根源实际上是"以当代为中心"(present-centredness),即历史学家对过去的认识(更不用说理解)根本地依赖于历史学家的概念框架,历史学家对来自当代"感性定向"的利用,迫使他们曲解过去。他们还进一步指出,任何编史学从来都不是中立的,这种以当代为中心不仅仅是个别历史著作的问题,它也是历史这一学科自身的结构和在历史研究的过程中所固有的,因此历史的推论在本质上就是

---

① S. G. Brush, Should the History of Science Be Rated X? *Science*, 1974, 183: 1164-1172.

② G. R. Elton, Herbert Butterfield and the Study of History, *The Historical Journal*, 1984, 27: 729-743.

有问题的。[①]

　　由于巴特菲尔德提出的问题与科学史研究的关系更为密切，所以在对其观点和影响的反思中，科学史家尤为活跃。1979 年，美国生物学史家赫尔(D. L. Hull)率先打出了"捍卫当代主义"的旗号。[②] 他承认某些类型的当代主义(presentism)是人们所不希望和应该取消的，但他却要捍卫在科学史中另外一些类型的当代主义：阅读出当代的含义、当代的推理原则，以及将经验的知识用于过去更早的时期。他认为，在这三种情况中，当代的语言、逻辑和科学不仅对于探索过去是必不可少的，而且对于将探索的结果与历史学家同时代的人进行交流也是必不可少的。赫尔指出，对于历史学家，不论是在对过去的重构中，还是在向其读者就这种重构进行解释时，当代的知识绝对都是至关重要的。由于历史学家在当代所处的地位，他必须要在对过去的重构中，利用一切可用的证据和工具，即使这些证据和工具对于他所研究的那个时代的人们是无法了解的。此外，他还必须与当代的读者交流这些重构。历史学家对他自己时代的了解总是要比对他所研究的时代的了解要多，而他的读者就更是如此了。这里，赫尔显然是从目前西方史学界较为流行的将历史视为人类的建构，因而否认绝对历史真理的观点来捍卫当代主义的。

　　1983 年，英国科学史家霍尔对于科学史界反辉格的倾向也提

---

　　① A. Wilson and T. G. Ashplant, Whig History and Present-centred History, *The Historical Journal*, 1988, 31:1-16.

　　② D. L. Hull, In Defense of Presentism, *History and Theory*, 1979, 18:1-15.

出了自己系统的、具有代表性的看法。^① 霍尔指出,《历史的辉格解释》一书没有给出任何正面的观点。它虽然告诉我们历史不应是什么样的,但没有讲历史可以是什么样的。巴特菲尔德的看法是,历史学家对历史上所发生事情的解释不是通过一般的推理,而是通过对更加细节性的内容加以阐述。霍尔则认为,他不相信历史学家通过"可变焦的显微镜"所看到的"具体事实"会自动非理论化地变成"解释"。他认为在此问题上巴特菲尔德由于一种"似是而非的归纳主义"而落入陷阱。更重要的是,巴特菲尔德把辉格式的历史等同于对今日与成功的认可,相应地,辉格式的科学史就成了对科学成功的记录,因为它采用了当代的科学知识作为标准。霍尔站在某种带有科学主义意味的立场,旗帜鲜明地指出,在自然科学中确实有某些东西是正确的,而另一些则是错误的。在科学的发展中,从亚里士多德到阿维森纳、奥卡姆、哥白尼到伽利略……他们并不仅仅是努力要与他们所批评的前辈有所不同,而是要比这些前辈更加正确。正确与错误在当代科学的发展脉络中是非常本质和重要的东西。它们并不是历史学家所发明的,而是存在于文献中的。霍尔与赫尔类似地指出,科学史家无法避免已具有的优越知识。一般历史学家对其研究对象的正确与错误可以有自己的看法,但也许并不存在正确的答案,可是科学史家却总是知道正确的答案是什么。总之,霍尔认为,由于科学毕竟是进步的,所以以辉格史观为根据的科学史研究是很难怀疑的,辉格式的进步观点不可避免地要确立在科学史中。当然,霍尔也并不

---

① A. R. Hall, On Whiggism, *History of Science*, 1983, 21:45-59.

赞成极端的辉格式倾向,他认为,赞扬或夸大科学成就,或为了当前占优势地位的科学成就而进行宣传鼓动,这些肯定不是科学史家要做的事。在霍尔这里,我们虽然可以看到,他与其前辈的不同是在于他并不赞成极端的辉格式倾向(时代发展到此时,作为一位职业科学史家恐怕也只能这样),但在他的思想中,仍然体现出了某种科学主义的传统倾向。例如,坚信科学的"进步"、坚信科学的"正确"等。实际上,对于这种立场更有力的反叛,还要等到后现代主义、科学的社会建构论等思潮更为科学史家所接受之后。

类似地,哈里森还谈到,在另一个极端,反辉格式的倾向利用了无知的长处,把当今那些对过去无用的东西抛开(正像库恩要求科学史家要忘记他们所知道的科学那样)。而在利用那无知的长处时,反辉格倾向就变成了一种自命不凡的形式,即科学史家具有了一种目光短浅的优越感,无视今日科学的成就。①

20 世纪 80 年代中期,美国科学史家柯恩(I. B. Cohen)在其研究牛顿的著作中,站在表面上比较公允的立场讨论了这一问题。一方面,他指出:"我当然不提倡辉格式的科学史……毫无疑问,坏的、无用的或没有成果的思想同好的、有用的或富有成果的思想都是许多变革得到的结果。"另一方面,他同样明确地指出:"我认为牛顿关于炼金术的见解或他的神学信念并不值得我们像注意他的《原理》那样一页一页地仔细研究。例如,倘若牛顿没有撰写《原

---

① E. Harrison, Whigs, Prigs and Historians of Science, *Nature*, 1987, 329: 213-214.

理》,学者们还会像现在这样对牛顿炼金术的'创造精神'感兴趣吗?"[1]对于柯恩的这种质疑,在现今的许多反辉格式科学史的研究实践中,包括那些站在后现代立场进行科学史研究的实践中,确实是一个需要回答而又较难回答的问题。其中,既有研究传统和背景的影响,又有着很难将反辉格式科学史研究在逻辑的意义上真正贯彻到底的问题。不过,如果跳出传统的研究背景,把目光从一开始就聚集在更宽泛意义的科学上,至少在局部也还有可能回避柯恩的这一质疑。

最后,还可以提到的是,早在1984年,就有人注意到了我们今天相对更为突出地关注的科学史在公众传播方面的功能方面,以及在这方面与辉格式科学史相关的问题。一些科学史家发现,伴随着科学史研究的职业化和极端的反辉格式倾向,使科学史带有了一种排他性。科学史家对科学发展脉络前后细节的关心是正确的,但当这种关心扩展到一种偏执的程度进而排斥了最核心的内容时,就使广大对科学发展自身有兴趣的读者疏远了科学史。广大科学家和对科学感兴趣的人在历史方面的这种集体性记忆缺失是可怕的,因为科学没有了其历史,就好像人没有了记忆。[2] 这种看法,更多地涉及在对科学面向教育、面向公众传播的过程中,利用那些职业科学史家所写的科学史时,会遇到的困难。

纵观20世纪70—80年代科学史家对此问题的反思,一个共

---

①　I. B. Cohen, *The Newtonian Revolution*, Cambridge University Press, 1985, p. 203.

②　C. Russell, Whigs and Professionals, *Nature*, 1984, 308: 777-778.

同点就是,认为极端反辉格式的研究方法是不可能的,也是有问题的,但他们通常并不赞成极端辉格式的倾向,而是赞同两者的有机结合。克拉(H. Kragh)在其 1987 年出版的《科学编史学导论》中的观点似乎是有代表性的。他在其书中使用的术语是"与过去时代不符的"(anachronical)科学史和"按过去时代进行研究的"(diachronical)科学史。这两者含义大致相当于辉格式的和反辉格式的科学史(克拉本人也这样认为)。他指出,科学史不仅仅是历史学家同过去这两者间的关系,而是历史学家、过去和当代公众三者间的关系。反辉格式的历史将不能起到与公众交流的作用,它将倾向于仅仅走向细节,被动地对历史资料进行描述,而忽略了分析和解释。因此,彻底反辉格式的科学史不能满足人们对历史通常的要求,它也许能真正代表过去,但它也将是古董式的,除了少数专家之外,大多数人都难以接近。作为一种方法论的指南和对辉格式历史的解毒剂,反辉格式的编史学是必不可少的,但它只能是一种理想。历史学家无法将他们从自己的时代中解放出来,无法完全避免当代的标准。在对一特殊时期进行研究的初期,人们无法按那个时代自身的标准做评价和选择,因为这些标准构成了还未被研究的时代的一部分,它们只能逐渐得以揭示。为了要对所研究的课题有任何观点,人们就不得不戴上眼镜,这副眼镜不可避免地必然是当代的眼镜。克拉的结论是,在实践中历史学家并不面临在反辉格式和辉格式的观点之间的选择。通常两种思考方式都应存在,它们的相对权重取决于所研究的特定课题。历史学家必须具有像罗马神话中守护门户的两面神(Janus)一样的头脑,能够同时考虑彼此冲突的辉格式与反辉格式的观点。[①]

四　与人类学之"主位"和"客位"的比较

近年来,在人类学与科学史方面的交叉日益增多,尤其是站在科学史的立场上看,科学史这个学科可以从人类学的理论立场和研究方法中获益良多。当然,人类学与科学史本是两个不同的学科,其间无论在对象、理论、方法、趣味上都有着极大的不同,但在更深层的意义上,其间一些最基本的问题,也还是存在着某些共同性,甚至是近乎于平行的发展。这里,将人类学中的"主位"(emic)与"客位"(etic)这一核心的概念,与科学史中的"辉格式"解释与"非辉格式"解释作一比较,也是很有启发性的科学编史学研究。

"主位"与"客位"的概念是人类学研究中较为重要和基础性的一对范畴,尤其在如今的人类学田野调查和随后的民族志写作过程中具有不可替代的地位。如果要仔细地追溯人类学中主客位概念的引入,前后有着比较复杂的过程,这里不再多谈。简单地说,文化的主位研究,类似语言学中的音位分析方法,从文化内部看文化更容易理解特定文化所包含的特殊意义;文化的客位研究,类似语言学中的音素分析方法,从文化外部看文化,更多的是和自身文化的比较中去理解文化差异。

---

① H. Kragh, *An Introduction to the Historiography of Science*, Cambridge University Press, 1987, pp. 104-107.

在诸多前人基于语言学和文化人类学讨论的基础上,美国人类学家马文·哈里斯(Marvin Harris)对主客位方法进行了较为系统的阐述。他在《文化唯物主义》和《文化人类学概论》两本书中进一步明确阐述了主位和客位研究方法。哈里斯认为,想要全面地说明一种文化,可以从事件参与者和旁观者两个不同的角度去观察这一文化中人们的思想和行为,前一种方法叫主位法,后一种叫客位法。这两种方法对于田野调查来说都是必要的。哈里斯指出:"在进行主位文化研究时,人类学者要努力去获得必要的有关类别和规律的知识,以便能像当地人那样去思考问题、去行动。""客位研究方法常把当地提供情况的人认为是不恰当或无意义的活动和事件进行比较和评价。"①

由于学科的不同,在此有一个差异存在,即在两个学科中这两组对立的概念出现的根源不同。主位和客位的对立,主要是源于研究者和被研究者之间的不同。解释人类学的代表者吉尔茨(Clifford Geertz)曾这样说:"最重要的是,我们(人类学家)首先坚持认为,我们是透过自己打磨的透镜去观察其他人的生活,而他们则是通过他们自己打磨的透镜回过头来看我们。"②而科学史中"辉格式"与"反辉格式"立场的对立,表面上似乎是源于是否采用了当代标准的问题,实则是源于历史研究必须要对那种原则上无限丰富的"历史"进行节略,辉格式的历史只不过是给出了一种简便但又过于简便的节略标准,而反辉格式的历史,则体现出了一种

---

① 哈里斯:《文化人类学》,东方出版社 1988 年版,第 17 页。

② 转引自:莱德曼等:《星光璀璨》,涂泓等译,上海科技教育出版社 2009 年版,第 17 页。

试图对抗节略但又无法彻底实现的理想。

　　尽管有这样的差异,但共同性还是明显的。在这两个领域中,这两组对立的概念和相对应的立场,分别对应着两个领域中在研究方法、视角和立场上两种极端的理想化。而在现实的研究中,这种理想化却是无法真正彻底实现的。于是,人们只能根据不同的语境进行自己的选择,不同的选择,其实恰恰带来了在各自研究领域中研究结果的多样性。

　　在人类学中,虽然对于究竟采用主位还是客位的立场等问题还有争论,但至少主位和客位已经成为人类学领域中研究方法或立场方面的基本概念。

　　对于主客位研究方法,在人类学发展的不同阶段有不同的侧重,不同的人类学家也有不同的偏好。在人类学发展的早期,人类学家们更多的是运用我们现在认为的客位意义的研究方法,即将自己完全当作局外人来看待土著人及其日常生活,按着研究者的价值判断去评价土著人的文化行为,其结果是形成了进化论、传播论等西方中心主义的文化理论。但从英国人类学家马林诺夫斯基(Bronislaw Malinowski)开始,情况有了转变。经过长时间的田野调查,马林诺夫斯基领悟到想要真正了解土著人的想法,必须要贴近他们的生活,尽可能用他们的思维方式去想问题,从而开创了这种"移情"式的研究方法。之后很多著名的人类学家都沿着马林诺夫斯基的道路,在田野调查中非常注重当地人的想法。"尤其从60年代开始,人类学、民族学的理论话语和研究兴趣已经转移到理解本土人的思想观点、理解他们与生活的关系、理解他们对于他们自己世界的看法上来。"①又如,历史学派的博厄斯等人和解释学派的吉尔兹等都比较强调主位研究方法。

　　但是,这并不表明这两种方法哪个更优。实际上,它们作为人类学研究的两种不同的视角和趋向,各有各的优缺点。主位视角由于是"从内部看文化"能够从当地人的立场去思考当地人的问题,从而相对来说更容易理解被研究者的思维方式、情感表达和行为活动背后的意义。对于理解特殊群体独特的文化体验和解释一个特殊群体文化的细微差异有更大的作用。由于长期共同的生活体验产生的情感共鸣,能够更深刻地体悟"局外人"所无法理解的文化细节,获得更多的在"局外人"看来无意义的,而实际上却非常重要的文化信息。但是主位研究方法也有它自己无法克服的理论困境。如何能真正地做到从当地人的立场和视角看问题,这是个难题。如果研究者就是当地人,那么情况可能会好一点,毕竟他对当地的语言到文化都很熟悉,能更好地理解当地人的想法。但与此同时,由于太了解反而对很多重要问题会熟视无睹,失去研究者必备的敏感性,从而可能会影响其研究结果。而如果研究者是个对当地毫无了解的外地人,且对其语言也不熟悉,这虽然能使他保持对各种现象的敏感性,但同时却降低其从"内部视角看文化"的质量。因为语言的障碍会使研究者缺失很多有用的信息,即使学会了当地语言,但语言所负载的各种文化内容却不是一年半载能够领悟到的。此外,毕竟一种经过千百年的积淀而形成的特殊文

---

　　①　马尔库斯、费彻尔:《作为文化批评的人类学》,王铭铭、蓝达居译,生活·读书·新知三联书店 1998 年版,第 47 页。

化形式,并不是研究者一朝一夕就能习得的。这也正如布迪厄(Pierre Bourdieu)所说,人类学家经过一段时间的田野调查也许能够发现这个社会在历史上形成的各种权利形式的一系列关系,即其"客观结构",而很难"习得"积淀在个人身上的由一系列历史关系构成的"身体化"结构。因此,"在很大程度上,一个文化人类学研究者并不能感知一个当地文化持有者所拥有的相同感知。他所感知的是一种游离的,一种'近似的'或'以……为前提的''以……而言的',抑或诸如此类通过这种修饰语言所涵示的那种情景"①。

客位研究方法是从外部视角看他者的文化,也有其自身的优点。就如我们通常所说的"当局者迷,旁观者清",人类学家作为旁观者看异文化时,更容易看到这一文化相对于其他文化的独特特征,能够发现很多被他们自己习以为常的,自己发现不了的问题和意义。"更容易看到事物的整体结构,更容易看到整体和其他相关现象之间的联系,也更容易于发现和预测研究对象的发展脉络和趋向。"②但同时客位分析方法也有很多缺点,比如单一的客位描述往往造成不同文化之间的误解,用研究者的思维模式、价值观念、道德标准等去衡量另一种文化,很容易排斥和贬低对方或者强加给它原本不存在的意义,做出不合理的解释等。

事实上,在实际的研究中,主位视角和客位视角并不是截然对

---

① 吉尔兹:《地方性知识——阐释人类学论文》,王海龙、张家瑄译,中央编译出版社2000年版,第75页。
② 岳天明:"浅谈民族学中的主位研究和客位研究",《中央民族大学学报》(哲学社会科学版),2005年第2期。

立和相互排斥的，而是互相补充、相互渗透的一对范畴，很多情况下二者也很难进行绝对的区分。比如，在人类学的结构调查中，"因为任何结构调查都必须依赖于人的言语反应（而不是直接观察），按照哈里斯的定义，可能认为这是主位方法的。但是结构调查经常由田野工作者根据自己的观察者的理论观点来设计，并按照人类学的（而不是"土著"的）范畴来解释"①。

因此，实际上并不存在绝对的主位研究或绝对的客位研究，人类学家所要做的更多的是对二者取长补短，将二者结合起来，寻找一个平衡点。就如吉尔兹所说，"既不应完全沉湎于文化持有者的心境和理解，把他的文化描写志中的巫术部分写得像是真正的巫师写的那样；又不能像请一个对于音色没有任何真切概念的聋子去鉴别音色似的，把一部文化描写志中的巫术部分写得像是一个几何学家写的那样"②。至于如何做到这一点，还要看研究者本人的能力和悟性。

再向深处，也许这种讨论还可以引申出一种哲学上的思考。即传统中所谓客观性和主观性的对立。从形式上看，主位或者反辉格式的科学史，似乎代表着对于某种"客观"的追求，而客位或者辉格式的科学史，则因承载了研究者的立场和观点而带有某种主观性，但在现实的研究中，实际上两种极端的客观与主观又都是无法实现的。也许，正是在这两种理想的主观与客观之间不同的妥

---

① 帕梯·皮尔托、格丽特尔·H.皮尔托："人类学中的主位和客位研究法"，胡燕子译，《民族译丛》，1991年第4期。

② 吉尔兹：《地方性知识——阐释人类学论文》，第75页。

协和有差异的选择,才带来了对于文化和历史的多样性的写作。[①]

五 小 结

限于篇幅,本章对有关辉格式科学史问题各方观点的述评是很粗线条的,未能就一些更细节性的问题(如像"为什么没有……?"这种的历史问题在反辉格式的科学史中的位置等)展开进一步的讨论,也没有利用各家著作中广征博引的大量科学史乃至一般历史的具体事例。但是,即使从这样一种概括性的回顾中,我们仍可总结出一些初步的结论。

首先,我们可以看到,巴特菲尔德的确提出了一个在历史研究中(特别是在科学史研究中)十分重要的、基础性的理论问题。虽然在不同的阶段人们对此问题的看法各有不同,但对此问题提出的意义和重要性却是一致肯定的。

其次,经过几十年的思考与实践,人们对此问题的认识不断深入。目前相对普遍的看法是,在科学史中,既不能采取极端辉格式的研究方法,也不能(而且也不可能)因此而走向另一个极端,去采用极端反辉格式的研究方法。我们应在这两种倾向之间保持一种适度的平衡,或者说保持某种"必要的张力",也许只有这样,才可能带来对科学史的真正理解与把握。

再次,西方科学史研究的发展经历了从辉格式的到反辉格式

---

① 刘兵、包红梅:"人类学与科学史研究立场的异同——关于'主位'-'客位'与'辉格'-'反辉格'的比较研究",《云南师范大学学报》(哲学社会科学版),2011 年第 2 期。

的再到两者统一的过程。这是一个自然的发展过程。对反辉格式
观点的全面接受,也是发展中必不可少的一个阶段。我们并不能
因为现在人们已认识到在某种程度上辉格式的研究方法在科学史
中无法避免,就可以心安理得地采取辉格式的研究方法。这正如
萨顿等人的科学史观现在西方虽已不再为人们普遍接受,而且很
明显地被超越,但历史地讲,它对科学史学科地位的确立曾起过不
可替代的作用一样(科学史学科在我国的发展恰恰缺少这一阶
段)。就科学史研究未来在我国的发展而言,对这些问题的思考将
是很有借鉴意义的。

在西方,目前撰写科学史著作的主要有两大类人:一类是职业
科学史家,另一类是对科学史感兴趣的科学家。如上所述,虽然近
年来人们对辉格式倾向的问题有了重新认识,但伴随着科学史研
究工作的职业化,专业科学史家的研究传统仍主要是倾向于反辉
格式的。而对科学史有兴趣的科学家,由于没有受过正规的历史
训练,再加上所受的科学文化教育这一背景的影响,则有较强的辉
格式倾向。[①] 其实,无论是在科学史发展的初期阶段,还是在科学
史学科通过职业化过程而相对成熟的后期,由于总有非专业的人
员会进入到科学史的领域并从事"研究",这种差异是一直存在的,
在西方如此,在我国也是如此。相对公允地讲,在没有专业训练背
景的从事科学史工作的人们中,也经常会有一些有价值的思想,值
得专业科学史家重视。但上述的这种差别,还是经常地可以作为
区别两类不同科学史家的一个明显标志。

---

①   E. Harrison, Whigs, Prigs and Historians of Science, *Nature*, 1987, 329:213-214.

　　至于我国科学史界的情况,为了更明确地说明问题,似乎以另一种方式分类更为恰当。即区分为研究中国古代科学史的科学史家,和研究西方近现代科学史的科学史家(近年来,对中国近现代科学史的研究,又是一个蓬勃兴起的研究领域,其发展速度令人瞩目)。至于对西方古代至中世纪的科学史研究,国内目前则仍少有深入的研究。过去许多年中,国内那些研究中国古代科学史的科学史家有着其特有的传统,工作大多相当扎实(特别是在发掘史料和考证方面),但在对中国古代科学史的研究中,或是有意识地,或是无意识地,其中许多人仍是以西方科学成就的标准作为参照,而较少以所研究的时期中国特定的环境与价值标准作为研究重点。更不要说那些将宣传"爱国主义"作为中国古代科学史研究的首要目标,力图在一切研究中论证"中国第一"的人(其实在西方也同样有这样的"学者"),他们往往只是致力于发现中国在多久以前就已有了西方近代或当代才取得的某项科学成就,而实际上,这两者的含义与内容显然是不完全一样的。国内学界对于所谓"李约瑟问题"的突出兴趣,也是与这种立场密切相关的(参见本书附录)。就在研究中选择西方科学作为参照标准这种意义上,我们似乎可以说,他们具有较强的辉格式倾向。至于后一类科学史家,一般来说,他们的情况与西方涉足于科学史的科学家较为相似。以近年来出版的大量"科学通史"著作和教材为例,其内容与西方目前流行的科学史著作有较大的差别(例如,几乎总是把科学与宗教的冲突极端尖锐化等)。这也表明,后一类科学史家的研究方法也是相当辉格式的。不过,随着近年来已经超了20世纪有关辉格史问题争议范围的一些更新派、更"前卫"的观念的引入(例如,在后现代主义思潮、在这种思潮背景下具体到对科学进行人文研究的社会建构论等学说,以及相应的理论和科学史研究实践),在这些新观念、新著作的影响下,国内科学史界的观念虽然还难说已经有了根本性的改变,但至少还是出现了不小的变化。我们可以预期,这样的变化会继续下去。

第五章　科学哲学与科学史

鞋:几乎跟婚姻一样神秘,舒不舒服,只有脚指头知
道。让别人看见脚指头时,那鞋也该换了。

　　　　　　　　——黄永玉:《力求严肃认真思考的札记》

一　"权宜的婚姻"

　　20 世纪 70 年代初,科学哲学家拉卡托斯(I. Lakatos)在他的
"科学史及其合理重建"一文中,开篇便转用著名哲学家康德的说
法,提出"没有科学史的科学哲学是空洞的;没有科学哲学的科学
史是盲目的"[①]。关于科学哲学和科学史这两门学科之间的关系
问题,此名言可以说是表述了某些科学哲学家心目中的一种理想,
但这也仅仅是"某些""科学哲学家"的"一种理想"而已。在现实中
这种双向的关系其实是严重的不对称。因为,一方面,除去久远的
历史不谈,自 20 世纪 60 年代末以来,主要是由于科学哲学中历史

---

　　① 拉卡托斯:《科学研究纲领方法论》,兰征译,上海译文出版社 1986 年版,第
141 页。

主义学派的出现,国外学者对此问题进行了颇多的讨论,但参与讨论者绝大多数均系哲学家,且讨论的主要关注点是科学史对科学哲学的作用;另一方面,科学史家对科学哲学表现出空前的冷漠态度。加之,即使在科学哲学家中,对科学史和科学哲学之间的关系或其间的相互作用,看法也彼此相去甚远。所以说,在这一重要问题上人们还远未得出较一致的结论,问题远未令人满意地得到解决。70 年代初,有人认为科学哲学与科学史之间的关系并不亲密,而将其比作"权宜的婚姻"①,这种比喻后来为许多人所采用,尽管看法依然不一。正如科学哲学家劳丹(L. Laudan)所明确指出的:"科学哲学家(至少是在其行列中的许多人)变得确信,只有当联合起来研究时,科学史和科学哲学才会有意义。相反,在科学史家中普遍盛行的观点,大致是说应该迅速地把提出联姻的哲学求婚者打发走。"②这种情况表明,从科学史家的角度来看,在科学史和科学哲学这两门学科之间是隔着一道鸿沟的。

　　为大多数科学哲学家所争论不休的科学史对科学哲学的作用问题,实在是一个极复杂的问题,对此这里不打算过多讨论。本章所要探讨的是,从科学史一方来看,科学哲学对科学史的作用、影响、意义何在。当然,鉴于科学史家对此问题发表的见解甚少,许多问题只是模糊地浮现在科学哲学家讨论的字里行间,这给此探

---

　　① R. N. Giere, History and Philosophy of Science: Intimate Relationship or Marriage of Convenience? *British Journal for the Philosophy of Science*, 1972, 24: 282-297.

　　② L. Laudan, The History of Science and the Philosophy of Science, in *Companion to the History of Modern Science*, R. C. Olby, et al., eds., Routledge, 1990, pp. 47-59.

讨带来了相当的困难。另外需要说明的是,这里所讲的科学哲学,是指那些被称为"科学哲学家"的人们提出的理论和观点,而不是指科学史的研究对象即科学家的哲学思想,后者,当然是属于科学思想史研究的恰当领域。

二　历史的回顾

首先,我们可以从对科学史和科学哲学相关的发展历史进行一点简要的回顾。当然,与系统的探讨不同,作为讨论背景的这种历史显然是极有选择性的。其中的重点,是要看看这两门学科之间关系的变化。

正如在本书第一章中所谈到的,在接近现代意义上的科学史的历史并不久远。大致地,我们可以追溯到伴随着18世纪启蒙运动而出现的学科史,在这种学科史中,历史的叙述和解释是根据一种作为前提的认识论理论来构造的。从而,出现了这样一种传统:历史被用于举例说明支配人类思想进步的抽象认识原则,被用于各种意识形态的目的。①

到19世纪,科学史和科学哲学这两门学科都变得更加繁荣。在科学史方面,上述的传统被继承下来并得以发扬。实际上,此期间许多有重要影响的学者都横跨两个领域,既是历史学家又是哲学家。以在科学史发展史中占有重要地位的、写出了被誉为是第

---

① P. Wood, Philosophy of Science in Relation to History of Science and Medicine, in *Information Sources in the History of Science and Medicine*, P. Corsi, et al., eds., Butterworth Scientific, 1983, pp. 116-133.

一部"综合性科学史"或"科学通史"的英国学者休厄耳为例,他就认为,应该从哲学的观点来写历史,而哲学的观点则在此过程中经受了检验。休厄耳意识到,这是一种关于科学史、科学哲学及其间相互关系的全新概念:科学史和科学哲学辩证地相互作用,在提供观点的过程中,科学哲学使纯粹的历史事实转变为科学史成为可能,反过来,科学史的可信性则为作为以科学史出发点的哲学体系提供了检验。换句话说,就是科学史成为科学哲学研究之验证的基础,就像科学研究中的"实验事实"成为科学研究之验证的基础一样。在他那里,科学的历史就以这种方式而成为宏伟的"综合"。也就是说,休厄耳所追求的,不仅是明确地表述人们获得科学的方式,而且是通过在哲学上重构各门归纳科学的出现来将他新获得的观点诉诸历史的检验。[①] 而且,当时其他同样一些在这两个领域产生了重要影响的人物,像马赫、迪昂等,也是与休厄耳类似地工作的。

但是,到 20 世纪初,情况开始发生了变化。从表面上看,科学史家似乎仍在坚持科学哲学与科学史的重要联系。例如,美国科学家萨顿很早就曾指出,历史研究是我们的手段和必不可少的工具,因此我们要不断地发挥它的效力,但这并不是目的,目的在于研究科学的哲学,在于获得对人和自然的更完善的认识。但是,萨顿本人在其科学史的实践中,却并未有意识地去做科学哲学的工作,而是主要致力于一种"综合性的"新人文主义的科学史。

早在 19 世纪时,另一位受到孔德思想的影响并在后来被誉为

---

① M. Fisch,*William Whewell*:*Philosopher of Science*,Clarendon Press,1991.

"第一位""实际上的科学史家"的坦纳里就已注意到,一些科学哲学家在深入研究古代科学家或培根和笛卡尔这样人物的思想时,他们自己的思考使他们离开了实际的历史,并因而变得"非历史"了。因此,坦纳里曾告诫历史学家要提防"科学的哲学"[①]。这实在是超出同时代其他人的真正洞见。

从科学哲学一方来说,与科学史的分离真正的出现是伴随着20世纪20年代以来逻辑实证主义的兴起和它在30年代以后发展为所谓的逻辑经验主义,并成为科学哲学的主流。这种新的科学哲学在性质上变得与科学史无关,它在发现的与境(context of discovery)和辩护的与境(context of justification)之间做出区分,并致力于对后者的研究,试图通过利用形式逻辑的技巧来改革哲学,避开科学方法的传统问题,去分析科学术语的意义、科学解释的结构和科学定律的逻辑地位。

同样是在30年代,虽然科学史在西方作为一种职业建制尚不成熟,但构成其基础和决定其研究主题与方法的史学理论准备也已在形成。这种准备体现在以下四个方面。第一,是英国历史学家巴特菲尔德在其1931年出版的《历史的辉格解释》一书(参见本书第四章),对于改变以往科学史中以现代科学的标准来研究过去"成功"的科学的作法,此书在更广泛的史学理论背景中奠定了后来史学观念发展的基础。第二,是苏联学者格森在1931年发表的"牛顿《原理》的社会经济根源"一文(参见本书第二章),此论文也

---

①　H. Butterfield, The History of Science and the Study of History, *Harvard Library Bulletin*, 1959, 13: 329-347.

可以说是划时代的,对于科学史中"外史"研究的出现在一定程度上产生了重要的影响。第三,从另一线索出发,对于科学史外史研究的兴起带来了更大促进的,是美国科学史家和科学社会学默顿1938年发表的长篇论文"17世纪英国的科学、技术与社会"。第四,是法国科学史家科瓦雷等人观念论的编史纲领,对后来科学思想史、新的科学"内史"的研究的出现有着直接的影响。当然,并不是说以上四个方面的影响当时马上就在科学史家的研究中普遍地体现出来,但它们确实是为后来科学史的发展奠定了基础。到50年代以后,在美国科学史家"职业化"的过程中,这些影响的效果开始逐渐体现出来,科学家阵营开始确立了独特的工作方式与评价标准。从此,科学史愈发远隔离了科学哲学。

三　科学哲学家对科学史的关注

在很长时间内,逻辑经验主义虽然一直是科学哲学的主流,但与之有所不同的理论也开始出现,其中一个非常重要的学派,即是从30年代起出现的英国科学哲学家波普(K. R. Popper)的方法论的证伪主义理论。波普既反对科学哲学中的逻辑实证主义和逻辑经验主义,也反对传统的归纳主义。基于"证伪"这一重要的基本概念,波普试图制订科学家在其研究或发现过程中应当遵守的规律,认为只有符合这些规范的科学行为才是合理的。自50年代以来,波普的学说可以说是对逻辑经验主义哲学最有影响的替代者之一。然而,除了在推测的历史方面偶尔的尝试之外,波普并不诉诸历史的证据来证明其立场,因为他相信方法论是不能以经验研究作为基础的。

　　但与波普有所不同的是,他的追随者却不断地求助于历史的
记载,以表明证伪主义的方法论准确地表征了科学进步的方式,这
方面最有代表性的工作,是美国科学哲学家阿加西(J. Agassi)在
60 年代初出版的《论科学编史学》一书。[①] 在此书中,阿加西从波
普学派的观点出发,批判了当时为绝大多数科学史家所采纳的归
纳主义和约定论的编史学假定。阿加西对于归纳主义编史学把科
学史按现代科学的标准写成"黑白分明"历史这种作法的批判与科
学史界对反辉格式历史解释的接受形成了某种呼应,但与他此书
的标题所暗示的相反,他在此书和随后的一些工作中,主要的目的
实际上是大量地利用历史事例来对波普的科学哲学观点进行更深
入的说明。也就是说,阿加西的基本趋向仍是哲学的,而不是历史
的,其表现就是仍以"可靠的"历史事例来作为科学哲学观点的
支撑。

　　到 60 年代初,科学哲学中相当有影响的历史主义学派开始出
现,从而使科学哲学家恢复了对科学史的关心。其实,早在 50 年
代初,这一学派中的重要代表人物汉森(N. R. Hanson)就已在其
名著《发现的模式》一书中强调:"对任何科学的有益的哲学讨论,
依赖于彻底通晓这一科学的历史与现状。"[②]而这一学派中最有影
响的人物,则是从科学史转向科学哲学的美国学者库恩。库恩在
60 年代初出版的《科学革命的结构》一书中,提出了一种崭新的科

　　①　J. Agassi, *Towards A Historiography of Science*, Mouton and Co., 1963.
　　②　汉森:《发现的模式》,邢新力等译,中国国际广播出版社 1988 年版,第 4 页。

学发展的动力学,求助于科学共同体的本质来阐明支配科学理论变革的机制,勾画了一幅由常规科学、反常、危机、科学革命等一系列相继环节构成的科学发展图景。关于科学哲学历史学派中的重要代表人物,当然还可以提到美国科学哲学家费耶阿本德(P. Feyerabend)、图尔明(S. Toulmin)、劳丹、夏皮尔(D. Shapere)等许多人。由于国内对有关历史主义科学哲学的介绍已经很多,这里就不再对这些人的有关理论予以转述了。

但英国科学哲学家拉卡托斯则是一个非常特别的人物,我们需要特别提到。一方面,他面对库恩理论中的种种困难,是在对波普学说批判的基础上力图进一步发展波普的观点,提出了基于精致证伪主义的研究纲领方法论;另一方面,他又常常被划归到所谓较弱意义上的历史主义之列。他的科学哲学理论明确地涉及了科学史的编史纲领问题,尤其是在其"科学史及其合理重建"一文中。[①] 在对归纳主义、约定主义和方法论证伪主义的批判之后,他提出了基于研究纲领方法论的编史理论,把科学史构想为一部在相继的研究纲领之间竞争的编年史,并根据与这种"合理重建"的一致与否来区分"内部史"和"外部史"。当然,拉卡托斯工作的目的仍是哲学的而不是历史的,但他提醒说,"没有某种理论'偏见'的历史是不可能的"。因而,"科学史家反过来应该认真注意科学哲学,并决定他的内部历史要建立在哪一种方法论上"。实际上,他已经提出了基础不同的方法论的历史的多元性之可能。

科学哲学家麦克马林(E. McMullin)在其对科学史与科学哲

---

① 拉卡托斯:《科学研究纲领方法论》,第141—191页。

学的关系的讨论中,曾很有启发性地对科学哲学进行了分类。[1]
在这种分类中,一类是所谓的"外在论的科学哲学",它们经常是作
为规范而出现的,其理由不是来自对科学家实际遵循的方法的审
查,更细致一些地,外在论的科学哲学又可根据其不同的出发点再
分为"形而上学的科学哲学"和"逻辑的科学哲学"两个子类。另一
类科学哲学是"内在论的科学哲学",它们的理由是基于对科学家
过去和现在怎样工作的"内在的"描述。这种分类对于我们理解科
学史与不同类型的科学哲学的关系或许是有帮助的。显然,与科
学史可能相关的只是内在论的科学哲学。在这种划分类中,逻辑
经验主义乃至波普的学说都被划在外在论的科学哲学之列,而历
史主义则当然地属于内在论的科学哲学之列了。此外,也有人将
科学哲学干脆更为一般地划分为逻辑主义和历史主义两类。当
然,像这样的划分都是一种理想化的极端情形,而实际工作的哲学
家则大多处于其间的某个位置的。

四　法国传统

正如美国科学史家柯恩所注意到的,就由哲学家所做的对科
学的历史研究来说,法国人的工作尤为引人注目。[2] 虽然这些工

---

① E. McMullin, The History and Philosophy of Science: A Taxonomy, in *Historical and Philosophical Perspectives of Science*, R. H. Stuewer, ed., Gordon and Breach, 1989, pp. 12-67.

② I. B. Cohen, History and Philosophy of Science, in *The Structure of Scientific Theories*, F. Suppe, ed., University of Illinois Press, 1974, pp. 308-349.

作处在英美科学哲学主流之外，很长一段时间内在法国以外影响并不很大，但墙内开花墙外香，近年来已越来越多地引起了英美学者的注意。鉴于国内近年来亦是对之多从哲学的角度来关注，少有从科学史角度的评介，因而在此似乎值得依据有关文献①稍作介绍。当然，限于篇幅，这里只能简要地提及其中最重要的几个人的工作。

如前所述，在法国孔德开创了一种将科学史与科学哲学紧密相联系的传统。孔德之后，这种传统在迪昂、彭加勒（H. Poincare）、梅耶森（E. Meyerson）、科瓦雷等人的工作中得以延续下来。如果严格地与科学哲学相联的话，自 20 世纪 20 年代以来，这一传统中的核心人物是巴歇拉尔（G. Bachelard）、康吉海姆（G. Ganguihem）和福柯（M. Foucault）等人。

巴歇拉尔的工作可以说是通过对科学史的反思而理解理由与合理性之本质的尝试。他认为，严格地讲并不存在像科学史这样一种东西，存在的只是关于科学工作的不同领域的历史。相应地，哲学从它对科学史的反思中，不能指望去揭示一种单个的、统一的合理性概念，它所能发现的将只是合理性的各种"领域"。由于巴歇拉尔要从科学史出发来研究科学哲学，所以他的科学哲学的核心就是他的科学变革模式，而这一模式是围绕着"认识论的分裂""认识论的障碍"和"认识论的行动"这三个关键的认识论范畴建立起来的。认识论的分裂既指科学知识从常识的经验和信仰中分裂

---

① G. Gutting, Continental Philosophy and the History of Science, in *Companion to the History of Modern Science*, R. C. Olby, et al., eds., Routledge, 1990, pp. 127-147.

出来甚至与之相抵触的方式,也指在两种科学概念化之间发生的分裂。相应地,认识论的障碍则对应于任何阻止认识论的分裂的概念或方法,它通过旧观点的惯性阻碍科学的进步,而认识论的行动则与之相抗衡,认识论的行动是一种变革,并具有积极的价值,代表了我们在科学说明中的一种改进。

巴歇拉尔认为,目前的科学代表了一种毫无疑问地超过了其过去的进步,科学史家可以恰当地利用目前的标准和价值来评判过去,把科学的过去明确地区分为"过时了的"历史和被当前的评判标准所"认可的历史"。但这并不等同于辉格式的科学史方法。因为,首先,巴歇拉尔式的历史并不试图以当前的概念来理解过去的科学;其次,在他看来,也并不存在关于目前的科学是永远不变的恰当假定。当然,对所有这些抽象的哲学观点,他均是与具体的历史相联系来论述的。总之,巴歇拉尔这种对科学变革的说明使他抛弃了科学发展的连续性,但依然承认科学的进步,即同以前的观点可确定的正确性范畴相比,后来的观点具有更广泛的视野,在这种意义上,每个后来的框架都将代表超过其前任框架的进步。

康吉海姆是巴歇拉尔继承者,他的工作代表了巴歇拉尔的工作在某些方面的扩展和深化。巴歇拉尔对科学的反思主要是针对物理科学的,而康吉海姆的注意力则集中在生物学和医学科学方面。对康吉海姆来说,科学史主要是概念的历史,而不是术语、现象甚至理论的历史。重要的是将解释资料的概念同说明概念的理论区分开。一个概念向我们提供了对一现象最初的理解,使我们能以一种在科学上有用的方式来阐述怎样说明这一现象的问题,但概念在理论上是"多价的",由此他可以做出对于在不同层次上起作用的概念的形成和变化的历史说明。

具有特色的是,康吉海姆极为强调他的科学概念史并不自命具有科学的地位。与英美科学哲学家将历史作为检验方法论原则和科学发展模式的实验室的观点不同,他提出了作为法庭的科学史模式。法庭评判的准则,派生于当前的科学(以巴歇拉尔的方式)所依据的认识论分析。基于这种模式,说科学史不是一个科学学科,恰恰是因为它明确地、规范地把科学分析的价值中立倾向的特征排除在外。

康吉海姆认为他的科学概念史取消了许多科学史家所关注的对重要的科学发展先驱者的搜寻。因为如果这种搜寻进行到极限,那么科学就不再有历史,所有的科学成就会都出现在某个最初的黄金时代。他论证说,对先驱者的“发现”通常是基于不承认在表面相似的阐述背后本质性的概念差异。当然,这并不意味着否认需要理解早期科学工作者对后来科学工作的影响。像这样的看法,对于我国的科学史研究,特别是多数中国古代科学史的研究,应是有借鉴意义的。

深受巴歇拉尔和康吉海姆影响的另一重要法国哲学家和历史学家是福柯。目前,追随着美国等西方国家对福柯的众多研究,在国内这位法国学者也成为人文社科领域中最受关注的法国学者,相关的研究不胜枚举。但就把福柯当作一位科学史家来研究的工作也仍不多见。简单地讲,其前辈巴歇拉尔和康吉海姆主要研究物理科学和生命科学,而福柯则主要关注像心理学和社会科学这样的“人文科学”,关心在对人文科学当代自我认识的重要方面提出批判的怀疑。为此,福柯现已成为西方人文科学界研究的热点人物。他更是所谓"后现代主义"的重要代表。虽然他的"科学史"研究与我们所习见的科学史的确相距太远,但在他极具独创性的理论中,像"权力""规训"之类的核心概念,对于我们从人文的立场来理解科学史,确实又是极有意义的背景知识。

五　科学史家的态度

如前所述,伴随着自 20 世纪 50 年代以后科学史家的职业化过程,科学史已形成了一个有自己独特标准和研究方法的自主的学科。因而,尽管 20 世纪 60 年代以来科学哲学中历史主义学派在其科学哲学理论中强调科学史的重要性,但这基本上是局限于科学哲学家阵营内部的活动。科学史家对有关的科学哲学却大多不屑一顾,有时甚至可以用"反感"一词来表征他们的态度。[①]科学史家这种态度的产生当然不是平白无故的。为了较方便地对此分析,我们可以从两方面来展开讨论:其一是科学史家对于由科学哲学家写出的"科学史"的看法,其二是这两门学科在方法和目标上的差异何在。当然,这两个方面彼此也是密切相关的。

我们先来讨论第一个方面,显然,在这种讨论中,以几个具体的例子来进行说明是较为直接、明确和恰当的。

---

① 　J. E. Murdoch, Utility versus Truth: At Least on Reflection on the Importance of the Philosophy of Science for the History of Science, in *Pisa Conference Proceedings*, Vol. Ⅱ, J. Hintikka, et al., eds., D. Reidel Publishing Company, 1980, pp. 311-319.

美国科学史家柯恩曾谈到过波普对牛顿的有关研究。[①] 波普在研究"牛顿的理论"与"伽利略的理论"或"开普勒的理论"的关系时,指出牛顿的理论远非仅仅是另外两个理论的结合。因为我们只有在拥有了牛顿的理论之后,才能看出另外两个理论在什么意义上是它的近似。波普的结论是,这表明逻辑的方法不论是归纳的还是演绎的,都不能带来从伽利略或开普勒的理论向牛顿动力学的飞跃,只有独创性才能完成这种飞跃。对于波普的这项工作,柯恩肯定了它的启发性教益,即科学哲学家的洞察力可以怎样为历史学家提出富有成果的问题,但其意义也就仅此而已。柯恩除了详细地论证了波普的研究对历史材料的引证方面存在的种种问题之外,他还明确地指出,这一事例表明,我们不应假定科学哲学家是在撰写具有历史基础的或是以历史趋向进行分析的历史。波普在提出牛顿的理论与其前在理论之间不可能有严格的逻辑联系之后,他的任务就完成了,因为他并不是历史学家。相反,历史学家则必需要进行下一阶段的研究。因为牛顿是知道开普勒第三定律修正了的形式的,那么,原始形式的开普勒第三定律在牛顿的动力学理论发展中到底起了什么作用?牛顿在其《原理》中是怎样讨论这一问题的?……总之,历史学家要分析的是牛顿在自己的理论的发展中或在《原理》对这一理论的表述中究竟怎样利用了开普勒的定律,而波普则未作这样的分析。因而,波普的研究并不是科学史家心目中的历史研究。

① I. B. Cohen, History and Philosophy of Science, in *The Structure of Scientific Theories*, F. Suppe, ed., University of Illinois Press, 1974, pp. 308-349.

另一个例子与拉卡托斯有关。拉卡托斯在论证其科学研究纲领理论时,曾写道:"我认为,在撰写一个历史上的案例研究时,应采取下述步骤:(1)作出合理重建;(2)尝试将合理重建同实际历史进行比较,并对合理重建的缺乏历史真实性和实际历史的缺乏合理性做出批评。"[①]实际上,这里已明确地表示出,他据其哲学理论作出的历史的合理重建并非是真实的(实际的)历史。这一点也明确地体现他在对玻尔的案例研究中:"1913年玻尔可能根本没有想到电子自旋的可能性……然而,历史学家用事后之明鉴来描述玻尔纲领时,应将电子自旋包括在纲领中,因为电子自旋与纲领的最初大纲很自然地相符。"[②]对于这种连作者本人也否认是真实历史的工作,自然无需按严格的历史标准来对之评判了。因为就连科学哲学家也意识到,"这种技巧方法的结果并不是历史,也不是用历史来给关于科学的理论提出根据,事实上,它与历史几乎没有什么关系"[③]。但是,正是在拉卡托斯理论的促进下,1976年豪森(C. Howson)编辑了一本题为《物理科学中的方法与评价》的论文集。正如编者在前言中所讲的,这组文章是"利用取自物理科学史中的案例研究,来阐明科学哲学中的新近重要发展,即'科学研究纲领的方法论'"[④]。这些案例研究分别是"原子论与热力学"

① 拉卡托斯:《科学研究纲领方法论》,第73页。

② 同上书,第165页。

③ E. McMullin, History and Philosophy of Science, A Marriage of Convenience? in *PSA 1974*, *BSPS*, Vol. 32, R. S. Cohen, et al., eds., D. Reidel Publishing Company, 1976, pp. 585-601.

④ C. Howson, ed., *Method and Appraisal in the Physical Sciences*, Cambridge University Press, 1976, p. vii.

"托马斯·扬和对牛顿光学的'反驳'""为什么氧代替了燃素?""为什么爱因斯坦的纲领取代了洛伦兹的纲领?"以及"对阿佛伽德罗假说的否定"。在一篇对此书的评论中,库恩认为至少其中大部分文章是不错的,但出现这种情况的"原因之一,显然在于作者并没有使用拉卡托斯的历史理论所签发的'许可证',而是遵循关于历史责任的通常规范"。"这些事例作为历史,还是比较旧式的,属于一种远在研究纲领方法论以前的传统。""同拉卡托斯的预期相反,《方法和评价》中的事例研究并未说明研究纲领方法论对历史实践的有效影响。"库恩甚至认为,那种要按哲学理论去"重建"历史的作法,"可能会成为编造历史的借口"①。

最后一个例子可能更典型。20 世纪 70 年代初,科学哲学家阿加西和伯克森(W. Berkson)分别出版了《作为自然哲学家的法拉第》和《力场》这两本书。阿加西和伯克森均是波普学说的追随者。这两本书也正是典型的"为阐述一种哲学而写作的历史"。对此,美国对法拉第有深入研究的科学史家威廉斯(L. P. Williams)写了一篇著名的、经常为人引用的书评,标题竟是"应该允许哲学家撰写历史吗?"②同样地,威廉斯详细指出了两位作者在引证史实方面的诸多严重错误,认为这两部著作充其量只是"历史小说"而已。他评论说:"哲学家们倾向于对观念、观念的逻辑联系及其逻辑推论感兴趣;而这些观念从何而来,它们是怎样地发展,以及

---

① 库恩:"跛子与瞎子:科学史与科学哲学",《自然科学哲学问题丛刊》1981 年第 2 期。

② P. L. Williams, Should Philosophers Be Allowed to Write History? *British Journal for the Philosophy of Science*, 1965, 26: 241-253.

怎样为一些自称是受了其影响人所解释,对这些问题哲学家似乎就不感兴趣了。因此,在分析一个体系时,他们是最出色的;但正如我们所见,当试图要说明一个体系的演化时,他们就差劲多了……他们倾向于回答问题——即我处在某某人的位置上会怎样去做,而这是一种完全不同的工作。"他认为,与这两位作者不同的是,历史学家必须整体地考虑有关法拉第的事实,而不能随意地挑选适合其论点的那些事实,不论这些论点可能会是多么的有独创性和迷人。因而,威廉斯对他在标题中提出的问题毫不含糊地给出了"No"的答案。

从以上几个例子可以看出,科学史家对科学哲学家撰写的"科学史"不予承认的主要理由在于:(1)哲学家由于缺乏历史的训练,不能按历史学家的专业标准的要求处理史料;(2)哲学家撰写历史的出发点、目的、工作方式、研究的重点问题等诸多方面均与历史学家大不相同,所以写出的历史自然也就不符合历史学家的标准。正像反对科学哲学与科学史有亲密关系的哲学家吉尔(R. M. Giere)所承认的那样,"对探索过程的关注并不使人自动地变成历史学家"①。如果说第(1)个问题还是有可能解决的话,那么第(2)类差异就显得是更为本质和更难以消除了。正是在此意义上,库恩才谈到"为哲学而写的历史,往往几乎不是历史"。这种情况对我们的提醒至少是,当我们阅读或参考一部科学史著作时,对其作者的身份、出发点和该"历史"所属类型的鉴别应是必不可少的。

---

① R. N. Giere, History and Philosophy of Science: Intimate Relationship or Marriage of Convenience? *British Journal for the Philosophy of Science*, 1972, 24: 282-297.

还应提到,其实像这里所列举的历史学家对哲学家的"历史研究"做出激烈反应的例子并不多见,在更多情况下历史学家所采取的做法干脆是对之不予理睬。

六　科学哲学与科学史的关系

现在来讨论本章最为核心的问题,即科学哲学对科学家是否有用。鉴于大多数科学史家在实际中确实拒斥或不理睬科学哲学(即使是历史学派的科学哲学),所以这对上述问题的讨论又可转为去问为什么会有这种情况出现,或者追究这种情况出现的部分理由——这两门学科的差异何在?

首先,可以考虑的是关于研究目的与结果的普遍性和特殊性的问题。从 19 世纪的孔德、休厄耳到 20 世纪初的萨顿等科学史家,均强调综合性科学史的重要性,再加上迪昂、马赫等人,他们的目标是要构造一种准确的、包括一切科学的理论。由于这种对普遍性的追求,所以他们将对科学的逻辑的分析编织到对其历史的叙述中去。这也是当时他们与科学哲学关系密切的一个重要原因。然而,在西方 20 世纪 50 年代以来科学史家职业化的发展过程中,在职业科学史家中科学史研究的风格发生了重要的转变,因而要在科学史(或"历史")这一术语的现代意义上称上述那些老一代科学史家的工作为"历史",就显得不甚恰当甚或是一种"误解"了。[①]

---

① L. Laudan, et al. , Scientific Change: Philosophical Models and Historical Research, *Synthese*, 1986, 69: 141-223.

我们可以通过一些科学史家和科学哲学家的描述,来看看目前职业科学史家的工作方式及其与科学哲学家工作方式的差异。柯恩曾这样讲:

> "批判的哲学家倾向于利用其当今立场的'优越性',来表明过去的科学著作中或被他说成是在过去出现的科学思想中的局限与谬误;而科学史家的工作,则是要使自己沉浸在从前时代科学家的著作中,这种如此完全的沉浸,使他们变得熟悉过去时代的环境与问题。只有以这种方式,而不是以与时代不符的逻辑分析式哲学分析的方式,历史学家才能充分认识过去时代科学思想的本质,才能真正感到有把握去解释过去的科学家对其所做所为可能具有的看法。与哲学家不同,历史学家的目标必须是,要看看他对于过去某些时代的情况以及他所研究人物的思想的特质,他是否能作出准确的描述。"①

强调科学史对科学哲学重要性的哲学家布里安(R. M. Burian)也指出:

> "……历史研究是具体的、描述性的。它钻研细节,试图理解复杂的特殊性和复杂相关的个人与事件的特殊性。相应地,它使用不同的技巧,而这些技巧在抽象的科学哲学中是无

---

① I. B. Cohen,History and Philosophy of Science,in *The Structure of Scientific Theories*,F. Suppe,ed. ,University of Illinois Press,1974,pp. 308-349.

用的。历史学家始于面对在科学传统、社会与智力背景、人际冲突、宗教和神学的考虑等中实际上缠绕无隙的网络。……'一切都是潜在地相关的'。从技术性的科学哲学抽象、规范的观点来看,这种无处不在的潜在关联是令人讨厌的。哲学家必须把'不相关的'('偶然的''外在的')细节从许多历史研究的本体中排除出去,以便获得对理想的科学的结构和控制它们准则的抽象说明。"①

对于科学史家所表现出来的对现有科学哲学的无视,科学哲学家劳丹带着困惑向倾向于认识问题的科学史家询问时,他得到的答复是:"历史学家的职责,就是宁愿以叙述的形式就一特定的事件讲述首尾一贯的故事。""把各不相同而且独一无二的事件纳入到某种统括一切的模式或宏伟设计之中,这不是历史学的任务一部分。"因为在历史学家看来,"构造或评价有关过去的'理论',这不是历史探索的合理范围"。② 具有科学史家和科学哲学家二重身份的库恩也曾说:"大多数历史研究的最后成品是对过去特殊事件的一种叙述,……历史叙述必须使所描述的事件看起来合理,也易于理解。……历史是一种解释性事业,而且几乎毋需明确的概括就可以起解释作用。……哲学家的目标主要是明确的概括及范围广泛的概括。……他的目标是找出在一切时间地点都是真的

① R. M. Burian, More than a Marriage of Convenience: On the Inextricability of History and Philosophy of Science, *Philosophy of Science*, 1977, 44: 1-42.

② C. Howson, ed., *Method and Appraisal in the Physical Sciences*, Cambridge University Press, 1976.

东西,并加以陈述,而不是了解特定时间地点所发生的事件。"①

　　从以上这些引文中,我们已可较清楚地看出科学史和科学哲学之间在所追求的目的和工作方法方面的巨大差异:科学哲学追求的是一种理想化的、普适的、规范的、抽象的概括,科学史则强调历史丰富的复杂性和特殊性,强调要深入到具体的历史细节中去做出一贯的、可信的叙述。实际上,科学史家的这种追求是与他们对反辉格式的历史研究法的普遍接受密切相关。因为按照是否"参照今日"来撰写过去的判据,"今日"不仅包括当代的科学标准,广义地讲,自然也包括当代的哲学标准。从而,以参照今日科学哲学标准的方式写出的科学史,就很可能是另一种辉格式的科学史。或者,更加极端地,若按某些科学哲学家的方式,写出来的就会是那种"应该如此"(as it should be)而非"实际怎样"(as it was)的历史。这当然是科学史家所不情愿的。

　　但是,像拉卡托斯这样的科学哲学家强调说,"没有某种理论'偏见'的历史是不可能的"②。这的确是一个较难反驳的观点。"因为没有人能撰写他不知如何识别的东西的历史,所以所有的科学史必然都不言而喻地预先假定了对科学的看法,至少是某种看法。""在心目中没有一种隐含的或明确的科学图景,人们就无法写出任何科学史。"③何况在撰写历史时,无法回避对"事实"的"选

　　①　库恩:《必要的张力》,第 5 页。
　　②　拉卡托斯:《科学研究纲领方法论》,第 166 页。
　　③　E. Agazzi, What Have the History and Philosophy of Science to Do for One Another? in: *Pisa Conference Proceedings*. Vol. Ⅱ, Hintikka J., et al., eds., D. Reidel Publishing Company, 1980, pp. 241-248.

择"问题,而若有选择存在,则隐含着:若这种选择不是任意的,就必须依照某种"理论"或"标准"来进行。

在联系到科学哲学对科学史的作用方面,人们对此问题有着不同的回答方式。第一种方式是,对科学哲学家构想出的让科学史家运用科学哲学的方式提出疑问。例如,在拉卡托斯那里要用其方法论的观点去写科学史,而这种被规范地说明的科学史反过来又作为对其方法论的检验,于是便构成了一种逻辑循环。第二种方式是,说科学史家必定要依赖于科学哲学的观点,但这种假定又有两方面的问题:(1)为了记录和解释过去的科学,科学史家所需的理论并不一定就是要由科学哲学家所提出的理论,就像他们近来的工作所表明的那样,为了分析的框架他们也很可能会转向社会学或社会人类学,而不是转向科学哲学;(2)这一假定一般性地暗示了历史的解释在结构上是演绎的,并且可以用亨普尔(C. G. Hempel)的"覆盖定律"的模式来分析,而这种模式是受到历史学家广泛批评的。① 第三种方式是,从根本上怀疑那种可用的科学哲学"规范"是否存在。例如,科学史家柯恩认为:"对历史启示的本质性分析揭示出,对于作出发现来说,没有简单的或可用的规则。""我们发现科学家们是在黑暗中摸索,利用突然闪现的来自直觉或灵感的偶然启发。"②而针对某些科学哲学家认为存在的"合理

---

① P. Wood, Philosophy of Science in Relation to History of Science and Medicine, in *Information Sources in the History of Science and Medicine*, P. Corsi, et al. , eds. , Butterworth Scientific, 1983, pp. 116-133.

② I. B. Cohen, History and Philosophy of Science, in *The Structure of Scientific Theories*, F. Suppe, ed. , University of Illinois Press, 1974, pp. 308-349.

性判据",对科学编史学有专门研究的科学史家克拉曾明确地指出:
"一种与科学史的教益相协调的绝对的合理性判据并不存在。"[1]这
样的看法与科学哲学家费耶阿本德的观点倒是颇为接近的。第四
种方式,则是像美国科学史家费诺乔罗(M. A. Finnochiaro)在其
《作为解释的科学史》一书中所说的,并非科学史实践不应完全不
受哲学的指导,只是迄今为止,所有希望担任这个角色的人都没有
成功,为此科学史需要新的批判的哲学,这种哲学应当说明科学史
这一学科是对过去一些事件给予特殊的历史说明的一系列谅解文
献。正因为如此,无论是为了寻求科学史中的解释,还是为了论证
已找到的解释,科学史家都没有必要去理会科学哲学的原理。[2]

　　实际上,我们至少是可以接受第四种回答的。其实,面对同一
学科、同一人物乃至同一问题的历史,科学史家之间也有诸多的、
有时甚至是严重的分歧和争论,这的确表明科学史家对历史的观
察未必没有"理论负载"。谈到另一层次上科学史家接受科学哲学
的困难,劳丹认为存在技术语言方面的困难[3],柯恩认为科学史家
为了做出正确判断,需要全面了解科学哲学中所有重要的进展,而
这似乎超出了几乎所有科学史家的哲学能力。[4]

　　但这些困难从原则上来讲都应是可以解决的。更关键、更本

　　①　H. Kragh, *An Introduction to the Historiography of Science*, Cambridge University Press, 1987, p. 66.

　　②　科萨列娃:"科学哲学与科学史的相互关系",《科学史译丛》1988 年第 4 期。

　　③　L. Laudan, et al., Scientific Change: Philosophical Models and Historical Research, *Synthese*, 1986, 69: 141-223.

　　④　I. B. Cohen, History and Philosophy of Science, in *The Structure of Scientific Theories*, F. Suppe, ed., University of Illinois Press, 1974, pp. 308-349.

质的问题,是目前似乎仍无一个能令科学史家满意、真正与现有的历史研究方式相协调并能适用于各种复杂历史细节的科学哲学理论。这或许是科学史家留给科学哲学家的一项在短期内所无法解决的巨大难题。但这一难题不解决,科学史家也只好以一种隐含的、缺少明确意识的科学图景作为其理论框架了。当然,这样做也许不得不付出代价,但问题在于对于拉卡托斯的命题,还有另一种不同的、否定的表述形式:"由教条的和自命不凡的科学哲学支持的科学史要冒双倍盲目的风险,而由党派的科学史支持的科学哲学要同时冒盲目和空洞的风险!"[①]

七　"划界问题"与科学观

其实,在讨论了上述许多在科学史和科学哲学中存在的差异之后,我们可以这样来看:其间最根本的差别,也许正是在于科学哲学家长期以来一直追求一种"规范性"的"划界"标准,而科学史家则没有这样明确的原则。所谓"划界"标准,即是指将科学与非科学(包括"伪科学")区分开的标准。当然,如果能够找到这样的标准,对于定义何为科学,将是一种简便有效的办法。但长期以来,虽然不同的科学哲学流派在不同的时期提出了不同的"划界"标准,如像实证主义的"证实原则",以及证伪主义的"证伪原则"等,但到目前为止,可以说,仍未有一种唯一的标准为绝大多数科

① E. Agazzi, What Have the History and Philosophy of Science to Do for One Another? in *Pisa Conference Proceedings*, Vol. II, Hintikka J., et al., eds., D. Reidel Publishing Company, 1980, pp. 241-248.

学哲学家所一致认可。而且,还应该注意到的是,科学哲学家在尝试发现或提出这种"划界"标准时,是以一种规范化的、追求普适性的方式。这样,面对长期以来科学哲学家在追求"划界"标准上的不成功,我们甚至还可以从反面来进行思考:是否存在这样一种普适的"划界"标准? 虽然从逻辑上讲,到目前为止没有发现这样的标准并不能说明这样的标准不存在,但我们也完全可以设想这样的标准不存在的可能性。

或者,我们还可以这样思考,如果唯一的、普适的"划界"标准不存在,是否意味着对于所谓的科学,也就是作为科学史家的研究对象的在历史上的那些科学,本来就是彼此规范不同,适用于不同规范的人类认识自然的系统知识? 甚至于对当代的科学亦是如此?

与此相对应的,就是一种"多元"的科学观。近些年来,这种不求统一规范的、多元的科学观,已经有不少科学哲学家甚至科学史家们在倡导着。例如,英国学者劳埃德(G. E. R. Lloyd)在就古代文明中是否有科学的问题进行探讨时,所采取的立场就是很有代表性的。对于科学史家来说,如果古代文明中没有"科学",那他们对于古代科学史的研究自然就面临着合法性的危机。但显然古代的"科学"与我们今天的科学(或者说从近代欧洲科学革命中生长起来的当代西方主流科学)又是非常不一样的。最典型的就是,"没有一种古代语有一个能与'科学'精确对应的术语,尽管这些古代语言通常拥有丰富的词汇来谈论知识、智慧和学问"。在分析了针对这个问题存在的各种观点及其相应的问题之后,劳埃德给出的科学的"定义"是一种极其宽泛的定义:"我们应该从科学要达到的目标或目的来描绘科学。这些目标或目的理所当然地包括理解、解释和预言（现如今许多人通过开发用于人类目的知识，又加上了'控制'这一条）。"也就是说，要"理解客观的非社会性的现象——自然世界的现象"①，从这样的立场出发，我们便可以有推论：所有服务于这种目的的认识活动和成果，自然也就都是"科学"的活动和知识。当然，对于这样的"科学"知识，如果再加上系统性的限制词也许会更好些。

一般说来，只有当一种学术观点在学界大致被普遍接受或争议不大时，它才会进入基础教育的领域中。因而，作为一个旁证，我们还可以提到，在近年来西方的基础科学教育改革中，像这种多元的科学观，包括像"科学知识是多元的，具有暂时特征""来自一切文化背景的人都对科学做出贡献"等，已经成为基础教育界的一种共识。②

科学史家默多克（J. E. Murdoch）曾提出过科学哲学对科学史的"一种重要性"③。默多克认为，哲学家的讨论几乎从来不与历史学家的工作"相符"，但科学哲学对科学史的重要性恰恰在于这种"不符"。因为它能使历史学家意识到那些被应用了哲学教条的历史的本来、实际的特征，而若没有通过应用哲学教条并导致"不

---

① 劳埃德：《古代世界的现代思考：透视希腊、中国的科学与文化》，钮卫星译，上海科技教育出版社 2008 年版，第 15—17 页。

② W. F. McComas and H. Almazroa, The Nature of Science in Science Education: An Introduction, *Science & Education*, 1998, 7: 511-532.

③ J. E. Murdoch, Utility versus Truth: At Least on Reflection on the Importance of the Philosophy of Science for the History of Science, in *Pisa Conference Proceedings*, Vol. Ⅱ, J. Hintikka, et al., eds., D. Reidel Publishing Company, 1980, pp. 311-319.

符"，人们也许就不会意识到这些特征。换句话说，哲学正是因其带来与历史的"不符"而成为有价值的、启发历史分析的"工具"。令人啼笑皆非的是，科学哲学对科学史的这样一种"重要性"，与大多数历史学派科学哲学家原来的设想实在是相去太远了。不过，当我们采用了那种多元的科学观的时候，这种在以往让科学史家和科学哲学家尴尬相对的问题就不复存在了。在过去，科学哲学连带着划界意味的理论，恰恰因为追求唯一性和普适性而与科学史家的实践"不符"；而对于科学史家，他们过去的传统、方法和规范，以及相应的研究成果，实际上是超前于科学哲学家，体现出了历史上科学的多样性、复杂性，体现出了人类的科学的多元性。

第六章 考据与科学史

> 我的主,当你们面对面交流时,所交流的一切都是真实的,不可能欺骗,不可能撒谎,那你们就不可能进行复杂的战略思维。
>
> ——刘慈欣:《地球往事·黑暗森林》

考据,对于一般历史研究,当然也包括对于科学史的研究,是一种基本的技能和方法。然而,除了一般性的作为一种基本的研究方法之外,关于考据与科学史的关系问题,虽然在科学教学者和科学史工作者日常的交流中也会经常提及,但对此更为详细和专门的编史学理论探讨,却并不多见。实际上,对于这种关系的认识在延伸中,甚至会涉及一些有关科学史的更关键性的理解和方法论问题。本章即是对这个表面上看来争议不大,但在更深入的层面上仍存在有一些值得分析之处的问题,进行一些梳理、总结和思考。

一 考据与历史学

作为讨论的基础,在此,先对考据做一些背景性的总结。

关于考据,有学者曾这样总结说:"考据又称考证、考正、考信、考订、考鉴等，其初义是指对人或事物进行稽考取以据信……后引申为对书籍的考辨校订……而以其为学术之专名，则始于宋人。"总前人之论，可认为考据学是对传统古文献的考据之学，包括对传世古文献的整理、考订与研究，是古文献学的主干学科。其学包括文字、音韵、训诂、目录、版本、校勘、辨伪、辑佚、注释、名物曲制、天算、金石、地理、职官、避讳、乐律等学科门类，相对于古文献学而言，考据学一般不包括义理之学，但比今天学术界所常说的考据学广泛复杂得多。①

如果没有特殊的偏见，将考据看作是传统国学中方法论的精粹部分，应该不会有太多异议。相应地，像从历史和方法论等方面对于考据学的内容及演变等的研究，亦已成果不少。抛开那些过于专门、细琐的分歧与争议不说，如果只在人们常见的对考据学这个概念的用法中理解考据，其实也并不复杂，尽管要能够在学术研究中纯熟地掌握和运用考据的方法并不是一件容易之事。

相对简单地定义的话，正如顾颉刚所言，考据学"是一门中国土生土长的学问，它的工作范围有广、狭二义：广义的包括音韵、文字、训诂、版本、校勘诸学；狭义的是专指考订历史事实的然否和书籍记载的真伪和时代。"②或者，稍再具体详细些，如梁启超在其《清代学术概论》中，谈及清代"朴学"之学风特色时曾总结为："一、凡立一义，必凭证据；无证据而以臆度者，在所必摈。二、选择证据，以古为尚……。三、孤证不为定说。其无反证者姑存之，得有

---

① 漆永祥：《乾嘉考据学研究》，中国社会科学出版社1998年版，第1页。

② 顾颉刚："古籍考辨丛刊序"（转引自：李颖科："考据学渊源考辨"），《人文杂志》1987年第5期。

续证则渐信之,遇有力之反证则弃之。四、隐匿证据或曲解证据,皆认为不德。五、最喜罗列事项之同类者,为比较的研究,而求得其公则。六、凡采用旧说,必明引之,剿说认为大不德……"①

还可以提到的是,除了已被相当详尽地研究了的传统考据方法之外,在当今信息网络技术发达的时代,在传统考据的方法和思路之上,又出现了依靠现代网络信息技术手段的所谓"e-考据"方法,在这方面,台湾学者黄一农是用此方法取得了重要成果的典型代表,也正像他所指出的:"随着出版业的蓬勃以及图书馆的现代化,再加上网际网路和数位资料库的普及,一位文史工作者往往有机会掌握前人未曾寓目的材料,并在较短时间内透过逻辑推理的布局,填补探究历史细节时的隙缝。"②不过,这种最新形式的考据方法,其实也只是利用现代技术而增大了信息量和搜索信息的便捷程度而已,在其实质性的方法思路方面,基本与传统考据学并无二致。

这里之所以讨论考据,其实是关心其与科学史的关系,而要讨论考据与科学史的关系,考据与一般历史研究的关系也是值得注意的。考据学除了独立地作为一门学问,其方法应用在历史研究中,似乎也可算是其最重要的影响之一。从发展来说,有学者曾注意到,"乾嘉时期,考据学在演进的过程中发生了由经入史的转变,这一转变对于后来20世纪新考证学的形成有重要相关,因而受到

---

① 梁启超:《清代学术概论》,东方出版社2012年版,第42页。
② 黄一农:"e-考据时代的新曹学研究:以曹振彦生平为例",《中国社会科学》2011年第2期。

学界的重视"①。

考据学方法进入历史,为历史学研究带来了新的有力工具,进而影响到历史学和历史学方法论。曾有学者指出:"学术研究的专门化带来了研究方法的进步。乾嘉史学家对于经史文献资料所做的校注、重订和重辑工作,使得传统考据法在继承历代以来特别是明代中叶以后的考据法的基础上,形成了一个庞大的方法论体系。"②而就其用于历史学来说,考据进而又在分类上分成了所谓的"外考证"(或称"外部考证",external criticism)和"内考证"(或称"内部考证",internal criticism)。前者,主要是要考证历史文献文本的错误和鉴定文献文本的真伪和年代,辨明作者等。而后者,则指在前者的基础上,进一步考证历史文献文本内容所涉及的对象,诸如历史事件等是否为真的问题。内部考证会涉及比较、分析、归纳、推理等多种形式逻辑方法。当然这两类考证在具体操作方法上又会有相互交叉。更有意思的是,对于像这样的分类,可以更精细地区别考证的类型,但国外在时间上稍早出现了,并"为欧美史学家与中国史学家相继沿用"。③

虽然考据进入历史学研究并成为重要的方法,但我们需要注意到,其实考证的主要工作对象,是历史文献等史学中所称的"史料"。联系到我们要讨论的考据与科学史的问题,还需要注意到另一个相关的问题,即"史料"与"史学"的关系。

①　沈振辉:"评四库全书总目正史类提要对于历史考据学的贡献",《中国历史文献研究会第 26 届年会论文集》,2005 年,第 1—7 页。

②　张岂之:《中国近代史学学术史》,中国社会科学出版社 1996 年版,第 190 页。

③　杜维运:《史学方法论》,北京大学出版社 2006 年版,第 121 页。

二　史料与史学

史料,按照今天的理解,其实并不仅限于狭义的文本文献,而是可以包括各种来自过去的、由人类创造出来的客观给定的有形东西,并能够用来以某种潜在的形式给出一些它所包含的信息。这也即英文 source 一词的所指,或称原始材料。[①]当然,用中文的"史料"一词时,更多地是隐含着将这样的原始材料用于历史的意味。不过,即使不仅仅限于文献文本,前面所说的考据方法,在原则上也仍是可以应用于这些广义的"史料"。

关于史料与史学的关系,曾经有过不少争议。其中就对中国历史学界的影响来说,曾任中央研究院史语所所长的傅斯年的观点应该是最有典型意义并直接引起不少争论的。张光直曾说:"把史料学等同于史学,是中央研究院历史语言研究所从 1928 年在广东成立至今的基本观点。……史料学的一个宣言是发表于《历史语言研究所集刊》第一本的傅斯年所著的'工作旨趣'。"[②]傅斯年认为:"近代的历史学只是史料学,利用自然科学供给我们的一切工具,整理一切可逢着的史料……我们只是要把材料整理好,则事实自然显明了。一分材料出一分货,十分材料出十分货,没有材料便不出货……我们只是上穷碧落下黄泉,动手动脚找

---

① 克拉夫:《科学史学导论》,任定成译,北京大学出版社 2005 年版,第 130 页。

② 张光直:《商文明》,张良仁等译,生活·读书·新知三联书店 2013 年版,第 59—60 页。

东西。"①

应该说,这自然是一种比较极端的观点。傅斯年史学即史料学的理论主张,来源于德国兰克派客观主义史学的影响,也受到西方自然科学成果的某些启示,并且继承了中国古代史学的部分传统。② 这种观点的提出虽然是这几种影响下的综合,但也与傅斯年追求史学之科学化的主张相一致。

虽然傅斯年的"史料即史学"这种观点曾颇有影响,但其引起的争议又是显然的。时至今日,至少在主流看法中,人们对于这种极端的观点持不同见解已比较普遍。

关于这种有关"史料"与"史学"的关系问题之争,实际上应该区分"史料""史实"和"史学"(或"历史"——在由历史学家写出来的那种意义上的历史)这几个不同的概念及其所指。史料(这里首先是指那种所谓的"一手材料")自然是第一位重要的,没有史料历史的研究和写作便无从依据,史料承担着传达过去信息的不可替代的功能,恰恰因为从史料出发,在传统中使历史写作与文学的"虚构"相区别。但人们研究历史,并不只是为了史料而进行史料研究,利用外部考证和内部考证的方法,其实是要从史料出发获得"史实"。也就是说,在历史研究中,史料的功能性直接导向应该是指向史实。史实是构成历史的最基本的元素。外部考证确立的史料之"真",是最初的前提,在此基础之上,内部考证则是为了从中获得其内容所言的"史实"之真。

---

① 傅斯年:《史料论略及其他》,辽宁教育出版社 1997 年版,第 40—49 页。
② 蒋大椿:"傅斯年史学即史料学析论",《史学理论研究》1996 年第 6 期。

　　例如,某年某月某人做了什么,这可以是一件"史实"。当历史学家通过其探究、分析、研究、考证等工作,至少在许多情形下,是相信某些"史实"在过去确曾发生过。但我们仍然可以争辩说,个体的"史实"也并不等同于历史,在历史Ⅰ的意义上,我们可以相信过去发生过许多事,而究竟什么东西最后成为历史学家眼中的"史实",又是通过历史学家的选择而实现的。在这里,对于那种在信念中认为的过去发生过的许许多多的"事实",以及在历史学家眼中因其选择而具有"史实"地位的"(历史)事实",我们是需要加以区分的。我们在以往的历史工作中,经常听到的一种常见的说法是,要了解过去,要让事实(也就是所谓过去历史上的"史实")来"说话"。实际上,这话是不确切的。只有当历史学家要事实说话的时候,事实才会说话:由哪些事实说话、按照什么秩序说话或者在什么样的背景下说话,这一切都是由历史学家决定的。①

　　从形式上讲,人们一般理解的历史,也即那种由历史学家写作出来的典型的历史,其实是依赖于由史料而确立的各种"史实",在其间按因果关系而写成的涉及一个时段的叙事,其间自然也充斥着各种解释和评价。当然,在特定的历史研究中,对史料或史实的考订也可以是一项合理的工作。甚至对于重要(何为"重要"这里面亦涉及了基于某种理论的价值判断)的史料和基于史料而得出的重要史实的考订,尤其是那些涉及对与此之前的结论有所不同的发现的考订,还可以是历史研究中的重要工作和成果。但史料和史实仍然并不等同于典型的历史。这正像经常出现在一些著作

---

① 卡尔:《历史是什么?》,陈恒译,商务印书馆2007年版,第93页。

后面的"大事记"或"大事年表"并非典型的标准历史写作一样。

在这个从"史料"到"史实"再到"史学"的递进中，关于"真"的问题的确定性其实也是相应递减的。如果说在"史料"阶段通过外部考证确定其诸如文本、年代、作者之真伪还是颇有可能的话，那么到了涉及内部考证的从"史料"到"史实"阶段，就又涉及了像对史料的解读等一系列新的问题，其实这种通过对史料的解读而得出"史实"的过程，既涉及所谓的内部考证，也可以超出考证，或者，当然也可以把所有的解读方式都归类在"广义的内部考证"的范围。在传统的观点中，比如说，与境的问题、相关知识背景的问题都会影响到解读的结论。在更新的发展中，像修辞学等研究进路进入到历史研究中，更加强了这样解读的复杂性甚至不是唯一性。"即使是关于方法的书籍花费大量的篇幅来确证来自过去的证据，并且从证据中获取并证实事实，事实的观念在历史研究的理论中依然模糊，依然难以捉摸。历史事实的难题，如同历史本身的难题一样，是它们自己就是过去的建构和解释。"[①]所以说，当进而要据其而得出的"史实"之"真"，在难度上又要远远大于辨识史料自身之真。例如，即使在确认不同的史料本身均为"真"的前提下，从不同史料解读出的"史实"仍然可以有矛盾。而如何处理、运用、引用和协调这些在"史实"指向上有冲突的不同史料，就成为历史研究中需要面对和解决但又经常存在争议的问题。

待到了历史学要依据"史实"而建构"历史"的时候，又再一次

---

① 〔美〕伯克霍社:《超越伟大故事:作为文本和话语的历史》,邢立军译,北京师范大学出版社 2008 年版,第 89 页。

地从另一个层次上涉及究竟何为历史的这个历史研究的根本性问题。在限定于由历史学家写出的历史这一前提下,比如像"历史的辉格解释"这一在历史学和科学史中都如此具有根本性的问题,其根源实质之一,也正在于现实中可得到的(甚至可以说潜在地在未来有可能得到的)史料(实际上是指据其可用的史实)是如此之多。而历史学家在写作中,却不可能全部使用,而必须对此有所筛选,有所节略。"没有任何一部历史作品不是大大浓缩的,而且它们实际上证明了一个断言,在实际的写作中,历史学家的技艺实际上正是节略(概说)的技艺;历史学家的难题正是这个难题!"①由于必须要"节略",就会涉及历史学家所持有并依据的不同理论,这样,一个自然的推论就是,显然最后由历史学家写成的历史,至少不再会是传统中被理想化地追求的那种"唯一"客观真实的历史了。而辉格史学,只不过是其中一种最为简要但又粗糙的方式而已。这也恰恰说明了为什么极端的反辉格的科学史是不可能的原因。

同样,在也是经典性的对于何为历史的观点中,英国历史学家卡尔在其《历史是什么》一书中的结论性说法是:"历史学家与历史事实之间彼此互为依存。没有事实的历史学家是无本之木,没有前途;没有历史学家的事实是死水一潭,毫无意义。因此,我对于'历史是什么?'这一问题的第一个答案就是,历史是历史学家与历史事实之间连续不断的、互作作用的过程,就是现在与过去之间永无休止的对话。"②而在更为后现代的立场中,"历史学家和那些行

①　巴特菲尔德:《历史的辉格解释》,张岳明、刘北成译,商务印书馆2012年版,第60页。

②　卡尔:《历史是什么?》,陈恒译,商务印书馆2007年版,第115页。

为宛如历史学家的人，建构了关于过去的各式各样说明"。"一般
而言，……每个个别的独立记事(事实)，的确可以和各自的史料进
行核对，但是，'过去的情景'则是无法核对的，因为历史学家为了
构成如是情景而放置在一起的那些记事，并没有早已存在、并可用
来检核的组合形式。"①

像这样再继续讨论下去，便会涉及历史的"客观性"这个更加
争议不休的问题了。对于科学史的"客观性"问题，将在下一章进
行更多的讨论。这里，作为铺垫的，其实只是这样一个结论，即如
何兆武和张文杰在沃尔什的《历史哲学——导论》一书的译者序中
所说的："历史研究当然要搜集材料，然而史料无论多么丰富，它本
身却并不构成为真正的完备的历史知识，最后赋予史料以生命的
或者使史料成为史学的，是要靠历史学家的思想。……历史学或
历史著作绝不仅仅是一份起居注或一篇流水账而已，它在朴素
的史实之外还要注入史学家的思想。因此，对于同样的史料或
史实，不同的史家就可以有而且必然有不同的理解。史家不可
能没有自己的好恶和看法，而这些却并非是由史料之中可以现
成得出来的，相反地它们乃是研究史料的前提假设。在这种意
义上，史料并不是史学，单单史实本身不可能自发地或自动地形
成为史学。"②

---

① 詹金斯：《论"历史是什么"——从卡尔和艾尔顿到罗蒂和怀特》，江政宽译，商务印书馆2007年版，第3—9页。

② 沃尔什：《历史哲学——导论》，何兆武、张文杰译，商务印书馆1991年版，第4—5页。

三　考据与科学史

通过前面的一些准备和铺垫,现在可以更直接地谈考据与科学史的问题。虽然前面主要涉及的是一般史学,但其实科学史是作为历史学的一个分支,除了对象的特殊性(以及由于这种对象的特殊性而带来的对研究者知识背景的特殊性要求)之外,在一般意义的研究方法上,仍然与一般史学并无二致。

在中国,因前述的有关考据学发展的特殊背景,以及中国科学史研究对象的特殊性,考据方法虽然在原则上与西方几乎并无很大的差别,但在其具体的应用方法上,还是另有一些精微之处与自身的特色,并对中国早期的科学史研究产生了巨大的影响。

关于中国科学史的发展与考据的关系,专题的研究并不多,也仍有待深入。就已有的研究来说,如下一些论文可以在这里列举。首先是一般性地讨论考据与科学史的关系。例如,强调考据方法是科学史研究者的基本功。黄世瑞在"略论中国科技史研究中史料考据的几个问题"[①]一文中,先是讨论了考据对科学史研究的必要性:"顾名思义,科技史研究的对象应是科学技术的历史,即某一历史阶段上的科技和科技在整个历史上发生发展的情况。因此,史料应是科技史研究的基础和前提。如果没有史料,科技史的研究就无法入手,因为我们总不能凭空想当然地编造科技史。故此史料的搜求乃科技史研究的第一步。""由于各种史料杂芜混乱,真

---

　　① 黄世瑞:"略论中国科技史研究中史料考据的几个问题",《自然辩证法通讯》2002 年第 6 期。

伪相兼,须得经过严格地考证辨伪,然后方可使用。故考据的功夫乃是科技史研究者必须修炼的基本功。这方面我国有赫赫有名的乾嘉学派,他们使中国的考据学奇峰突起,大放光芒,一跃而成为清代的显学。"但接下来,在涉及"解释"的部分,谈到"问题"时,黄世瑞提到:"在科技史的研究中有人喜欢脱离时代背景拔高古人和古代科技,牵强附会地比之于近现代科学家和近现代科技,将古人和古代科技'近代化''现代化'。这或许是受了克罗齐'一切历史都是现代史'的负面影响。如在中国科技史的研究中有人刻意寻找一些中国早于西方的发现发明和现代科技中国古已有之的'证据'。如认为《墨经》中有相对论、杠杆定律、反射定律、电影原理;《周礼》中有惯性定律;《周易》更是神通广大,无所不包,什么农村包围城市、原子弹链式反应、遗传密码等应有尽有。"从这里我们可以看到,除了关于史料与考据的必要性之外,这里提及的问题固然确实是问题,但与考据法的使用等关系并不太大,而只是一般性的出于比较极端的辉格式研究观念的问题而带来的低级错误而已。至于将这样的问题归于克罗齐的"名言"的"负面影响",更是出于对克罗齐的观点的一种误解。

日本学者在谈及日本研究中国科学史的重要学者及方法时,曾以定论的语气说:"科学史的研究,从来是周密的文献学方面的考证,加上严密的自然科学知识,这二者都需要,缺任何一方都会不成其学问的。"[①]其实这也只不过是一般性的说法而已。

---

① 川原秀城:"日本学者如何研究中国科学史(上)",《自然科学史研究》1993年第3期。

　　还有一些文章,涉及中国科学史发展初期的一些奠基人物对于考据方法的重视与利用,以及考据方法对于中国科学史学科发展的重要意义。郭书春在回顾 50 年来自然科学史研究所的数学史研究时,提到中国数学史学科的奠基人、自然科学史研究所的主要创建者李俨、钱宝琮等先生开始中国数学史研究、建立中国数学史学科的情况。其中专门讲到:"他们站在现代数学的高度,用现代历史学的方法,借鉴乾嘉学派考据学,把中国传统数学放在世界数学历史发展的长河中进行考察,与 20 世纪初以前的研究是根本不同的。"①

　　在另一篇同样论及李俨和钱宝琮与中国科学史研究的文章中,也有类似的说法:"翻开近几年出版的《李俨钱宝琮科学史全集》,会发现老一辈科学史大师都是史料考据的行家里手。钱宝琮先生的《古算考源》收入了六篇文章,依次是'记数法源流考''九章问题分类考''方程算法源流考''百鸡术源流考''求一术源流考'……李俨先生的《中算史论丛》一书,第一篇是'中算家的分数论',开篇就引用了《淮南子·天文训》的高诱注文,《晋书·律历》上的'应钟之数',《后汉书》卷十一的'南吕之实'……处处闪烁着史料考据的精深卓越之才。老一辈科学史专家的史料考据传统和才能我们应该加以发扬光大。"在论及李约瑟的《中国科学技术史》一书中的若干错误时,那篇文章的作者把错误产生的原因归结为"由于李约瑟博士对中国科学技术史进行宏观研究视野广阔,博及

①　郭书春:"五十年来自然科学史研究所的数学史研究",《中国科技史杂志》2007年第 4 期。

群书,使他难于对每一部中国古代科技文献的细节进行校勘和考据,致使他在引用和翻译中国古代科技文献时,难免智者千虑之失。"因而,作者的结论是:"理科毕业致力于中国古代科技史的人,都应该学一点文献学的知识或读一点训诂学、版本目录学的书,增强史料考据的能力,以便更好地发掘被李约瑟称为"金矿"的科技史料宝库。"①甚至于,作者还强调了"史学即是考据之学"的观点。

其实,除了可以在这里引用的文章中看出的某些线索之外,在国内科学界的学者圈的日常学术交流中,更会经常听到对考据的突出重视的说法,甚至于将考据式的科学史研究作为典型、标准的科学史研究,并且赋予其高于非考据式的科学史研究价值的看法也是很常见的。如果身处中国科学史学界,这样的感受也是非常鲜明的。如前所述,对史料的考据研究当然可以是科学史研究中的一类工作,但这种过于强调考据,认为其价值更高,将其作为科学史研究中最核心的工作,甚至于认同史料即史学的观念,显然会给中国的科学史研究带来一些负面的影响。一方面,过于注重考证研究,其实是与辉格式科学史的过分关注优先权的研究方式相联系;另一方面,这样的偏颇又会带来方法和视野的狭窄以及理论思考的欠缺,使得中国科学史的研究脱离了国际科学史研究的主流范式,让自己研究的结果在更多的情况下仅仅成为国外学者进行中国科学史的深入研究的"原料"。

这也正如美国研究中国科学史的著名学者席文所言:"仍然还

---

① 王兴文:"也谈中国科技史的史料考据问题",《自然辩证法通讯》2002年第6期。

有大量类似的工作需要专家去做文本研究(考证)。问题是,对于世界其他地方(甚至非洲)的医学研究,不再依赖于这种狭隘的方法论基础。随着从历史学、社会学、人类学、民俗学研究和其他学科采用的新分析方法的结果,其范围在迅速地改变着。对这种更广泛的视野的无知,使东亚的历史孤立起来,并使得它对医学史的影响比它应该有的影响要小得多。少数有进取心的研究东亚医学的年轻学者已经开始了对技能与研究问题的必要扩充。他们开始自由地汲取新的洞察力的源泉,其中包括知识社会学、符号人类学、文化史和文学解构等。我将不在更特殊的研究,像民族志方法论、话语分析和其他他们正在学习的研究方法的力量与弱点方面停留。我只是呼吁关注已经提到的中国的问题,对之这样的方法可以带来新见解。"①

从国外关心中国科学史研究的学者的这样看法,我们同样可以看到在中国的科学史研究中,过于注重考据的方法所带来的问题,不仅仅是一般性地导致对于更有新观念的、理论性的研究的轻视和忽视,更会带来与更多新的研究方法之应用的脱节。

总而言之,据以上的分析讨论,本章的主要结论包括以下五个方面。(1)考据是中国传统学术中极有特色并值得发扬继承的研究方法系统。(2)考据方法对于中国科学史的早期发展起了非常重要的影响,而且这种影响一直延续至今。(3)过分关注考据和史

---

① N. Sivin,Editor's Introduction. In *Science and Civilisation in China*:Vol. 6,Biology and Biological Technology, Part Ⅵ:Medicine, by Joseph Needham, with the calibration of Lu Gwei-Djen, and edited and with an introduction by Nathan Sivin, Cambridge University Press,2000,pp. 1-37.

料,并以之替代整体的史学研究,是一种不可取的研究范式。(4)在中国科学史的研究中,过分注重考据研究的传统带来了对于学科发展的限制。(5)我们应一方面将考据的研究作为科学史研究的内容之一,另一方面又要突破传统的局限,以更宽广的视野、更包容的心态去理解和应用更多来自不同领域的新方法与新观念于科学史研究中,这样才能使中国的科学史研究与国际接轨,并带来新的发展。

第七章 科学史的客观性与相对主义

谁控制过去就控制未来,谁控制现在就控制过去。

——奥威尔:《一九八四》

一 历史学中的客观性问题之争

在本书的第一版中,由江晓原教授所写的序言里,有这样一段话:

> "去年秋天,一位颇有名声的美籍华人教授来上海讲学,座谈时他放言曰:在今天的美国大学中,谁要是还宣称他能知道'真正真实的历史',那他就将失去在大学中教书的资格了。有趣的是,座中一位同样颇有名声的前辈学者,接下去在抨击国内史学界现状之后,却语重心长地敦请那位华人教授为我们提供'真实的历史'。"

这里所说的"真正真实的历史",或者说"真实的历史",其背后所隐含着的就是所谓的历史的"客观性"的假定(与此相关的,还有像"历史真相"等说法,当然,"历史真相"的说法更多的是与"史实"相关)。其实,在一般公众,乃至许多历史学家和科学史家当中,像历史的"客观性"这样的说法,也是长期以来深入人心并被经常提及的。

关于历史学中的客观性问题,长期以来一直是颇有争议的问题,有关的研究著作可谓汗牛充栋,令人读不胜读。这里,也不打算将这种争议的历史一一叙述,而只是在当下有代表性的观点之下,简要地进行一种个人化的简要分析。

简单地讲,到了 19 世纪,尤其是以德国历史学家兰克(Leopold von Ranke)为代表的历史学观念确立了这样一个传统,认为历史就是过去发生的真实的事。历史学家的任务就是"如实直书"(wie es eigentlich gewesen)。"历史学 19 世纪在西方开始成为一门专业学科之时,就是以还历史本来面目、揭示历史的真相作为目的和学科合法性来源的……那个时代的历史学家满怀信心,认为历史事实就蕴藏于史料之中……也就是说,有一个客观的、统一的历史存在,历史学家则是通过正确对待史料而将那一历史的某一片段或层面如实地呈现出来。"①也正如有的人所指出的:"职业历史学的核心是'客观性'的思想和理想。它是事业的基石,也是它继续存在的理由。"然而,到了 20 世纪,"在史学当中,随着'科学方法'的原理受到质疑,植根于旧科学观念的客观性思想

---

① 彭刚:"相对主义、叙事主义与历史学客观性问题",《清华大学学报》(哲学社会科学版)2008 年第 6 期。

也陷入了严重危机"①。在这当中，后现代思潮的影响是非常巨大的。

不过，应该指出，关于历史的客观性问题首先是一个史学理论的问题，而不是所有的历史学家都会感兴趣并有意识地要积极进行思考和讨论的问题，它经常是作为一种未经深思的"假定"而被默认的。"虽然所有的历史学家在客观性的问题上都自己的想法，更谈不上有什么系统思考的成果。对于历史学家在这个问题上发表意见，职业历史学家并不在意它们是否具备哲学的严谨性。历史学家也不会因为由此而暴露了自己在哲学方面的能力不足而影响他们从事自己的职业。"②但实际上，这样的"假定"却是会影响到历史学家工作的方式，也影响到我们理解历史和评价历史的方式。

在本书的导言中，我们曾提到，"历史"的概念至少可以在两种层次上来理解。在最常见的用法中，它泛指人类的过去，而在专业性用法中，它或是指人类的过去，即所谓的"历史Ⅰ"，或是指对人类过去本质的探索，即所谓的"历史Ⅱ"。"历史Ⅱ"才是历史学家工作的结果，而"历史Ⅰ"，则只是一种仅能够在信念中而无法在现实中完全把握的东西。在这种意义上，如果我们在"历史Ⅰ"的意义上说历史是"客观的"，那只是一种形而上学意义上的信念，而不是指历史学家的实际工作。

在本书的第四章关于历史的辉格解释的讨论中，我们也曾谈

①　诺维克：《那高尚的梦想："客观性问题"与美国历史学界》，杨豫译，生活·读书·新知三联书店 2009 年版，第 1—7 页。
②　同上书，第 14 页。

到,由于历史中的内容无限丰富,要把所有事实都充分讲授的历史
实际上是无法写出的,所以任何一部历史著作都必然是节略的。
问题只在于,历史学家是以什么方式、按照什么标准来进行节略。
其实这里所说的节略,也就是历史学家必须在无限多的"史实""史
料"中进行选择,这种选择又是必然与历史学家的理论背景有关,
因而,主观性就进入了历史学家撰写的历史之中。而且,仅仅是选
择还不够,在一般的理解中,历史学家写出的历史,也不仅仅是一
堆史料的简单堆积,而是要在"史实"和"史学"之间建立某种联系,
努力找出至少表面上是有因果联系的关系,并给出历史学家的解
释。在这每一个步骤中,也同样明显地体现出了历史学家的主观
性在其写作的历史中不可避免的介入。当然,历史学家总是尝试
通过各种方式去"逼近"那种理想化的"本真"的含义,不过在终极
的意义上,这种终极的"本真"含义的存在也仍可能只是一种无法
用有限的经验最终验证的信念。

因此,"20 世纪以来,历史学客观性在史学和史学理论内部所
遭逢的这两场危机,以后现代主义在历史学和史学理论中的效应
所导致的对于历史学客观性的挑战更为剧烈,更深刻地撼动了历
史学长久以来所秉持的追求客观和真实的理想。20 世纪前期相
对主义赖以质疑客观性的主要依据——历史学家在通过史料重建
过去时主动的和被动的选择性,历史学家无法摆脱的主观因素——
都在叙事主义史学理论对历史文本的考察中再度凸显出来"①。

---

　　① 彭刚:"相对主义、叙事主义与历史学客观性问题",《清华大学学报》(哲学社会
科学版)2008 年第 6 期。

二　相对主义

讨论历史的客观性问题,相对主义的问题是不可回避的。

相对主义,本是一个非常重要的、非常基础性的也一直被哲学家争议不休的哲学命题。细分下来,又可以分成像本体论意义上的、认识论意义上的、方法论意义上的相对主义等,也会因对其在不同领域中更有针对性的关注而划分为诸如像文化相对主义、历史相对主义等。但本文的主要目标并非一般性地讨论相对主义,也不是专门以相对主义为对象在精细划分的不同语义理解上进行哲学式的分析讨论。这里主要关心的,是人们在当下对这一概念比较一般性的理解,并在此基础上进入到其与历史和科学史的关系的相关讨论。

例如,有学者曾以比较哲学化的方式将相对主义者的观念总结为五条:"(1)无论什么人做出某一断言,都要预设某种标准,按照这一标准其断言才可被判定为真或假,才使其可理解。(2)人们在就相同的主题做出不同的断言时,采用彼此矛盾的标准。(3)有时,这些不同标准的差别是终极的,也就是说,有时没有进一步可诉诸的标准来确定竞争中的各个标准哪一个是正确的。(4)从第三条描述的条件可以得出:说某一组标准正确是没有意义的。这种基础性的标准只能被描述。(5)因而,接受或拒斥某种基础性标准的决定,在其依赖于人类权力的程度上,必然是任意的。"[1]甚至

---

① 　P. E. Devine, Relativism, *The Monist*, 1984, 3:405-418.

于,国内科学哲学界的前辈江天骥先生曾更为简单地指出:"相对主义可以简单地定义为这样一种学说:即不存在普遍的标准。"因为"认识论相对主义认为合理性没有普遍的标准,道德相对主义认为道德没有普遍的标准,审美相对主义认为审美评价没有普遍的标准……相对主义的力量也是源于这一事实:我们还远不能对科学方法做出唯一[正确的]描述,实际上我们也不能指望由科学方法的理论提供唯一的合理性模式。相异的和不相容的科学理论必然与相异的、不相容的合理性形式相匹配。如相对主义所坚决主张的,永远不要指望普遍的、独立于范式的、文化的科学合理性标准和道德的、审美判断的标准,这一点相当中肯"。而且,"相对主义是不可能被驳倒的"。①

但另一方面,我们也必须注意到,长期以来在中国对相对主义的讨论又有着其特殊的环境,并受到意识形态的影响。也正像有学者所指出的:"相对主义的存在是哲学中极复杂的理论现象。在我国理论界,人们对相对主义这一概念会本能地产生一种戒心,认为它导致了价值虚无主义、不可知主义,使人失去最基本的价值判断和生存方向,所以在教科书里乃至课堂上经常被作为马克思主义哲学的对立面而受到批评。虽然相对主义在现代西方哲学中占据了重要的地位,而且对哲学的发展、对思维方式的改变、对实践所起的作用都是一目了然的,但由于我们多年来对相对主义的厌恶、轻视和批判以及对相对主义有可能引起的后果的恐惧,对相对主义的合理性没有引起我们的高度重视。"但是,"当代哲学中的相

---

① 江天骥:"相对主义问题",《世界哲学》2007年第2期。

对主义思潮尽管有其缺陷,但它对于克服教条主义、绝对主义和保守主义,确立自我批评精神等具有不可忽视的合理性和积极性。如果转换一种角度,重新理解和审视相对主义,我们就会发现这种见解的合理性以及它对实践的重要指导意义"。①

像这样的说法并非是空穴来风。例如,20世纪80年代出版的《中国大百科全书》哲学卷,在其中"相对主义"的条目里,就曾将相对主义定义为:"割裂相对与绝对的辩证关系,否认事物本身及对事物认识的稳定性、客观性的一种形而上学观点和思维方法。"并且,"它作为一种认识论和方法论原则表现于某些哲学体系中,并被用于历史学、伦理学、美学乃至自然科学领域"。对其的最终评判则是:"相对主义或者是用个人、群体之间认识上的差别抹煞认识的客观内容;或者把某个阶段上认识的不完备性说成是事物的'不可知性',或者把认识随着对象的发展而发展,当作否认认识过程的连续性和确定性的根据等。这些都是否认反映论原则、否认客观真理的主观主义和唯心主义的表现。相对主义作为形而上学的一种表现,它是诡辩论、不可知论、唯心主义不可缺少的手段之一。"②

虽然现在依然以如此极端的形式来批判和否定相对主义的做法不再多见,但长期以来潜移默化形成的"缺省配置"却仍影响着人们的观念。加之,也正像前面所说所引的文字表明的,相对主义

---

① 杨新新:"相对主义的合理性及其现实意义——对绝对与相对问题再认识",《河南师范大学学报》(哲学社会科学版)2008年第1期。

② 中国大百科全书总编辑委员会《哲学》编辑委员会:《中国大百科全书·哲学Ⅱ》,中国大百科全书出版社1985年版,第1002—1003页。

与历史（自然也与科学史）有着密切的关联，因而，讨论科学史与相对主义的问题，对于理解历史、理解科学史、理解人们可以通过科学史而得到对于科学的什么样的认识，都是非常重要的。

这就像雷蒙·阿隆所说的那样：

> "像历史科学的历史本身所证明的那样，相对主义在正确解释的条件下，似乎并不破坏历史的科学性。我们承认这样的相对主义的存在；这不是怀疑主义的表现，而是一个哲学进步的标志。相对性程度须受下列的限制：(1)极端严格地确定事实并以公平的态度来解释原文与估量证据；(2)根据某种资料，从事实本身中所可看出的部分关系。加之，相对主义本身是超然性的；当历史家不复要求脱离现实（那是不可能的）而承认自己的观点是什么时，他就立即使自己能够承认别人的观点。这样，既使看来是互相矛盾的观点，他也能够理解，从而在复杂的情况下看出了一个丰富多彩的生活。"[①]

甚至于，不仅仅限于科学史。针对科学的人文研究领域的现实状况，在当下讨论这个问题，也是有积极意义的。正如科学知识社会学的重要代表人物巴恩斯和布鲁尔所说的："我们认为，相对主义对于所有这些学科都是必不可少的：人类学、社会学、制度史和思想史甚至认知心理学等，这些学科说明了知识系统的多样性、它们的分布以及它们的变化方式。正是那些反对相对主义的人、

---

①　阿隆："历史中的相对主义"，《现代外国哲学社会科学文摘》1961年第10期。

那些认为某些形式的知识理所当然地具有特殊地位的人，他们才对知识和认识的科学理解构成了真正的威胁。"①

三　一元或多元的科学观与科学史

其实，科学史不过是历史研究的一个特殊分支，只是因其对象的特殊而有别于其他历史分支。笔者并不认同那些强调科学史因其对象（即科学）的特殊性，而不惜违背历史的本性要求科学史在基础性的研究观念和研究进路上有别于一般历史的看法。在我国，许多因在我国学科分类系统中把科学史分在理、工、农、医类的一级学科而欣喜的态度，实际上是在优先考虑现实中学科发展的实际利益环境的前提下，放弃了对科学史研究本应是基于人文立场的历史研究的本性认同，必然会给科学史的研究带来损害。

如果我们把科学史看作是历史学的一个子学科（这里需要指出的是，在国内的学科分类中将科学史划为理科"一级学科"虽然对科学史在国内的生存有益，但依据学科本性的分类则是不妥的），那么，科学史的"特殊"，只在于其研究对象的特殊，即是其本身定义上就颇有争议的"科学"。而从原则上讲，其学科的性质、研究方法等，则与历史学的其他分析学科并无本质的区别。因而，前面讨论的"客观性"问题，也是适用于科学史这一学科的。

其次，人们有时会因为科学史之研究对象的"特殊性"，而对科

---

① 巴恩斯、布鲁尔："相对主义、理性主义和知识社会学"，《哲学译丛》2000 年第1 期。

学史研究本身的"客观性"在一种其实上是有问题的关联中带来误解。而实际上，这种"特殊性"其实只是更进一步增加了科学史之"客观性"讨论的复杂性而已，并没有因而将其挽救主观性的介入。

不过，就像说科学史是历史学的分支之一一样，考虑到其间的共性，一般历史学中对历史的客观性讨论，反而可以思考它们为作为科学史研究之重要出发点之一的科学观带来的一些启示。

在那本名为《高尚的梦想》的讨论历史学之客观性问题的名著中，诺维克曾说过：

> "在定义某个概念的时候，人们往往喜欢用它的对立面来界定。在19世纪，'客观性'的对立面往往针对'主观性'而言，而在过去的半个世纪，'客观性'的对立面却是'相对主义'。相对主义这个概念并非表达一种明确的立场，而是指一种批判的态度。它所针对的是客观主义综合观念中的各种成分，在通常情况下，相对主义是指一种怀疑的态度，怀疑客观性的观念在历史学中的运用是否具有一种一贯性。"[1]

将历史客观性的对立面作为相对主义，就引出了多元论历史的问题。这里所说的相对主义，基本上还是就历史哲学或历史理论而言。而在另外一层含义上讲，在目前对"究竟何为科学"仍有极大争议的前提下，近来诸如像文化人类学之类学科的观念与方法对科学史的研究亦有很大的影响。在当下的人类学领域，像"文

---

[1]　诺维克：《那高尚的梦想："客观性问题"与美国历史学界》，第3—4页。

化相对主义"这样的观念,是被比较普遍地接受的。而在传统的科学观中,相对主义又往往是被人们所否定的。其背后的立场差异,主要是在于研究者是持一种一元论的科学观还是多元论的科学观。近年来,随着像"地方性知识"这样的东西越来越成为科学史研究的重要内容,基于某种文化相对主义的多元论的科学观,也就自然成为科学史研究的一种重要立场。①

按照英国著名学者劳埃德的看法:

"一种共同本体论吗? 所有的本体论学说关注的、针对的、成功地或不成功地描述和解释的,是同一个世界吗? 或者我们应该承认世界的多元性,每一部分都是独立有效的研究对象吗?

"上述问题两个反差明显的回答对应于——当然是比较宽泛地——两种众所周知的强烈对立的科学哲学观点,多元世界答案对应于哲学上的相对主义,单一世界答案对应于各种哲学实在论中的这个或那个分支。实在论坚持只存在一个世界可供科学来研究。所以在这个意义上,如果我们发现西方人和中国人之间有不同,那么他们必定是被看成是对同一个世界,一个唯一存在的世界给出了不同的解释。但是与此相反,相对主义者坚持真理是相对于个人和团体而言的。因此在这个意义上,我们能够允许西方人和中国人真的就居住

_____

① 刘兵、卢卫红:"科学史研究中的'地方性知识'与文化相对主义",《科学学研究》2006 年第 1 期。

在不同的世界里,更有甚者,不再有一个单一的世界可以据之来判断对它们的解释是更为恰当或更不恰当。"①

如果按照这样的多元的科学观来看待历史(甚至当下的)科学,并进行科学史研究,那么,所给出的科学发展的历史图景也就不再是唯一的。当然这也就在另一种意义上与传统中科学史的"客观性"观念有所差别了。

四　相对主义与科学史

在本书的第四章,我们曾提到,当代科学史学科的奠基者萨顿曾对科学史的"特殊性"予以强调,他以模仿科学叙事风格的定义、定理、推论的方式说:"科学是系统的、实证的知识,或在不同时代、不同地方所得到的、被认为是如此的那些东西。"因而,"这些实证的知识的获得和系统化,是人类唯一真正积累性的、进步的活动"。进而,"科学史是唯一可以反映出人类进步的历史。事实上,这种进步在任何其他领域都不如在科学领域那么确切,那么无可怀疑"②。这恰恰是因科学的"特殊性"而将科学史的"特殊性"进行强调的典型例子。

但是,一方面,20世纪后半叶的科学哲学、科学社会学和科学史的研究,一步步地打破了萨顿所持有的那种乐观的实证主义的

---

① 劳埃德:《古代世界的现代思考:透视希腊、中国的科学与文化》,第87页。

② G. Sarton, *The Study of History of Science*, Dover Publication, 1957, p. 5.

科学观。科学知识本身的"客观性",以及与保证科学的这种"客观性"的"科学方法"的可靠性,也被有力地置疑。从而,给以试图效仿科学的历史学的观念,也带来了同步的影响,反而对历史学之"客观性"的信念恰恰起了削弱的反面作用。

另一方面,由于这些研究进展所带来的关于科学之定义和理解的更多争议,以及试图以一种规范的方式来把握唯一的科学的困难,在研究对象的层面上,只不过进一步加剧了那种试图发现唯一、真实、客观的科学史的困难,以至于使其成为不可能的任务而已。

在科学史的研究中,按照不同的标准进行材料的选择、解释,重新构建新的叙事方案,表达出与以往研究的相当不同,也即另有新意的观念,这样的工作本是科学史家工作的常态。历史学家克罗齐的那句名言,即"一切历史都是当代史",本来也是可以这样理解,即不同时代的历史学家总是在标准、解释、研究策略上进行着不同的选择,从而对于相同、相近或是全新的历史内容进行研究。

为了更为了更好地说明本书的论点,我们这里再简要地分析两个特色比较鲜明的研究事例。第一个案例是由科学史家夏平(Steven Shapin)和谢弗(Simon Schaffer)于 1986 年首次出版的《利维坦与空气泵:霍布斯、玻意耳与实验生活》。① 此书目前几乎可以说已经成为当代西方科学史研究中的经典之作。其最重要的特色,就是较早地将科学知识社会学中的社会建构论的观念与方

---

① 夏平、谢弗:《利维坦与空气泵:霍布斯、玻意耳与实验生活》,蔡佩君译,上海人民出版社 2008 年版。

法引入科学史的研究中。

在科学史中，关于近代科学发展中有关玻意耳的科学贡献，关于近代科学中实验方法的发展等，早已有了许多的研究和结论。但夏平等人的研究，却从新的视角，利用新的研究进路，对于历史上一个经典的案例给出了几乎是全新的重构和解读。仍然是面对近代科学中实验的发展这一主题。"何谓实验？实验如何进行？实验要通过什么手段才可以说是生产出事实，而实验事实和具有解释功能又有何关系？如何辨认出一个成功的实验，而实验的成功和失败又如何区分？"[①]面对这样一些表面似乎是常规的科学史与科学哲学所关心的问题，作者从新的视角，以同以往科学史家和科学哲学家不同的处理方式，来进行研究，从玻意耳和霍布斯关于科学实验的争论中，提炼出新的结论："知识问题的解决乃镶嵌在对社会秩序问题的实际解决之中，而对于社会秩序问题的不同实际解决的办法，又包含了截然不同的对于知识问题的实际解法。""我们将对这一问题的解答放在更广泛的范围来讨论，即复辟时期关于社会中之同意及秩序的性质和基础的辩论。该辩论提供了一个情境，为了制造和保护秩序所设计的不同纲领得以在此情境中加以评估。我们想在此说明自然哲学史与政治思想暨行动史之间交叉互涉的本质。"[②]

尽管也恰恰因为科学知识社会学的社会建构论在学界还有一定的争议，一些老派的学者对于夏平等人利用这种立场和方法进

---

① 夏平、谢弗：《利维坦与空气泵：霍布斯、玻意耳与实验生活》，蔡佩君译，上海人民出版社 2008 年版，第 1—2 页。

② 同上书，第 13—18 页。

行的研究也有批评性的评价,但从此书出版后国际学术界的发展来看,对此书的肯定和引用越来越多,科学知识社会学对于科学史的影响也越来越普遍地渗透在后来的科学史研究中。另一个可以举出的例子是英国著名科学史家皮克斯通(John V. Pickstone)的《认识方式:一种新的科学、技术和医学史》①。从此书的副标题中"一种新的"这样的修饰词也可以看出其作者意在写出与以往的科学通史颇为不同的科学史著作。

在此书中,皮克斯通以几种历史上人们认识世界的重要方式作为主线,即世界解读[或解释学]、博物学、分析、实验主义和技术科学。在此基础上,作者对过去三百年的历史,集科学、技术和医学于一体,将它们的历史与人类的其他历史联系起来,将科学技术医学分解为组成元素——各种认识方式,及其不同的历史,并关注将这些认识方式作为多种制造和修复方式相联系的工作形式,通过检视多种知识的相互作用和"嵌套",重新构造了科学、技术和医学史的一幅"大图景"。从其内容和叙事结构上来看,这本书与过去其他的科学通史有着极大的不同。就像谢弗所评论的,这本书"对科学、技术和医学的历史发展进行了一次重要的、新的、综合的处理。迄今尚无其他单卷本著作具有其范围广度、细节深度和学术掌控"。而用该书作者的话,就是希望该书对于历史研究者,特别是科技医史的研究者和学生"作为一个工具包和一幅新地图"!

对于这幅科学、技术和医学史的"新地图"的制作,皮克斯通认

---

① 皮克斯通:《认识方式:一种新的科学、技术和医学史》,陈朝勇译,上海科技教育出版社 2008 年版。

为非常重要的是："科学、技术和医学是而且一直是比大部分人所了解的要多元得多；在任何时候都有许多不同的认识和制造方式。这种多元性也适用于历史研究，包括过去的历史和现在的历史。有许多种研究历史的方式，因为它们服务于许多目的和许多读者。"①皮克斯通还认为，批判的多元论对于他的科技医的论述及对其历史的这种实践非常重要。有趣的是，在讲及这种批判的多元论时，他还专门指出了"不是相对主义"。这里，一方面再次表明了"相对主义"在不同研究者中的不同理解，但另一方面，在这里引用其案例，重在其历史研究中"批判的多元论"这一点上，而且后面笔者将专门讨论这种多元论恰恰与本文所谈论意义上的相对主义是一致的。

科学史并非只是价值中立地讲述一个过去的故事，写出一个某历史故事的普适的、最终的"标准版本"。或者说，恰恰因为历史没有一个唯一的最终版本，也就无从辩论哪一个版本是真正客观的，而是各有其道理，与其写作者个人的观点、所处环境和选择相关。也正是在这样的意义上，相对主义更为适合历史学的现实。雷蒙·阿隆曾谈到："关于社会、时代和消逝了的文化，历史不能提供一个最后的普遍正确的叙述，正是因为它们本身从来没有过一个独特的和普遍正确的意义。对过去的永远终止的发现与再发现是一项辩证的发展；人类存在多久，它也将继续多久。历史的本质即在于此。"②

---

①　皮克斯通：《认识方式：一种新的科学、技术和医学史》，第 24 页。

②　阿隆："历史中的相对主义"，《现代外国哲学社会科学文摘》1961 年第 10 期。

就像前面所说的，这种以新的选择标准、解释理论和叙事方式来写作科学史，本是近年来国际上一种科学史研究的常态。像女性主义科学家从性别视角对科学史的"重构"，或许会"显得"更为极端一些，也由于长期男性中心主义的影响而引起更多的争议。但在像比较权威的最新的多卷本《剑桥科学史》系列中，这样的情形同样明显。例如，在《剑桥科学史》第五卷《近代物理科学与数学科学》①中，对于 1800 年以后物理科学和数学科学这段经典的历史，编写者将公共文化、宗教、性别、科学普及、文学、教育、语言、意识形态、哲学等视角和理论引入其中，所写成的通史亦充分表现出了全新的形态。

五 客观性、主观性与历史学家的研究"规范"

在 20 世纪 60 年代，科学哲学领域中一项重要的"发现"，是"观察渗透理论"。它表明过去我们以为在科学中所进行的"观察"，实际上总是具有理论负载而不可能是纯粹中性的。这一发现在某种程度上打破了传统中认为科学的知识在经验观察验证的基础上可以是"客观"的那种神话。如果我们把这种"观察渗透理论"的观点应用于历史学，也应该是一样成立的。这再次意味着历史学家在对"史料"的观察和选择中，在对"史实"的观察和选择中（更不用说在历史的解释中），也都无可回避当下理论背景的影响，因

---

① 奈主编：《近代物理科学与数学科学》，刘兵、江晓原、杨舰主译，大象出版社2014 年版。

而也就有了主观的成分。

这样一来,像历史学家兰克所强调的历史学家的任务就是"如实直书"(这也很像中国历史学传统中所强调的"秉笔直书"),从而可以保证历史的客观性的观念,当然也就出现了问题。这也像历史哲学家沃尔什所说的:

> "历史学不是对'客观的'事件、而是对写它的人投射了光明,它不是照亮了过去而是照亮了现在。于是就不必怀疑,为什么每一个世代都发现有必要重新去写它的历史了。"①

其实,在这样的立场上来理解克罗齐那句"一切历史都是当代史"的名言,才是一种恰当的方式。而且,这也与相对主义有着关联。因为"真实可靠的史料会自动呈现出历史的本来面目,而历史学家在研究和写作过程中的中立不偏则有效地保证了历史真相不被歪曲。这是传统意义上的历史学客观性的两个要件。然而,认真的反思足以表明,这两点并非表面上看起来那样是理所当然的"。"相对主义正是从历史学的选择性和历史学家的主观性这两个层面,来质疑和攻击历史学家的客观性的。"②

在以上的讨论中,我们针对传统的"客观性"在历史学中的不可能进行了分析,但作为一种"信念"或者"理想",实践中的历史学家在其内心中对"客观性"的追求也并未彻底消失,对于历史的客

---

① 沃尔什:《历史哲学——导论》,第 111 页。
② 彭刚:"相对主义、叙事主义与历史学客观性问题",《清华大学学报》(哲学社会科学版)2008 年第 6 期。

观性的强调也时时出现在历史学家的著述中。这也正如沃勒斯坦所言:"对历史的探究从未间断,一直在从事对客观性的追求。以虚伪的方式追求客观性也是在追求。"①

相应地,更有人在分析历史的客观性的同时,将客观性进行了分级,并将历史学家的主观性意义也做了伸张:

"我们从历史那里期待某种客观性,适合历史的客观性:我们应该从这里出发,而不是从其他地方出发。然而,我们在这种情况下应该期待什么东西? 在这里,客观性应该在狭义上的认识论意义上被理解:理性思维所产生的、整理的和理解的东西,理性思维能以这种方式使人理解的东西是客观的。对于自然科学和生物科学来说,这是真实的;对于历史来说,这也是真实的。因此,我从历史那里期待历史能使人类社会的过去通向这种客观性的高度。这并不意味着这种客观性是物理学或生物学的客观性:有许多不同等级的客观性,正如有许多理性的行为。因此,我们期待历史为客观性的多样化帝国增加一个新的省份。

"这种期待包含另一种期待:我们从历史学家那里期待某种主观性,不是一种任意的主观性,而是一种正好适合历史的客观性的主观性。因此,问题在于一种隐含的主观性,期待的客观性所隐含的主观性,我们因而预感到有一种好的主观性

---

① 沃勒斯坦:《知识的不确定性》,王昺等译,山东大学出版社 2006 年版,第71页。

和一种坏的主观性,我们期待通过历史学家的职业活动本身
来判断好的主观性和坏的主观性。"

而且

"以主观性的名义,我们期待比历史学家好的主观性更重
要的某种东西:我们期待历史是人类的历史,这种人类的历史
能帮助受到历史学家的历史教育的读者建立一种高级的主观
性,不仅仅是我的主观性,而且也是人类的主观性。

"就历史学家的职业而言,因而也就这项职业的意向和这
项客观性的活动而言,当代的批判现在应定位于半个世纪以
来主要针对历史学家在历史解释中的主观性作用。"①

我们从哲学的意义上讨论历史的客观性问题的同时,确实又
要注意到,对于不同的历史著作,人们的评价是有所不同的,但人
们在做这样的评判时,所依据的标准又是什么呢?它们与前面讨
论的"客观性"又是什么关系呢?一种可能的考虑方式,就是与一
种"弱化"了的客观性相对应的,历史学家在长期的研究实践中建
立起来的、体现在历史学家的研究实践中的规范。正是这些规范,
保证了历史学家进行研究时要受到某些约束而不是随心所欲:

"随着晚近历史学家越来越承认客观性的限度,他们就以

---

① 利科:《历史与真理》,姜志辉译,上海译文出版社 2004 年版,第 3—4 页。

某种方式变得要比兰克传统的'科学'学派(他们是在知识乃是可能的这一幻觉之下进行工作的)更加警惕着那些要使他们的真实性做出妥协的种种偏见。历史学作为一种'行业',曾以多种方式保留了旧式历史学所赖以成立的许多方法论上的操作程序。历史学家仍然要受到他的或她的资料的束缚,他或她用以研究它们的那种批判工作在许多方面仍然照旧未变。然而,我们却更加谨慎地在观察这些资料。我们越来越察觉到它们未能直接传达现实究竟到一个什么程度,他们本人只不过是在重建对这些现实的叙述性的结构罢了——但并不是不顾一切,而是被学术的发现和学术的话语在引导着的。"①

历史哲学家沃尔什也曾指出:

"真实性和客观性这些概念……却仍然保持着一种对于历史学家的意义。它们之所以如此,是因为在任何给定的一级前提假设之内,历史著作都可以完成得好一些或者差一些。被党派宣传家用来鼓动信徒和感化动摇分子的历史学是坏历史学,并非因为它是有偏见的(所有的历史学家都有偏见的),而是因为它是以一种错误的方式而有偏见的。它以忽略所有有声望的历史学家都承认的某些基本规则为代价而建立它的结论,诸如要详尽考订你的证据,只有当结论具有良好的

---

① 伊格尔斯:《二十世纪的历史学:从科学的客观性到后现代的挑战》,何兆武译,山东大学出版社2006年版,第149页。

证据时才能接受结论,在你的论证中要保持思想的诚实性等规则。凡是忽略这些的历史学家,只能写出一种坏的意义上的主观性著作;而凡是坚持这些规则的历史学家则处于一种可以达到其真实性和客观性的地位,只要它们在历史学中是可以达到的。

"这一点所得到的结论是……历史学中的客观性就只有在一种弱化了的或者次要的意义上才是可能的。"①

由此来看,在意识到了传统中追求的那种历史的客观性的不可能或者局限,意识到了历史学家的主观性的不可避免之后,只会让历史学家更加意识到了在研究中可能会出现的问题。尽管有像"观察渗透理论"这样从原则上使传统意义上历史的"客观性"成为不可能的限制,但历史学家可以做的,则是更为小心地对于其研究规范的遵守,以及更为谨慎地、更有自我批判意识地进行研究。这也正如劳埃德所强调的科学史家的一条"方法论原则":

"我支持这样一个信念,即在科学中不存在与理论无关的观察,在科学史上不存在与理论无关的描述。对于后一种情形,把理论先见搞清楚显得更为重要。认识到观察描述中的理论和价值判断无法避免,当然并不等于说,我们在研究中可以采用任何基本概念框架。恰恰相反,我们应该更为小心谨慎地考察这些成见和偏爱,无论它们是否直接源于某些现代预设。此外,我们能够也应该最大限度地利用我们能够理论负载程度

---

① 沃尔什:《历史哲学——导论》,第114页。

上的差异,尽管在最小限度上仍旧不会有无理论负载的陈述。"①

最后,谈到历史的客观性和历史的意义的问题,还是请允许我们以较长的篇幅引用一段林毓生更为明确地点出问题的要害的说法来作为总结:

> "史学研究是了解我们自己的重要手段。'五四'以来,有一派史学家要把历史变为'科学',认为现在所做的考据工作,是达到'客观的历史真实'的铺路工作。其实他们所了解的科学性质与意义,深受实证主义、19世纪德国语文考证学派与乾嘉诸老的影响。今天从博兰霓的科学的哲学与孔恩科学史的观点来看,实在相当错误。根据这种对科学之误解去把史学变为'科学',实在是错上加错了。我们今天都知道所谓'客观的历史真实'只是19世纪德国语文考证学派的幻想,事实上无从达到。而从'不以考据为中心目的之人文研究'的观点来看,这个问题的本身是根本不相干的。我们研究历史,当然要尽力应用最可靠的史料;但史料并非史学。史学研究最主要的功能在于帮助我们了解我们自己……换句话说,作为人文研究的史学,其意义不在于是否能最后达到'客观的历史真实',而是借历史的了解,帮助我们了解今天的人生、社会与时代,并进而寻找一些积极的意义。"②

---

① 劳埃德:《古代世界的现代思考:透视希腊、中国的科学与文化》,序。
② 林毓生:《中国传统的创造性转化》(增订本),生活·读书·新知三联书店 2011年版,第310—311页。

第八章 科学史中的"科学革命"

> 革命就其最根本的含义来说，就是反对已建立的政治秩序，并最终建立起一种与先前完全不同的新秩序。
>
> ——《简明不列颠百科全书》

一 "科学革命"的概念及其确立

目前，当人们谈及科学的历史发展和科学的成就时，不论是在科学哲学家中还是在科学史家中，乃至在一般公众中，"科学革命"已成为一使用频率极高的术语。在我国，近年来尤其是随着库恩的科学哲学理论被译介之后，"科学革命"这个概念（或按西方常用的术语，作为科学哲学或科学史中的一个常用的"隐喻"）更是有口皆碑。然而，当人们广泛使用这一概念时，并不一定总是对此概念做了明确的限定，使之具有前后一贯并且为人们所共同认可的涵义，这一方面影响了对科学发展描述的精确性，另一方面也引起了一些混淆、误解与争议。

可以说，科学革命首先是一个科学史中的概念，即使当科学哲学家在使用它时，也旨在对科学发展的某种特定阶段给出一种形象化的描述。而在目前的科学史界,同样地,"科学革命已成为最有权威性的章节"。美国科学史家撒克里在 20 世纪 80 年代初所撰写的关于科学史这一学科的历史与现状的权威性综述文章中,列举了目前科学史研究的十大中心领域,其中第二个领域即是"科学革命"。因为"'革命'提供了一种简单然而又深刻的观点,与概念分析的理想主义方法极为相称。在对伽利略、笛卡尔或比如说牛顿和洛克的研究中,它为科学史家和科学哲学家提供了共同的基础"①。

除了与科学哲学家相比科学史家往往是在相当不同的意义上使用科学革命概念之外,科学史界内部在对此概念的理解和使用上也存在很大的分歧,一些西方科学史家已就此问题做了比较详细的编史学研究。本章将在这些已有工作的基础上,从科学编史学的视角对有关科学革命问题的若干方面进行一些初步的评介与分析。

"科学革命"作为一个科学史的概念,其自身也经历了长期的演变过程。美国科学史家柯恩曾对此历史作了系统的考查。② 柯恩的结论是,"revolution"这一专门术语最初是来自天文学和数学领域,与它获得了现今"革命"一词涵义的此历史相伴,"科学革命"的概念起源于 18 世纪。这里略去不谈这些早期的发展。但可以简要提到的是,总的来说,在 20 世纪 50 年代以前,尽管科学革命的主题频繁出现,但这一概念还不能说在科学史和科学哲学家中

---

① A. Thackray, History of Science, in *A Guide to the Culture of Science*, *Technology*, *and Medicine*, Durbin, P. T., ed., The Free Press. 1980, pp. 3-69.

② I. B. Cohen, The Eighteenth-Century Origins of the Concept of Scientific Revolution, *Journal of the History of Ideas*, 1976, 37:257-288; I. B. Cohen, *Revolution in Science*, The Belknap Press of Harvard University Press, 1985.

已获得普遍的承认,还没有成为撰写科学史的一个核心的组织原则。而这种情况的改变,主要是在 20 世纪 50 年代以后,由三位学者的三部著作所产生的影响。

第一位学者是英国历史学家巴特菲尔德。在受早期如伯特(E. A. Burtt)、科瓦雷等人的影响下,他在 1949 年出版的《近代科学的起源:1300—1800》一书,把"第一次科学革命"〔the Scientific Revolution,这一概念最初是由法国实证主义哲学家孔德提出的。由于目前在英文中,在大多数情况下这种以大写字母开头所表达的"科学革命"已具备有特指的含义,这里将其译为"第一次科学革命",以区别于更一般意义上的科学革命(scientific revolution 或 revolution in science)概念〕作为一个中心问题来论述,并对这场革命给予了极高的评价:"由于这个革命不仅推翻了中世纪的科学权威,就是说,它不仅以经院哲学的黯然失色,而且以亚里士多德物理学的崩溃而告结束。因而,它使基督教兴起和宗教改革的地位降到仅仅是一段插曲、仅仅是中世纪基督教体系内部改朝换代的等级。由于这场革命改变了物理世界的图景和人类生活本身的结构,同时也改变了甚至在处理非物质科学中人们惯常的精神活动的特点,所以它作为现代世界和现代精神的起源赫然耸现出来。"[①]由于在这部著作出版时,正值西方社会处在大规模地应用了科学技术的二次世界大战之后,科学家和非科学家们对于科学史、对科学中的革命以及对第一次科学革命中近代科学的创立的

---

① 巴特菲尔德:《近代科学的起源》,张丽萍、郭贵春等译,华夏出版社 1988 年版,第 1—2 页。

兴趣日益增长,所以巴特菲耳德这部著作生逢其时,产生了极大影响,以其结论使包括科学史家和科学哲学家在内的人们比较普遍地相信和承认了近代科学的出现是历史上的一次重要革命。[①]

第二位学者是英国科学史家霍尔,他于 1954 年出版了《科学革命:1500—1800》。这部书可以说是第一部以科学革命为题,全面而系统地论述第一次科学革命的专著。霍尔深受法国科学史家科瓦雷的影响,应用概念分析的方法来研究第一次科学革命的历史。如果说巴特费耳德是作为一位一般的历史学家而使科学革命的意识为人们所普遍接受的话,霍尔则是以一位专业科学史家的身份为科学革命的研究奠定了基础。

第三位学者就是美国科学哲学家和科学史家库恩。他的《科学革命的结构》一书于 1962 年出版后,立即产生了超常的广泛影响。库恩与前两位学者影响的不同之处在于,他的著作使人们开始不仅仅关注规模巨大的第一次科学革命,而且使人们转而注意到科学中单个的、规模较小的革命,并认识到革命在科学中的发生或许是科学发展的一种规律性特征。

二 争论:内史论与外史论,突变与连续

随着科学革命的概念为越来越多的人所接受并作为一种撰写科学史的重要组织原则,有关科学革命理论的各种争论也逐渐兴

---

① I. B. Cohen, *Revolution in Science*, The Belknap Press of Harvard University Press, 1985, pp. 390-391.

起和日趋激烈。在一般的科学史研究中,伴随着近代科学诞生的第一次科学革命,是一个最引人注目的热门研究领域,许多编史学争论也正是由此展开。它们不仅涉及科学史研究的概念与方法等方面的问题,同时也涉及对近代科学的起源、对科学的本质等重要问题的理解。由此,下面我们先就主要同第一次科学革命相伴的一些问题进行讨论。

争论的线索之一是内史论与外史论之间的分歧。关于内史与外史的问题,本书第二章曾专门进行较全面的讨论,在这里则将仅就与科学革命有关的方面问题再做简要分析。此外,这里的争论也涉及对于第一次科学革命的历史研究来说,需要说明的是什么是科学革命,以及怎样进行解释的问题。实际上,早在科学革命概念为人们所普遍接受的20世纪50年代之前这种分歧就已在对近代科学产生的研究中孕育成形了。

20世纪20年代,科学哲学家伯特在其《近代物理科学的形而上学基础》一书中,在抨击实证主义的科学发展观,探索构成近代科学的哲学基础时提出,在古代和中世纪的自然哲学向近代科学的转变中,关键性的假定是将终极的实在与因果效应归于数学的世界,而这种对自然的数学化完成于17世纪牛顿的工作。在此方向上,柯瓦雷又做了进一步的发展,他认为在第一次科学革命期间,根本的转变既是由于对时空的几何化的数学方法带来的,也是由于形而上学的变革带来的。[①]他确信,对于人类所有的智力活

---

① A. R. Hall, Alexandre Koyré and the Scientific Revolution, *History and Technology*, 1987, 4: 485-495.

动来说,有一种根本的统一性,从而科学的发展并不是一系列独立的事件,而是与哲学、形而上学和宗教思想的转变密切相关。从伯特到柯瓦雷,再到后来的巴特菲尔德、霍尔等人,形成了一个学派,这个学派对第一次科学革命的经典解释,主要立足于世界观的转变,认为科学的革命是一种智力的革命,是由新的看待世界和进行思考的方式所带来的。"对于这些历史学家,科学在本质上就是思想,就是深刻的、大胆的、符合逻辑的、抽象的思想,而思想则最终就是哲学。"[①]

与科学革命研究中的内史论学派相对立,从苏联科学史家格森开始(虽然他本人并未使用科学革命的概念)并逐步壮大起来的外史论学派,则强调社会外部因素对科学革命的重要影响。显然,内史论者与外史论者所集中注意的是科学革命不同的侧面,其间的争论虽然长期持续下来,但也出现了相互渗透、相互补充的趋势。由于这方面论述已较多见,这里不再展开讨论。但国外一篇论及科学革命研究的论文所提出的观点或许是值得介绍和注意的。其观点认为,要解决这种争端,可以采用目前知识社会学和所谓"与境主义"编史学的观点,把科学看作一种"亚文化"。首先,这种亚文化像内史论者所强调的,是相对自主的,但同时它也具有自身内部的微观社会结构与社会动力;其次,这种微观结构在许多方面又依存和受制约于外史论者注意的更大范围的社会结构和社会

---

① D. C. Lindberg, Conception of Scientific Revolution from Bacon to Butterfield, in *Reappraisals of the Scientific Revolution*, D. C. Lindberg, et al., eds., Cambridge University Press, 1990, pp. 1-26.

动力。①

关于科学革命编史学争论的另一突出问题,与上述内史-外史论的争论也有很多交叉相关的地方,这就是关于科学发展(起源)的"突变"与"连续性",或者说是"革命"与"进化"观点之间的争论。

从 19 世纪以来,哲学和编史学中一种久远的传统,是把欧洲的历史划分为古代、中世纪和近代时期,而中世纪则被视为一座文化与智力的废墟。像孔德、休厄尔等人就典型地持有这种观点。这显然也是和当时辉格式的科学史观相一致。如前所述,从伯特、柯瓦雷、巴特菲尔德到霍尔这一学派,在发展了概念分析的观念论研究方法的基础上,从把握近代科学的哲学基础、世界观出发,研究近代科学的兴起。柯瓦雷在编史学中的中心作用,正是在其历史表述中,确立了 17 世纪的科学革命作为科学史在古代与近代之间的转折点这一概念。② 霍尔甚至声称在对第一次科学革命的研究中,他"泰然自若地遵循了实证主义甚至辉格式的观点,因为不可能在同一句话中既写到一场战争中的战胜者又写到失败者的观点"③。通过这些人的工作,一种通行的看法,就是把 16—17 世纪作为带来近代科学诞生的第一次科学革命时期。

在 19 世纪末,另一种科学的发展观也开始逐渐出现,如像马赫、玻尔兹曼、纽科姆(S. Newcomb)(甚至 20 世纪的爱因斯坦和

①　J. A. Schuster, The Scientific Revolution, in *Companion to the History of Modern Science*, R. C. Olby, et al., eds., Routledge, 1990, pp. 217-242.

②　A. R. Hall, Alexandre Koyré and the Scientific Revolution, *History and Technology*, 1987, 4:485-495.

③　A. R. Hall, *The Revolution in Science: 1500-1750*, Longman, 1983, p. 2.

密立根）等科学家,就认为科学中的突破是进化过程而不是革命过程的一部分。柯恩曾指出,这种思潮的形成,部分地是当时人们对政治与社会变革的一种反应,即他们越来越多地意识到政治革命的消极方面。①

但这种观点更明确、更有基础地出现在科学史的研究中,则源于 20 世纪初法国物理学家、哲学家同时也是科学史家迪昂的工作。迪昂对静力学的起源的研究,使他注意到了 13—14 世纪的一些学者的工作,他转而集中研究了中世纪和文艺复兴时期物理科学的发展,认为许多被称为第一次科学革命的重要工作,实际上仅仅是已被中世纪学者所发展了的理论与方法的自然延伸,17 世纪只不过是这种延伸进化的暂时顶点而已。迪昂的结论是:"近代有理由为之自豪的力学与物理学,是通过一系列不间断的、几乎难以觉察的改进,产生于在中世纪一些学派内心中得到承认的学说。所谓的智力革命通常仅仅是缓慢和有长期准备的进化。"②

迪昂对于在中世纪和早期近代科学之间连续性的强调,被有些人称为科学编史学中的一个革命性事件。这种观点虽然在刚提出时并没有很快得到普遍承认,但随着时间的推移,在迪昂的影响下,越来越多的科学史家转向注意中世纪的重要性,并把研究的目标扩展到更广的范围,沿着这一传统,一个新的学派开始形成。由

---

① I. B. Cohen, *Revolution in Science*, The Belknap Press of Harvard University Press, 1985, p. 275.

② 转引自: D. C. Lindberg, Conception of Scientific Revolution from Bacon to Butterfield, in *Reappraisals of the Scientific Revolution*, D. C. Lindberg, et al. , eds. , Cambridge University Press, 1990, pp. 1-26.

此,"……对科学革命作为与不久的过去明确决裂的观点受到最初的普遍挑战,并把'中世纪问题'变成了历史研究的重要问题"[1]。

例如,像柯瓦雷这样的革命论者,在坚持近代科学起源中思想方式的重要性时,忽视了方法的一面,甚至认为伽利略并没有做过他在《两门新科学》中所描述的斜面实验(这一问题后来已由德雷克等学者所纠正)。而连续论派的科学史家,如美国的克龙比(A. C. Crombie)等人则强调研究方法的重要性,认为近代科学大部分的成功,要归功于对经常被称之为"实验方法"的归纳与实验程序的应用。而至少是在定性的方面,对这些方法的近代系统理解,却是由 13 世纪的哲学家所创立的,正是这些哲学家把希腊几何学的方法转变成了近代世界的实验科学。在 60 年代,英国科学史家耶兹在她对布鲁诺的研究中,注意了巫术和海尔梅斯主义的重要贡献,强调了在海尔梅斯主义传统和近代科学之间的连续性因素,耶兹的研究成果发表后,所谓的海尔梅斯主义传统成为英语国家科学史家中学术性争论的主题。[2] 按照她的理解,第一次科学革命虽然是这一整体的过程,但在两个阶段上发生:第一个是在文艺复兴期间的巫术神秘主义阶段,在此阶段中对世界的看法是以巫术的万物有灵论普遍规律作为基础的;第二个阶段是机械论诞生的

[1]　A. C. Crombie, The Continuity of Scientific Developments, in *The Scientific Revolution*, V. L. Bullongh, ed. ,Robert E. Krieger Publishing Company,1978,pp. 100-107.

[2]　P. Rossi, Hermeticsm, Rationality and the Scientific Revolution, in *Reason*, *Experiment and Mysticism in the Scientific Revolution*, M. L. R. Bonell, et al. , eds. , Science History Publication,1975,pp. 247-273.

经典阶段。① 在此方向上,美国科学史家狄博发展了所谓科学革命的整体理论,认为就理解文艺复兴时期海尔梅斯主义在近代科学形成中的作用来说,其核心的编史学问题是帕拉塞尔苏斯的化学的哲学,相应地,第一次科学革命的起始被向前推至 15 世纪中叶。② 总之,"对于在柯瓦雷之后的新一代科学史家来说,撰写科学革命的历史,这意味着研究在彼此交错于不同智力名册中的文化要素之间多重的冲突"③。

从连续论引出的一种极端看法,是根本否认革命的存在。对此观点,柯瓦雷曾给予反击:"在中世纪和近代物理学发展中表面的连续性(一种由卡瓦尼和迪昂如此强调的连续性)是一种错觉。当然,一种不间断的传统确实把巴黎唯名论者的工作引导到贝尼德梯、布鲁诺、伽利略、笛卡尔等人的工作……但由迪昂引出的结论仍是一种错觉:一场准备充分的革命仍是一扬革命……"④

由连续论引出的另一种缓和些的观点,则是把第一次科学革命的起始年代不断向前推,甚至推早到 13 世纪。这样,就带来了确定这次科学革命的年代问题。实际上,不仅仅是革命的起始年代,就连结束年代,人们的看法也并不一致。一个典型的例子是,

---

① P. Redondi, The Scientific Revolution of the 17th Century: New Perspectives, *Impact of Science on Society*, 1990, 160: 357-367.

② 杜布斯:《文艺复兴时期的人与自然》,陆建华、刘源译,浙江人民出版社 1988 年版。

③ P. Redondi, The Scientific Revolution of the 17th Century: New Perspectives, *Impact of Science on Society*, 1990, 160: 357-367.

④ 转引自: H. Kragh, *An Introduction to the Historiography of Science*, Cambridge University Press, 1987, p. 77.

革命论者霍尔在其出版于 20 世纪 50 年代的开创性著作中,认为
"19 世纪初是一个可用的分界点,一边是在其过程中科学艰辛地
相继获得了它们积累性特征的科学革命,另一边则是这种特征被
成功地保存的现代时期"[1],并相应地把第一次科学革命定在
1500—1800 年,但在 20 世纪 80 年代他将其著作重写时,又把这
次革命的年代压缩为 1500—1750 年,因为"当牛顿去世时,科学革
命的伟大创立阶段就结束了"[2]。当然,更普遍的看法仍是把这场
革命看作是在 16—17 世纪发生的。也有一些学者像前面提到的
耶兹那样,在此大的革命之内再做更细致的分期,如选用"自然哲
学""各门具体的科学"和"应用技术"三个概念范畴作为分析和历
史分期的出发点,把第一次科学革命又再细分为科学的复兴阶段
(1500—1600)、批判阶段(1590—1695)、形成一致和巩固的阶段
(1695—1790)三个时期。[3]

　　在科学家中存在上述种种分歧的根本原因在于,对于什么是
近代科学的根本特征、什么是近代科学起源的标志以及什么是科
学史所要描述和考查的内容等问题,不同的人有不同的看法。比
如说:"如果批判的方法、实验和逻辑的技巧(归纳和演绎),以及实
用的倾向被视为科学的本质,就导致克龙比的进化观点,在此情况
下,第一次科学革命的术语就只是一空洞的标签。相反,柯瓦雷的

---

　　① A. R. Hall, *The Scientific Revolution : 1500-1800*, Longmans, Green and Co. ,
1954, p. xiv.

　　② A. R. Hall, *The Revolution in Science : 1500-1750*, Longman, 1983, p. vii.

　　③ J. A. Schuster, The Scientific Revolution, in *Companion to the History of
Modern Science*, R. C. Olby, et al. , eds. , Routledge, 1990, pp. 217-242.

科学观则不同,相应地,他的分期也不同。"①由于这些问题,进一步带来了"科学革命"这一概念恰当与否及它所指称对象等一系列的争论。一位倾向于进化观的学者认为,历史学家利用隐喻,在很大程度上就像科学家利用模型一样,但在许多讨论中,"科学革命"的概念却不再是作为一种隐喻,而是被对应于某种实际存在的东西,问题只是何时、何处以及多长时间的问题。然而,"如果我们把隐喻看作模型的话,结果就不一样了,此时,'科学革命'不再是一个历史过程,而只是历史学家用于教育目的的一种工具"②。科学史家克拉的观点则更洒脱:"在许多方面,对于第一次科学革命实在性的经常性讨论也许并不令人感兴趣,只要人们承认,这种问题取决于正确观察事物相互关系的能力,只要避免把 17 世纪当作科学诞生的突然时刻这种幼稚的维多利亚式观点,那么是否称此阶段为一场革命就无关紧要了。"③

三　库恩的科学革命理论

第一次科学革命可以说是一次规模巨大的科学革命。然而,除了第一次科学革命之外,人们经常还把科学革命这一概念用于

---

① H. Kragh, *An Introduction to the Historiography of Science*, Cambridge University Press, 1987, p. 77.

② T. Frangsmyr, Revolution or Evolution: How to Describe Changes in Scientific Thinking, in *Revolution in Science*, W. R. Shea, ed., Science History Publication, 1988, pp. 164-173.

③ H. Kragh, *An Introduction to the Historiography of Science*, Cambridge University Press, 1987, p. 78.

描述不同历史时期各门具体科学学科的发展和变革。对于科学革命概念的这种更加泛化的用法,不同的科学史家是有不同看法的。这同样涉及对科学革命之本质的理解。如对科学革命问题有较多论述的波特(R. Porter)曾这样说:"……科学中的革命需要有对地位牢固的正统观念的推翻,本质性的内容是挑战、阻力、斗争和征服。仅仅提出新的理论,这并不构成一场革命。如果科学共同体匆匆地赞成一项革新,赞扬其优越性,这也不是一场革命。此外,革命不仅要求对旧理论的摧毁,而且还要求新理论的胜利,必须要建立一种新的秩序,有一可见的突破。革命还要以规模的宏伟和步伐的急迫为先决条件。小的、部分的革命以及长期的革命是对这一术语的滥用。"在他看来,现在人们广泛谈论的形形色色、规模种类不相同的科学革命,无异于使科学革命概念像货币一样可悲地贬值。[①] 持波特这种观点的科学史家不乏其人。例如,有人就认为:"如果我们要使用'革命'这一术语,我们就只有两种选择,一种是把它用于 17 世纪的那场科学革命,另一种是只把它用于极少的场合,如哥白尼、牛顿或达尔文的革命。同时,把别的隐喻用于科学思想中的其他种类变革。否则,就有使我们的语言和文体变陈腐,使我们在对科学史的分析中丧失精致与准确的风险。"[②]

不过我们可以注意的是,尽管有争议,但多数人还是在研究着

---

① R. Porter, The Scientific Revolution: A Spoke in the Wheel? in *Revolution in History*, R. Porter, et al. , eds. , Cambridge University Press, 1986, pp. 290-330.

② T. Frangsmyr, Revolution or Evolution: How to Describe Changes in Scientific Thinking, in *Revolution in Science*, W. R. Shea, ed. , Science History Publication, 1988, pp. 164-173.

作中、教科书中和其他许许多多的场合使用科学革命这个概念。我们无法回避这一现实。唯一的办法,只能是正确地辨识和理解其在特定的场合对此概念的确切用法。如果我们自己使用这一概念,则最好也是作出自己的明确限定。在这方面,了解一下关于科学革命有代表性的理论,是颇有借鉴意义的。

库恩在其《科学革命的结构》一书中,在"范式"概念的基础上提出的"常规科学→反常→危机→科学革命→新的常规科学→……"这种发展模式。关于库恩的学说本身,因已广为人知,这里不予赘述,但我们可以注意到的是,在其学说中,"范式"的概念是一个重要的核心假定,而库恩本人也承认,"在革命之后,科学家面对的是一个不同的世界",因而"向新范式的转变便是科学革命"。[①] 库恩的学说可以说是产生了极其广泛的影响,对政治学、社会学乃至神学等学科都产生了一定的冲击。这些学科的研究者广泛地引用其理论。一些历史学家也开始尝试利用应用库恩的理论框架来进行研究。[②] 然而,令人惊讶的是,作为一位科学史家和科学哲学家,在相当长的一段时间,库恩的理论却偏偏在科学史界遇到了明显的抵抗。从理论性的角度来说,内史论者和外史论者从不同的侧面对库恩进行了批评。一方面,在内史论者看来,此书的相对主义解释和编史规则"似乎体现了一种外来的、人为的和幼稚的系统性安排,这种安排与科学思想实际的流动与复杂的发展毫无相似之处","仿佛库恩利用他天才的想象力创造了一种人为

---

① 库恩:《科学革命的结构》,第83、101页。

② D. A. Hollinger, T. S. Kuhn's Theory of Science and Its Implication for History, *The American Historical Review*, 1973, 78: 370-393.

的、幻想中的境地,而不是对科学的连续性与变革的历史结构的指南"。显然这样的内史论,仍体现出较强的对于所谓"实际的""客观的"科学史的追求。而外史论者则提出了库恩所面对的更严重的困难。他们认为库恩过于狭隘地只限于注意科学思想的内在动力,错误地把科学共同体描述成了一块孤立的飞地,人为地割断了科学与社会之间的联系,也即认为库恩"描述的不是实际存在的联系,而是在今天有关科学方法论观点的基础上,觉得应该存在的联系"。由于要建立一种科学发展的普适的理论模式,库恩引入了一些先验的假定,这样在研究科学的变革时,"在此特定时期如此重要的外部因素,或是完全消失了,或是在其格式塔转变中变得几乎不可辨认了"。因此,"历史学家在把它当作一个没有疑问、未经受挑战的模式来引用,以描述在一个近乎孤立的、自主的共同体中智力起作用的方式时,应该谨慎"[①]。

除了这种理论性较强的分析和批评之外,还有种种其他的不同看法和意见。如有人认为,某些科学在一定时期内并无一定的"范式",以及并非每一次科学革命都伴随着"危机"等。一般说来,科学史家更注重一种理论在指导其历史研究时的实用性。然而,"令人惊奇的是,几乎不存在库恩式的科学史的范例"。因而,"人们可以得出结论说,与此书相联系的学说不论在别处怎样,它们并没有成为科学史中的范式学说"[②]。为了具体说明这种情况,我们

① T. M. Brown, Putting Paradigms into History, *Marxist Perspectives*, 1980, 3: 34-63.

② N. Reingold, Through Paradigm-Land to a Normal History of Science, *Social Studies of Science*, 1980, 10: 475-496.

不妨看看库恩本人的例子。

库恩早在其 1957 年出版的《哥白尼革命》一书中就谈到他相信"历史研究可以带来一种对科学研究的结构与功能的新理解"[1]。由于他在《科学革命的结构》一书中提出了独特的科学革命理论，又由于他曾长期从事量子物理学史档案的收集整理工作，所以在 1978 年当其研究量子理论早期史的《黑体辐射与量子不连续性，1894—1912》一书出版时，就尤为引起人们的注意了。正如美国科学史家克莱因（M. J. Klein）等人所言："因为就这一术语的任何定义而言，量子物理学的创立都可以称为一场科学革命，所以我们就可以很有理由预期库恩的新著在学术上会是卡尔·马克思的《路易·波拿巴的雾月十八日》的后续。在此书中，这位关于革命性变革的理论家将根据他的一般范畴来分析一场特定的革命，利用这些范畴来改进我们对所谈论事件的历史理解，同时澄清其意义。但库恩并没有写出另一部《路易·波拿巴的雾月十八日》。"相反，结果却是，"仿佛《科学革命的结构》一书从未写出过一般。人们所熟悉的范式、常规科学、范例、解疑、反常、危机、非常科学、不可通约性等概念，在此书中根本找不到"[2]。因此，总的来说，"科学史家发现，库恩的理论在作为一种组织他们发现的工具方面用处不大"[3]〔一个例外是，美国科学史家布拉什曾提到，"与我许多同事不同，我很愿意采纳库恩的模式作为单个一门科学中典型

---

[1]   T. S. Kuhn, *The Copernican Revolution*, Harvard University Press, 1957, p. ix.

[2]   M. J. Klein, et al., Paradigm Lost? *Isis*, 1979, 70: 429-440.

[3]   N. Reingold, Through Paradigm-Land to a Normal History of Science, *Social Studies of Science*, 1980, 10: 475-496.

革命的近似描述",当然他也承认"此模式不大适合于包括许多门学科相互作用的科学革命"[①]〕。

由于库恩在其科学革命理论中对"范式""不可通约性"等概念的使用带来了广泛的争论,后来库恩转向语言学,不再使用"范式"概念,而代之以分类学(taxonomy)、辞典(Lexicon)等概念来说明其理论。[②] 但如果参照上述科学史家批评的立足点,就会发现至少对于科学史的实际研究来说,这一"转向"并未使该理论的问题得到根本解决。

尽管如此,库恩的科学革命理论还是持续地产生了很大的影响。当然,这也与他的理论被诸多后来的研究者,特别是像科学知识社会学等领域的研究者,视为是其重要的开创性的理论基础相关。

四 柯恩的科学革命理论与判据

那么,究竟什么才是比较适用于科学史实际研究的科学革命理论呢? 应该承认,这样的理论并不多见。科学史家或许更习惯于做实证性的具体历史研究,似乎较少明确抽象出带有某种规律性的科学革命编史模式。正因为如此,美国科学史家柯恩在其《科学中的革命》一书中所提出科学革命理论就格外引人注目。[③]

---

① S. G. Brush, *The History of Modern Science: A Guide to the Second Scientific Revolution, 1800-1950*, Iowa State University Press, 1988, p. 5.

② 金吾伦:"托马斯·库恩的理论转向",《自然辩证法通讯》1991 年第 1 期。

③ I. B. Cohen, *Revolution in Science*, The Belknap Press of Harvard University Press, 1985, pp. 28-47.

柯恩提出,所有的科学革命都具有四个主要的、明确可分而且前后相继的阶段。第一个阶段是"智力革命"(intellectual revolution)的阶段。它是革命的开始,由一个或一群人创造性的活动构成。这些活动通常是在与其他科学家共同体没有相互交流的情况下做出的,其内容一般是流行的科学观点的根本性转变。虽然这些革新一般来自原有科学的基质,并且可能同当时已被接受的科学哲学、科学模式和科学标准的某些准则密切相关,但在新的科学观点中以一种革命性的潜力而表现出来的创造性活动,总倾向于是个人性的。随之而来的第二个阶段,为"个人承诺"的阶段。此时新的发现或新的规律被记录在个人的笔记本、书信、报告或论文草稿中,但尚未发表。此时,革命仍只是个人性的。第三个阶段是所谓"论文中的革命"(revolution in paper)。在此阶段,新观点进入到科学共同体成员之间的交流中,如把新观点向朋友、助手和同事传播,并进而送交正式发表,向更广大的科学界传播。

柯恩指出,在这前三个阶段中的任何一个阶段,科学革命都可能会失败,最初发现者的私人文件也许将在档案中积满尘土,待很久以后为人所知时,要引起革命已为时已晚。但只要完成了这一阶段,革命性的观点得到传播,一场科学革命就有可能发生。再有,科学中大多数失败的革命都没有超出"论文中的革命"这一阶段,或是由于没有在科学共同体中获得足够的支持,或是由于与实验的结果相矛盾。

如果新的、革命性的理论或发现在发表之后,其他科学家都相信并接受了这些理论或发现,并开始以革命性的新方式来从事其科学研究,这时就进入了第四个(也是最后一个)阶段,即"科学中的革命"的阶段。此时,才能说一场真正意义的科学革命发生了。当然,从"论文中的革命"过渡发展到"科学中的革命",也许需要很长的时间。

库恩关于科学革命的理论中,至少是由于其核心概念"范式"的含混与不确定性,使科学史家在具体的历史研究中难以应用其理论。与之相反,柯恩在提出了上述偏重于逻辑性分析的科学革命各阶段的模式之后,相应地给出了在科学史中具体判断一场科学革命是否发生了的历史判据。这种判据一共有前后相关的四类组成。第一类是当时目击者的表态,即在当时的科学家或非科学家来看,某一新理论或发现是否被认为是革命的、划时代的。第二类是对后来有关这一问题的历史记录的考查。如当时的科学论文或教科书是否表现出对新理论或发现的接受(一个典型的例子就是,哥白尼的理论在当时并未为人们所普遍接受,因而柯恩根据这一判据认为,当时并不存在一场"哥白尼革命"。如果我们一定要用这种说法,并按现在的理解,"哥白尼革命"也只是到了牛顿的时代才完成)。第三类判据是历史学家(不论过去的还是现代的),尤其是科学史家和哲学史家的判断,即他们是否把某一新理论或发现说成是革命。第四类判据是现在有关领域中工作的科学家的观点。

在这四类判据中,柯恩认为第一类判据的权重最大,因为后来的判断更多的是反映了革命的长期效果,或者说是革命之后的科学史,而当时的评价则为当时正在发生的事提供了最直接的洞察。当然,由于历史变迁,这类证据也许会佚失,所以它们是判断科学革命是否发生的充分而非必要条件。如果对一场科学革命的考查顺利地通过了这四种判据的检验,那么我们自然可以确认这场科学革命的存在。

正像有人注意到的,柯恩在他研究科学革命的专著中,曾提到了 66 场不同的科学或智力革命。① 实际上,柯恩并未对构成一场科学革命是什么给出简单的定义。他认为:"在历史方面重要的是,在近代科学存在的四个世纪中,科学家和科学的观察者倾向于称某些事件为革命。"②正是以此为着眼点,柯恩运用他的科学革命阶段理论和判据,逐一自恰地对那些被人们称为革命事件的历史进行了具体而实在的分析。对于柯恩的理论人们当然也可以提出不同的看法,但他这种使其理论具有很强的可操作性,并将理论诉诸具体历史研究实践的工作方式,无疑表现出一种科学史家独特的研究风格。但在另一种意义上,当然我们也可以说,他对科学革命的描述,也仅仅只是一种历史式的表面化描述,而取消了其带有哲学性的理论内容。

五　科学革命的分期与中国科学

我们还可以再来简要地讨论两个涉及科学革命概念并使我们感兴趣的问题。

---

①　T. Frangsmyr, Revolution or Evolution: How to Describe Changes in Scientific Thinking, in *Revolution in Science*, W. R. Shea, ed., Science History Publication, 1988, pp. 164-173.

②　I. B. Cohen, *Revolution in Science*, The Belknap Press of Harvard University Press, 1985, p. 41.

第一个问题是更高层次的科学革命分期问题。就科学整体意义上的科学革命而言,这不是就每一具体科学学科中的科学革命。就包容许多学科的科学整体而言,我们前面较详细地讨论的第一次科学革命即是。60 年代初,库恩最先引入了第二次科学革命的概念:"在 1800—1850 年的某个时期,在许多物理科学部门,特别是一些被当作物理学的那些领域的一系列研究中,研究工作的特点有过一个重要的改变。这个就是我把培根式物理科学的数学化称作第二次科学革命的一个原因。"[①]此后,沿着类似的思路,人们对相对于第一次科学革命的其他科学革命也进行了分类和分期研究。

这方面也有巨大的分歧,这里我们只试举有代表性的一二例。布拉什把第二次科学革命的时期做了大幅度的扩充:即 1800—1950 年,并认为"在西欧的文明中只见到过两次这种规模的完整科学革命"[②]。柯恩则主要从科学建制的发展着眼,把革命分为四次,第一次科学革命相对应于科学共同体的兴起。第二次科学革命是从 19 世纪初到 19 世纪末,对应于科学的职业化和科研机构的增加,第三次科学革命是从 19 世纪末到 20 世纪初,对应于工业实验室的出现和科学研究大规模地用于生产,第四次科学革命始于"二战",特征是政府对科研的大规模资助及集体的研究方式。像这样一些分期的观点,自然是值得我们注意的。不过,作为本书作者的个人看法,对于科学革命的分期,就如同对于科学史的一般分期一样(这两者间又有着紧密的内在联系),是与历史研究者的

---

① 库恩:《必要的张力》,第 217 页。

② S. G. Brush, *The History of Modern Science : A Guide to the Second Scientific Revolution , 1800-1950* , Iowa State University Press, 1988.

理论观念相关的,是服务于研究者更顺畅地进行历史的叙述。如果不同具体的科学革命观相联系,就可能会流于一种没有特殊意义的纯形式的争论。

另一个可以简要讨论的问题,关系到与中国科学发展相关的所谓"李约瑟难题"(对此的详细讨论可参见本书附录)。这一难题实际上是两个问题:(1)为什么近代科学唯独兴起于伽利略时代的西方? (2)公元前1世纪到公元15世纪,为什么中国文明在应用关于自然的知识到实际人类需要方面远远领先于西方? 在本书作者不够系统地对其他人关于李约瑟的引文的查阅中,均未见到李约瑟把科学革命直接同中国科学发展相联系的论述。美国科学史家席文(N. Sivin)认为,问题一"意味着人们必须研究别的地方为什么未能发生科学革命",这样,"李约瑟难题"也就变成了另一种形式的提法,即"为什么中国没有发生科学革命?"[①]对此,席文的看法之一是,认为"历史上为何未发生某事"不是一个可以系统地去研究,更不是会有一个具体答案的问题。令我们感兴趣的,是席文认为17世纪的中国的确有自己的科学革命!"大约在1630年,西方的数学和数学天文学开始传入中国……一些中国学者迅速响应,他们着手改变中国研究天文学的方法。大刀阔斧而又持之以恒地矫正了人们应如何去理解天体运动的观念,他们改变了关于那种概念、工具和方法是至关重要的看法,于是几何三角基本上取代了传统的数值或代数演算。确认行星的转动以及行星与地球的

---

　　① 席文:"为什么中国没有发生科学革命? ——或它真的没有发生吗?",《科学与哲学》1984年第1期。

相对距离一类问题,第一次受到了重视。中国天文学家第一次开始相信数学模型可以解释和预测各种天体现象。这些变化等于天文学中的一场概念革命。"关于"李约瑟问题"与中国是否发生过科学革命,三言两语难以说清楚,但从席文的论述中,我们的确又一次看到了"科学革命"概念的多义性,以及含混地、不加限定地使用这一概念可能会带来的陷阱。

六　夏平对于科学革命概念的"消解"

在关于科学革命问题的长期争论之后,以建构主义科学史而知名的科学史家夏平于 1996 年出版了带有新派科学编史学意味的著作《科学革命》。在这部重要的著作中,夏平干脆认为,根本就不存在唯一确定的科学革命这回事。

夏平在简要地回顾了有关科学革命概念在科学史家中的理解、争议和困惑之后提出:"科学革命这个想法本身至少在一定程度上是'我们'对先人兴趣的表达,这里的'我们'是指 20 世纪末的科学家和那些把他们所相信的事物当作自然界真理的人。"夏平的核心观点是:"我不认为存在着这样一种东西,即 17 世纪科学或者甚至是 17 世纪科学变革的'本质'。因而,也就不存在任何单一连贯的故事,它能够抓住科学或者让我们在 20 世纪末的现代正好感兴趣的科学或科学变革的所有方面。我想象不出任何在传统上被认作近代早期科学革命本质的特征,它当时没有显著不同的形式,或者当时没有遭到那些也被说成是革命的'现代主义者'的实践者的批评。既然我不认为存在科学革命的本质,就有理由讲述多种多样的故事,而每个故事都意图关注那个过去文化的某种真实特征。这意味着无论历史学家花费了多少篇幅去写过去的历程,选择总是任何历史故事的必然特征,可能根本不存在任何确定无疑的或一览无遗的历史。我们的选择不可避免地反映了我们的趣味,即使我们一直打算'如其所是而言之'。也就是说,在我们所讲述的过去的故事中不可避免地存在某种'我们'的痕迹。这就是历史学家的困境,尽管出于善意,但认为有某种方法可以解救我们脱离困境则无异于痴人说梦。"①

夏平除了理论上的论述之外,在书中他作为论述主体的历史内容,其实仍与传统中讲述第一次科学革命的历史著作中的内容大致相同,但他是站在不同的立场上来看待这些内容的。与他的科学知识社会学或者说社会建构论的立场相一致,他将科学视为处于历史情境中的社会活动,因而在理解科学时,也必须将科学置于历史的情境中来理解。他是要摆脱那种认为有一种确定的科学革命这种"客观的"历史的束缚,把先前那些对科学革命的传统定义和理解,原还为历史学家的一种有理论负载的认识框架。当历史学家采用这种框架时,便可以照此来进行其对史实的选择和进行描述与解释。而基于那样的框架对历史内容的选择和建构,其实并不唯一,也是可争议的。而他则是要在摆脱了这种束缚之后,把 17 世纪的科学完全当作一场共同实践的、与历史紧扎在一起的现象来写,更加注重 17 世纪关于自然知识的"多样性",从而使历史"鲜活起来"。

---

① 夏平:《科学革命:批判性的综合》,徐国强等译,上海科技教育出版社 2004 年版,第 9—10 页。

第九章　女性主义与科学史

> 讨论任何人类之间的问题而没有偏见是很不容易
> 的事。
>
> ——西蒙·波娃:《第二性》

一　背景:女权主义运动与女性主义概念

近几十年来,在西方作为一种社会政治运动,女权主义致力于妇女在经济、政治等方面获得平等的权利和地位,在社会上产生了重要的影响。

首先,我们可以简要地回顾一下女权运动的历史。现代意义上的女权运动主要指19世纪下半叶以来两次大的妇女运动浪潮。第一次浪潮始于19世纪末左右,到第一次世界大战期间达到顶峰,在20世纪20年代逐渐消退。这一时期的妇女除要求改善在教育、就业和家庭中的地位之外,最重要的一个目标就是为妇女争取参政权。其中,新西兰、澳大利亚、芬兰、美国和英国的妇女先后在此阶段争取到了选举权。

第二次女权运动浪潮开始于20世纪60—70年代,最早兴起于美国,一直持续到 80 年代。这次浪潮规模宏大,涉及了各主要发达国家。到 70 年代末,仅英国就有 9000 多个妇女协会,美国、加拿大也有许多妇女组织。[①] 与第一次浪潮相比,这一时期的运动除了在政治、经济和教育方面继续争取与男性平等的权利之外,开始强调"女人不是天生的,而是社会制造的""个人的就是政治的""女性的特质是世界的唯一希望所在"等一系列主张。尤其重要的是,这次运动浪潮还为女性主义的学术研究提供了沃土,各个流派的女性主义理论竞相争辉,成为这次浪潮的鲜明特色。

虽然后来也有人使用"第三次浪潮"的说法,但其实在分期和理解上,这种说法并不十分明晰,因此在这里可以暂不讨论。

其次,这里需要简要地讨论女性主义的概念。其实,女性主义或曰女权主义,在英文中本是同一个词(feminism)。在国内,有的学者将其翻译为"女权主义",也有人将其翻译为"女性主义",甚至还有学者建议将其翻译为"女权/女性主义",如此等等。因 feminism 一词在西方语境中既指与妇女解放相关的女权运动,同时也指女权理论,尤其是在 20 世纪后半叶,在学术领域中女权理论的广泛进入,使人们更为关注相关理论的发展。因而,除特别重点指称女权运动之外,在学术界使用女性主义一词的学者越来越多。我们这里采用"女性主义"的译法,除沿袭国内学界的主流用法之外,也旨在强调来自学术研究并带有性别分析视角的女性主义理论。

女性主义作为一种理论与实践,包括男女平等的信念及一种社会变革的意识形态,旨在消除对妇女及其他受压迫的社会群体

---

① 李银河:《女性权力的崛起》,中国社会科学出版社 1997 年版。

在经济、社会和政治上的歧视。然而，对妇女受压迫的性质和根源、应采取何种政治策略以促成社会变革，以及对于追求变革的性质、范围的分析，女性主义的见解又是复杂多样的，以至于有人认为，复数形式的 feminisms 也许能更准确地表述女性主义理论和主张的全貌。[①] 从实践层面来看，女性主义并非一种在运动目标、手段和方式上达成广泛共识的政治运动，它更多的是一种依据各种理论见解、采取各种途径实现性别平等的政治运动的集合。

与其实践类似，围绕不同学科展开的女性主义学术研究在具体问题的分析和观点上也存在诸多差异。尽管如此，其基本的学术立场都旨在消除知识建构和学术领域的性别歧视，试图建立女性主义的知识模式、文化图式和研究方法；从各个角度探讨性别不平等的根源，为女性主义政治运动提供理论基础和策略指导；弘扬女性被遮盖了的价值，以"社会性别的视角"看世界、看自己，达到真正的妇女解放。与此同时，即使女性主义没有将其作为直接的学术目标，随着研究的深入，女性主义也将会在更深刻意义上逐渐系统地改变对既有各学术领域基本问题和研究范式的评价，形成这些领域和学科的新观念体系。

二 女性主义与科学

如前所述，从女权主义的社会政治运动中，派生出了女性主义的学术研究，运用女性主义特有的观点和立场，将关注的焦点对准

[①] 谭兢嫦、信春鹰主编：《英汉妇女与法律词汇释义》，中国对外翻译出版公司1995年版，第129页。

了范围广泛的各门学科。最初,女性主义的研究主要集中在像文学、艺术批评和历史之类的人文领域,近年来伴随着妇女科学家人数的增多、当代妇女运动对妇女就业地位的关注,及认识到当代科学批判理论中对性别因素的忽视,女性主义对科学哲学、科学史、科学社会学和科学技术与社会的研究也逐渐发展起来。

对于与科学相关的女性主义研究工作,不同的人从不同的角度有不同的分类。例如,罗塞(S. V. Rosser)区分了六种不同的范畴,它们分别是:(1)科学中的教学和课程设置;(2)科学中妇女的历史;(3)科学中妇女的地位(定量的社会学研究);(4)女性主义的科学批判;(5)女性的科学(即关于是否妇女所从事的科学与男人不同,包括妇女所从事的科学经常被定义为非科学,及由于妇女科学家所采用的独特方法和据这些方法所提出的理论,可能在性质上不同于男性科学家的方法和理论等);(6)女性主义的科学理论。①

主要与上述这种分类中的第四类,即女性主义的科学批判相关,在女性主义科学哲学家哈丁(S. Harding)的分类中,女性主义对科学的研究可大致分成五种。简要地讲,这就是:(1)平等研究(或者说为什么没有更多的女性科学家);(2)对生物学的利用和滥用在种族主义、同性恋和性别歧视研究中作用的研究;(3)一种客观的、与价值无关的科学的可能性;(4)将科学作为一种社会的文

---

① S. V. Rosser, Feminist Scholarship in the Science: Where Are We Now and When Can We Expect a Theoretical Breakthrough? in *Feminism and Science*, N. Tuana, ed. , Indiana University Press, 1989, pp. 3-16.

本来阅读的研究；(5)女性主义的科学哲学，特别是认识论的研究。① 而更多地从科学史的角度出发，女性主义科学史家希宾格尔(L. Schiebinger)则将此领域中的研究总结四种：(1)对于在科学史中被遗忘了的妇女科学家的寻找；(2)辨识在社会和科学的结构中阻碍妇女从事科学的障碍；(3)考查科学怎样规定和怎样错误地规定了妇女的本质；(4)分析科学的男性本质，研究在科学的规范和方法中由性别带来的扭曲。②

当然，还可以有不同的分类。这些不同的分类也正从一个特定的方面说明了目前在女性主义对科学的研究中观点与方法的多样性。同时，这些不同的研究范畴和方法，也是彼此密切相关的。但相对于其他的研究而言，科学史的研究可以说是最为根本性的，是其他研究的基础。或许正是由于这种原因，目前将焦点指向妇女(以及后来更为指向"性别")的科学史研究正逐渐成为西方科学史研究领域中的"热点"。本章将对这种新动向的背景和现状做考察。当然，鉴于有关工作的数量巨大(早在 1993 年由美国威斯康辛大学编的一本关于在科学、保健和技术中妇女历史研究的文献指南中，就收录有 2500 多部作品，③更不用说近年来有关文献爆炸性的增长)，这种考察很难是全面的，只能涉及少数较有特色的、

---

① S. Harding, *The Science Question in Feminism*, Cornell University Press, 1986, pp. 19-24.

② L. Schiebinger, The History and Philosophy of Women in Science: A Review Essay, *Signs*, 1987, 12(2): 305-332.

③ P. H. Weisbard, ed., *The History of Women and Science, Health, and Technology: A Bibliographic Guide to the Professions and the Disciplines*, 2nd edition, University of Wisconsin System Women's Studies Librarian, 1993.

有代表性的和较有影响的女性主义科学史研究工作。

三　编史传统的转变

　　随便翻开任何一本科学史,人们都会发现,其中所提到的科学家绝大多数是男性科学家。因而,在早期的研究中,从妇女的立场出发,关于科学中妇女历史研究的一种最原始的方法,就是致力于寻找那些被遗忘了的妇女科学家,考察她们对科学的贡献,在历史中恢复她们的地位。其实,关于妇女与科学的问题,并不是一个新问题。早在 15 世纪,女性学者克里斯廷·德皮赞(Christine de Pizan)就明确地提出了妇女是否在科学和艺术中做出了独创性贡献的问题,并对此给出了肯定的回答。在此之前,在 14 世纪,薄伽丘(G. Boccaccio)亦曾在其著作中收入了 104 位妇女的简传。从 14—19 世纪,百科全书的形式一直是关于科学中妇女的历史最常见类型的著作,其编者把这作为一种策略,以论证和证明妇女能获得了不起的成就,并应为科学机构所接纳。但以往的著作基本上是由局外人所撰写,并只包括了科学中的妇女作为其一部分内容而已。直到 18 世纪末,第一部专门记录在自然科学和医学中妇女成就的百科学全书才问世。1786 年,法国天文学家拉朗德(J. Lalande)在其《为女士而写的天文学》一书中,第一次包括了妇女天文学家的简史。19 世纪 30 年代,德国医学博士哈莱斯(C. F. Harless)的《妇女对自然科学、保健和康复的贡献》一书,也填补了他认为在当时的科学史中存在的空白(当然,哈莱斯虽然强调男人和女人有平等的从事科学的能力,但他也指出了男人和女人在与自然的关系之间及在其科学方法之间存在的差别）。1913 年,在美国的天主教神父赞姆(J. A. Zahm)以笔名发表了第一部较为详尽地论述科学中妇女的专著《科学中的妇女》,他对当时有关妇女从事科学的能力问题的讨论进行了总结,集中关注的是 19 世纪颅相学者的论点——即女性的大脑太小,不适于进行科学的推理。在早期其他相关著作的基础上,他也讨论了在数学、天文学、物理学、化学、医学和考古学中妇女的成就。当然,也还有其他一些类似的工作。但早期的这些研究毕竟是零星的,而且均非专业的科学史家所为。即使在 20 世纪 20—30 年代科学史作为一门独立的学科建立起来,并在随后向外史研究的转向中,声称要研究科学与社会的关系,但对于妇女在科学中的角色及特殊性,却并未予以特别的关注。例如,像默顿在 20 世纪 30 年代在其对科学社会史的著名研究中,曾指出皇家学会 62% 的初创成员是清教徒,但并未探讨另一或许更为惊人的事实,即在皇家学会的早期成员中,甚至在整个 17 世纪的科学学术界,男性的比例占到了 100%!

在 20 世纪 40—50 年代,对科学中妇女的研究基本上仍是由专业科学史界以外的人来做的。这种情况到了 70 年代才有了改变。相应的,出现了许多关于妇女科学家个人的传记研究,它们既记录了这些妇女的生活,也评价了她们的科学贡献,并注意探讨这样一些问题,例如,是什么激发了她们最初对科学的兴趣? 她们怎样进入科学界及怎样做出了科学贡献? 她们的成就是怎样在更广泛的科学家共同体中获得承认?

从整个科学史学科的发展来看,这种情况的出现相当自然。因为现在科学史家也同样越来越注意研究非西方传统的科学或少数民族的科学历史,对妇女科学家的关注则与此是相似的,尽管这些对非主流科学的历史研究本身还很难说已经成为科学史研究中的主流。但是,在这种传统中的研究还不能说是严格意义上的女性主义科学史研究,它们也面临着自身的问题。首先,致力于发掘被遗忘的妇女科学家的历史研究当然是有意义的,但不论这种工作多么细致,就像人们通常可以预料的那样,以此方式发掘出来的妇女科学家的人数,同男性科学家相比,仍将只占极小的比例,从而无法回答诸如为什么妇女科学家如此之少的问题,因而充其量只是一种"补偿性的历史"。其次,美国科学家家撒克里曾把"伟人"(great men)研究列为当时科学史研究的中心领域之一,这里的用词(men),本身就反映了一种性别的歧视或者说差别。在过去,"关于妇女科学家的大部分著作都符合这种'男性伟人(great men)的历史'的模式,只是以妇女替代了男人。我们有许多关于伟大的妇女科学家的传记。而这些妇女科学家传记研究大部分是把玛丽亚·居里或罗莎琳德·富兰克林的成就置于男性的世界之中,并在事实上展示了妇女对所定义的主流科学做出的重要贡献。然而,它们关注的仍是作为例外的妇女——是那些反抗传统而在一个本质上是男性的世界中拥有突出地位的妇女"。[①] 也就是说,利用这种传统科学史研究的方法,虽然研究的对象换成了妇女,但在基本的立场上,仍然是以一种男性的准则作为衡量杰出的标准,因而仍属于一种作为主流的"男性"的科学史范畴。

———————————

① L. Schiebinger, The History and Philosophy of Women in Science: A Review Essay, *Signs*. 1987, 12(2):305-332.

80 年代初,美国女科学史家罗西特(M. W. Rossiter)出版的《美国妇女科学家:直到 1940 年的斗争与策略》[①]一书,代表了编史方法的一种转向,可视为是从传统的妇女科学史研究向典型的女性主义科学史研究发展中的一种过渡形式。不同于按"男性标准"传统的"补偿式"发掘模式,罗西特将视角转向普通的女性科学家,她不仅恢复了在美国科学中妇女的存在,而且把这种存在与更为一般的教育和就业中的趋势相联系,并对由于双重标准的存在和其他在科学共同体中的社会障碍,导致妇女科学家蒙受过低的承认进行了考察。对于罗西特来说,妇女从事低级的工作(如在实验室和天文台中的助手),作为低等的教授,或局限于像化妆品化学这样的"女性的"科学领域,已不再是简单直接的历史事实,而成了要对之进行分析和解释的特殊、有问题的现象。通过一种不断提问的态度,她要寻求的是使妇女处于从属地位的原因,要揭示美国的科学是一种具有有限适应性的男性统制的建制,并体现了一种批判性的编史倾向。正因为此,罗西特的研究成了一部奠基性的著作。

四　gender 与科学

但是,像刚刚提到的罗西特这样的著作,还没有一种完整的女性主义理论贯穿始终。对于女性主义科学史研究的进一步发展,

[①]　M. W. Rossiter, *Women Scientists in America*: *Struggles and Strategies to 1440*, Johns Hopkins University Press, 1982.

关键性的是在 70 年代由美国女性主义者引入的区别于天然生物性别的 gender 这一重要概念。

　　早期女性主义学者的首要任务是纠正妇女在社会和政治思想史中的缺席状态，改变各个领域存在的性别歧视现象。在 20 世纪中叶的主流话语中，生理性别的差异（sex difference）被认为是两性差异的基础。20 世纪 60 年代末以后，对妇女本身的研究和对两性生理差异的研究开始让位于对两性性别标签的研究。① 在一些社会学的研究中，学者们发现人们给两性设定的形象不同，对他们的行为所给出的要求和规范不同，对他们的社会价值和个体价值的期许也不同。

　　随着这类关于男女两性性别角色定型的研究的开展和深入，女性主义学者普遍认识到妇女扮演的性别角色，并非如以前社会学家和心理学家所说的由生理因素所决定，相反，它是社会文化不断规范的结果；人的性别意识不是与生俱来的，而是在对家庭环境和父母与子女关系的反应中形成的；性别意识和性别行为也都是在社会文化制约中培养起来的；生理状况不是妇女命运的主宰，男女性别角色是可以在社会文化的变化中得到改变的。② 简而言之，即女人不是天生的，而是被造就的。也就是说，女性主义学者开始认为，性别的差异更多的是体现在社会文化维度上而非生理特征上，男性和女性都是由社会塑造出来的，而非生来如此。基于

---

　　① E. F. Keller, Feminist Perspectives on Science Studies, *Science*, *Technology and Human Values*, 1988, 13(3/4)：235-249.

　　② 杜芳琴、王向贤：《妇女与社会性别研究在中国 1987—2003》，天津人民出版社 2003 年版，第 89—90 页。

这些认识,美国女性主义学者最先对传统的关于性别和性别差异的"生物决定论"进行了严肃的批判,并对早期女性主义中的本质论倾向进行了反思,开始对两个基本的学术概念"生理性别"(sex)和"社会性别"(gender)进行了区分。

在初期,女性主义者并没有立即援用 gender(原指语法中的词性区分,例如阴性词、阳性词等)一词来表达性别的社会文化属性,而是使用"性别角色"(sex role)一词来指称社会对女性的规范。但因为 sex role 仍与 sex(生理性别、性)有明显联系,需要一个没有传统文化包袱的词来表达女性主义者的新认识,所以在 20 世纪 70 年代上半叶,女性主义学者开始使用 gender 来指称有关女性的社会文化含义。在这一新概念引入之后,"生理性别"在女性主义学者那里通常指的是婴儿出生后从解剖学的角度来证实的男性或女性;而"社会性别"则被认为是由历史、社会、文化和政治赋予女性和男性的一套属性[1],是"在社会文化中形成的男女有别的期望特点以及行为方式的综合体现"[2],即社会文化建构起来的一套强加于男女的不同看法和标准以及男女必须遵循的不同生活方式和行为准则等。相应的,与"生理性别"相对应的是"男性"(male)和"女性"(female),而与"社会性别"对应的则是"男性气质"(masculine)和"女性气质"(feminine),也就是说,"社会性别"代表的是男性和女性的文化与社会特征。

社会性别概念的引入,是女性主义研究发展中的一个转折点,

---

[1]　米利特:《性的政治》,钟良明译,科技文献出版社 1999 年版,第 40—50 页。
[2]　杜芳琴、王向贤:《妇女与社会性别研究在中国 1987—2003》,第 89—90 页。

标志着女性主义研究进入了一个新阶段。它使得女性主义者不再陷入性别差异的生物决定论的困境，转而关注造成这些差异的社会文化成因，注意影响社会性别的文化结构，不再执着于区分男女两性的性别差异，转而考察这些差异的内涵和被建构起来的过程。① 与此同时，社会性别概念的引入，对于科学史学者而言，又意味着某种基本的学术立场或研究进路。正如若尔当诺娃所说，社会性别概念在科学史研究中的应用意味着某种比较的、文化史研究的形式，它同强调科学的地方性、社会性与文化性本质（the social-cum-cultural nature of science）的科学史研究进路存在紧密关联。②

就科学史的研究而言，正是由于引入了"社会性别"的概念和分析框架，引入了性别的社会建构理论，才使得它不再像以前那样，仅局限于对被以往研究所忽略的伟大女性科学人物的挖掘和承认，而是日益关注科学中存在的种种关于性别的特殊问题，开始思考科学中性别差异的形成过程，分析科学在社会性别意识形态的背景中，以及在发展和变革过程中所受到的影响，探讨科学作为一种社会建制具有什么样的社会性别结构和文化特征等问题。

在引入了社会性别这个核心概念之后，女性主义如何与对科学史的研究发生关系呢？

其实，女性主义科学史，以及女性主义对科学的其他研究，如

---

① E. F. Keller, Gender and Science: Origin, History and Politics, *Osiris*, 1995, 10: 26-38.

② L. Jordanova, Gender and the Historiography of Science, *British Journal for the History of Science*, 1993, 26: 469-483.

科学哲学、科学社会学等,具体到如何将社会性别概念与科学相联
系,需要很具体的、有些微妙的,但也是各有创造性的联系方式。
这样的联系方式当然不是千篇一律,而是变化很多,并不唯一的。
其中,一种常见的方式就是,女性主义学者注意到在西方的文化传
统中存在一系列影响深远的二分法,将理性与情感、心灵与自然、
客观与主观、公众与私人、工作与家庭等对立起来。这种二元的划
分一直延续至今,并影响了我们的认识方式和科学。在一种隐喻
的方式中,这一系列二元划分中的前者,往往与男性相联系,而后
者则与女性相联系。在引入了社会性别之后,在女性主义学者那
里,其联系就成了与相应的社会性别的联系。这样,女性主义者就
可以利用隐喻的方法来做相应的研究。探讨这些隐喻在科学理论
和实践的实际发展中的作用,就成为女性主义科学史和科学哲学
研究中的重要内容。① 这也正如女性主义学者若尔当诺娃所总结
的:"……利用社会性别的概念,是更大的思想研究方法的一个方
面,是一种比较的社会和文化史的形式。社会性别是重要的,因为
它是一个基本的范畴,它表达了某些对人们有普遍重要性的东西,
表达了人们对他们自己和他们的世界进行体验和提出理论的方
式。""社会性别显然不是谈论妇女的另一种方式……它是一个分
析的范畴……是一种组织经验的方式,是一种表述系统,是对特殊
种类关系的一种隐喻。""……传统的编史学带有强烈的科学主义
成分……近来关于社会性别的研究有助于暴露这种科学主义,它

---

① E. F. Keller, Gender and Science:1990, in *The Great Ideas Today*, Enc.
Brittanica,1990,pp. 68-93.

为此领域提供了进一步的洞见,正是因为科学知识本身是相当核心地环绕着社会性别的。"从而,"社会性别可以出色地被证明是一种有力的工具,用来提供更有批判性的认识"。①

五　关于近代科学的起源

在传统的科学研究中,近代科学的起源一直是一个引人注目的重要课题,而在女性主义对科学史的各种研究中,近代科学的起源同样重要,并优先地引起研究者的关注。正如女性主义哲学家哈丁所分析的,以往的科学史编史方法,是从内史发展到外史,内史的局限性自不必多讲,但传统的外史由于没有把社会性别的因素包括在内,没有留下足够的本体论和认识论空间,以供考察在社会性别之间的社会联系对人们观念和实践的影响,从而也是有缺陷的。至于在库恩之后发展起来的对科学的社会研究,则提供了更多的机会,使人们能够用社会性别作为一种分析的范畴。因而,传统的关于近代科学诞生的"标准"故事,实际上是一种"神话"。②那么,女性主义学者究竟是怎样利用社会性别的概念来研究近代科学的起源呢? 在这里,我们可以举出其中几项较有代表性的工作。

---

① L. Jordanova,Gender and the Historiography of Science,*British Journal for the History of Science*,1993,26;469-483.

② S. Harding, *The Science Question in Feminism*, Cornell University Press,1986,pp. 197-216.

1980 年,麦钱特(C. Merchant)出版了《自然之死》一书。[①] 此书的副标题为"妇女、生态与科学革命"。它也可算是一本作为女性主义重要分支流派的"生态女性主义"(Ecofeminist)的早期著作。一些生态女性主义者呼吁由妇女带来一场生态的革命,来解决我们面临的生态问题,为此,作为这种立场的基础,生态女性主义者便需要考察历史上妇女与自然概念之间的联系。同时,这本书也可以说是一本别有特色的科学概念史著作。作者认为,自然和女性的概念都是历史和社会的构造物,她详尽地追溯了自然这一概念在历史上(从古希腊到近代科学革命时期)的演变,以及在对自然概念的构造和在社会变革之间的联系。当然,这是从女性主义,或者说生态女性主义的视角来审视的。因为作者认为,不论在西方还是在非西方的文化中,以隐喻的方式把自然与女性联系起来(在拉丁语和其他中世纪与近代的欧洲语言中,相应的,自然也是一个阴性的名词)。但在 16—17 世纪的科学革命中,同有生命的女性地球相关的有机宇宙图景让位于机械论的世界观。在这种机械论的自然观中,自然被新构造成一无生命的、被动的、要为人类所支配和控制的对象。在一种新的隐喻中,自然被比作机器。由于自然要服从机械论的准则,近代科学不得不扼杀在隐喻中与阴性相关的自然,并代之以一种阳性化的自然,因为这两种观念不能同时占据同一概念和实践的空间。这样,在麦钱特看来,对于那些近代科学奠基者的贡献,就需要进行重新评价。当然,性别和与

[①]　C. Merchant, *The Death of Nature: Women, Ecology and the Scientific Revolution*, Harper and Row, 1980.

性别相联系的语言对文化意识形态的影响,以及对世界图景形成的影响,在这样的历史研究中也占有重要的地位。

希宾格尔曾在美国哈佛大学以"妇女与近代科学的起源"作为博士论文的题目。1989 年,她出版了《头脑没有性别吗?》(副标题为"在近代科学起源中的妇女")①,这也是一部女性主义科学史的重要著作。作者声称,她写该书的目的,是要探讨在科学和被定义为"阴性"的西方文化之间长期存在的失和。就妇女来说,是什么东西使得男性科学家害怕女性的闯入? 就科学来说,是什么使得它易于受到这种恐惧的影响? 为了回答这些问题,希宾格尔分析了 17—18 世纪近代科学在欧洲的起源,尤其是关注那些导致妇女被排斥的环境因素。为此,她先考察了作为科学与社会之中介的科学机构,注意在 17 世纪的大学和其他科学机构中社会性别的边界问题是怎样被解决的。随后,研究了在为社会所规定的社会性别边界里作为具体历史角色的妇女。她也考察了生物科学在对妇女的研究中怎样误解了生物性别与社会性别,及这些科学上的误解怎样被用作反对妇女从事科学的论据。最后,她还探讨了阴性和阳性的文化含义,及对社会性别的理解怎样渗透到对妇女从事科学的能力问题的争论中。正如有人所评论的②,希宾格尔这部著作真正的力量在于,它强调了两个不那么被人普遍认识的问题。首先,人们常讲,妇女被排斥在追求知识的积极角色之外,但在历

① L. Schiebinger, *The Mind has no Sex? Women in the Origins of Modern Science*, Harvard University Press, 1989.

② R. Porter, Women as Subjects and Objects of Scientific and Scholarly Work, *Minerva*, 1992, 30:117-120.

史上实际并非总是如此,这只是在特定的时代发展起来的有意限制的产物。其次,从培根、笛卡尔和新科学的时代开始,一种新的认识论被构造出来,强调一种"科学的方法",这种方法把科学的东西等同于"真实"的知识,这种真实知识的性质是抽象的、逻辑严格的、有穿透力的,被说成具有阳性的性质,而那些被认为是阴性的思维特征的直觉等方法,则被认为是不适当的。

与上述两部著作相比,女性主义科学哲学家和科学史家凯勒(E. F. Keller)的历史研究虽然在方法上显得要粗略一些,但更鲜明地和有代表性地体现了女性主义理论的色彩。她在 1985 年出版的《对社会性别与科学的反思》一书[①],被认为是女性主义科学研究的重要奠基之作。该书第一部分是对心灵和自然之关系的历史考察。她的考察同样是从古希腊开始,始于柏拉图这位对后世有重要影响的哲学家,认为柏拉图是西方思想史中第一位明确地、系统地利用性隐喻于求知问题的人。基于当时的性与社会性别的意识形态和柏拉图强调同性恋的隐喻,凯勒考察了这种隐喻在柏拉图认识论策略中的作用。但与此相比,更引人注目的则是凯勒对培根的研究,因为培根是"第一个而且最为生动地明确表述了在科学知识和力量(power)之间的等式的人"。从培根的性隐喻的言论中,凯勒看到了导致男人对自然的支配和统治的根源,因为培根曾要求"在行动中对自然发号施令",而且在培根的眼中,正是科学这种人类的知识和人类的力量能满足这一要求。在培根利用社会性别的隐喻来表述阳性的心灵与阴性的自然的关系时,他提到,

---

① E. F. Keller,*Reflections on Gender and Science*, Yale University Press, 1985.

"在心灵和自然之间建立一种贞洁的、合法的婚姻",要让自然为人类的服务,成为人类的奴仆,为人类所征服。这样,培根可以说是"提供了一种语言,后来几代的科学家从中抽取了更为一致的合法性支配的隐喻"。

凯勒认为,如果说近代科学涉及,并有助于形成一种特殊的社会与政治与境的话,那么,它也同样涉及并有助于形成一种特殊的社会性别的意识形态。她要论证的是,不注意在科学事业的价值、目标、理论和方法的形成中,早期科学话语里盛行的社会性别隐喻所起的作用,就不能恰当地理解近代科学的发展。为此,凯勒考察了在英国皇家学会建立前的某些争论。当时,自然哲学家对于"新科学"之含义的看法并不一致,存有炼金术的哲学和机械论的哲学之间的争论。在炼金术的传统中,物质的自然充斥了精神,相应的,它要求心、脑、手的结合;与此相反,机械论的哲学寻求将物质与精神相分离。除了一般的意识形态之外,社会性别的意识形态也对在不同的科学观之间的竞争施加了选择压力。最终,机械论的哲学占了上风。1662年,英国皇家学会的建立标志着近代科学的建制化。皇家学会的秘书奥尔登伯格(H. Oldenburg)宣称,学会的意图是"要弘扬一种阳性的哲学……凭借这种哲学,男人的头脑可因坚实的真理而变得更尊贵"。因此,凯勒认为,近代科学革命对当时工业资本主义所要求的在社会性别间的分化,既做出了反应,也提供了支持。在反应方面,相应于在男人和女人、公众和私人、工作和家庭之间越来越大的分化,近代科学也采纳了在心灵与自然、理性与情感、客观与主观之间更大的分化。理性和客观性的概念,以及要支配自然的意愿,支持了一种特殊的科学观,同时也支持了一种新的阳性规定的建制。这样,科学被卷入了一种占统治地位的神话的记忆,把客观性、理性和心灵归为男性(阳性)的,把主观性、情感和自然归为女性(阴性)的。而实际上,客观性和主观性、理性和情感本是作为人类美德而共同具有的性质。也就是说,在近代科学的发展中,人类经验自身的这些方面被歪曲了。

六 当代科学史:麦克林托克的案例

如果说在女性主义对近代科学起源的研究中,发现近代科学在形成阶段受到社会性别隐喻的重要影响,那么,在当今科学的研究中,社会文化的意识形态又是怎样起作用的呢? 不同的女性主义学者有不同的回答。如凯勒,就更多地借助话语理论,强调科学研究中的与境对科研选题等的影响。当然,传统中像主观与客观、理性与情感等的二分法也仍在起作用。在这方面,凯勒对美国女遗传学家、诺贝尔奖获得者麦克林托克(B. McClintock)的案例研究《对有机体的情感》①一书是颇有代表性的。

麦克林托克长期致力于玉米细胞遗传学的研究,在 50 年代初发现了在玉米染色体中遗传因子的"转座",但这一重要的发现却长期因不为遗传学家共同体所理解而被忽视。直到 30 年后,随着分子生物学的发展,对基因转座的重新发现,才使麦克林托克的工

---

① E. F. Keller, *A Feeling for the Organism: The Life and Work of Barbara McClintock*, Freeman, 1983(中译本:《情有独钟》,赵台安、赵振尧译,生活·读书·新知三联书店 1987 年版).

作的重要性得到广泛的承认。她最终因此在 1983 年获得了诺贝尔奖。在这本传记中，与以往的研究相反，凯勒几乎没有使用女性主义惯用的术语，但她所真正要向读者表述的观点，散布在全书的字里行间。基于对麦克林托克的大量访谈，在对其生平、工作、遭遇和科学背景的历史考察中，凯勒要展示的是一位女性遗传学家以其独特的、与主流科学不同的方式来进行研究的故事。这也涉及人与自然的关系问题。在麦克林托克的研究工作中，主体与客体，或者观察者与被观察对象不再截然分开，她强调人们必须有时间去看，去"倾听"材料的说话，强调对生命有机体的"情感"，正是这种情感（而不是对自然的"支配"）扩展了她的想象力："凡是你能想象得出的任何事情，你都能够发现"，以至于"每次在草地上散步时，我都感到很抱歉，因为我知道小草正冲着我尖叫"。而这种对情感、对直觉、对和谐的理解力的强调，恰恰和标准的科学规则中要求的理性与情感、心灵与自然的分离相反（在该书中译本的序中，对"情有独钟"中之"情"与"钟"的解释，恰好是对凯勒书名的一种误解）。这种方法上的差异，才是遗传学共同体排斥她的原因，使得麦克林托克的支持者直到今天也几乎没有真正理解她所说的内容。凯勒承认，对此书人们可能会有误读，因为她要讲的并不是一个关于孤独的先驱者的故事，她要讲的是科学方法的多样性和差异，是一个反叛的妇女反对传统的科学和传统的社会性别意识形态的故事。麦克林托克并不否认现有的标准科学方法为我们提供了有用的和正确的关系，但它们还不是真理，也决不是获得知识的唯一途径，她相信还有其他正确的方法可以用于认识自然。而她所采用的那些方法，则正是历史上对"阳性"的命名从科学中被排斥出去的。凯勒的这部以传记形式来研究在不同类型的科学实践中差异的著作,在女性主义者中被广泛引用,成为一部女性主义科学史的经典。

七 中国古代科学史的案例

在20世纪末,面对有关女性主义科学史研究的众多争议中,人们注意到当时在女性主义科学史研究中的一个局限,即在当时的大多数研究中,对社会性别的分析研究主要局限于西方文化的传统。1988年,女性主义科学史家希宾格尔谈到:"我们还没有关于中国古典科学的社会性别的研究,也没有关于印度次大陆的妇女,及关于非洲或中美洲和南美洲的科学中妇女(或社会性别)的研究。"[①]然而,随着女性主义科学史的蓬勃发展、研究范围的拓宽和研究内容的深入,如今的局面已经大不相同。仅就在中国古代科学史的领域,以女性主义立场进行的研究就已经不在少数,其中,白馥兰(Francesca Bray)和费侠莉(Charlotte Furth)这两位学者在20世纪90年代末的两项研究[②]可以说是最具有代表性的。

白馥兰是美国著名的人类学家和中国科学技术史研究学者,曾长期在美国加州大学圣芭芭拉分校任人类学教授,现于英国爱丁堡大学任教。其主要的研究领域为经济史、农业史、技术史(文

---

① L. Schiebinger,Reply to Rose,*Signs*,1988,13:380-384.

② F. Bray,*Technology and Gender:Fabrics of Power in Late Imperial China*,University of California Press,1997; C. Furth,*A Flourishing Yin:Gender in China's Medical History*,*960-1665*,University of California Press,1999.

化研究、性别研究、人类学研究）和身体的文化史研究。她在 1997
年出版的《技术与性别》一书，以中国古代技术史为对象，研究视角
大体可以概括为文化人类学研究视角、女性主义研究视角、反辉格
式研究视角和后殖民主义研究视角。

　　《技术与性别》共分三大部分，分别研究了与妇女身份塑造和
中国社会性别关系建构相关的三大技术，即家庭住宅建筑技术、纺
织生产技术和生育技术。

　　一般而言，一项研究的价值往往体现在其与以往相关研究的
不同之处，也即其创新之处及其启发意义。白馥兰从女性主义、人
类学、反辉格、后殖民主义等多重角度出发，建构了关于中国古代
技术史的"女性技术"概念，以此为基础，考察了与妇女紧密相关的
房屋空间、纺织生产和生育三大技术领域，全面分析了技术与女性
之间的互动建构过程。从全新的角度解读了中国古代技术史，描
绘了一幅完全不同的景象。她工作的价值可以从两个大的方面来
考察，一是技术史方面，一是性别研究方面。

　　在妇女史或性别研究方面，白馥兰的工作将性别的维度引进
来。以往关于性别的研究大多围绕着婚姻、家庭等与性别更为"直
接"相关的主题展开，技术史的性别研究则补充了性别史研究的某
种空白。从这个意义上来讲，她也为妇女史的研究开辟了另外一
片广阔的领域。就具体的创新而言，她规定并使用了一个基本的
分析概念"女性技术"来定义与妇女和性别意识形态相关的技术文
化。尽管这一概念还存在很多模糊之处，但作为技术性别分析的
基础，它仍然能发挥很大的作用，如同库恩的范式在科学哲学领域
的应用。其次，她的工作改变了以往关于中国传统妇女刻板形象

的建构,充分肯定了古代妇女在生产劳动和生育方面的积极角色,强调了妇女在技术史上的位置。再次,避免了以往研究将男女、内外、文化与自然等二元划分应用于非西方社会时所遇到的问题,时刻注意到特殊社会的具体历史情境,克服了本质主义的倾向。另外,还关注到了妇女内部的差异性,强调妇女内部之间的阶级差异甚至超过了妇女与其丈夫之间的性别差异等。这些工作都发展了已有的女性主义学术,对于中国学者而言,更具有方法论的启发作用。

对于白馥兰的工作,国外的同行也都给予了很高的评价,认为她的工作将性别研究与科学研究结合起来了。例如,有学者认为,读完白馥兰的著作之后,人们不再将妇女从中国的历史中剥离,或者说不会将中国从技术的历史中剥离。简而言之,可以说,《技术与性别》是一部论证充分、理论精湛的著作,它对于普通读者,如同对于专业学者一样都十分可读。可以为汉学家的独自研究借鉴,也可以拿到课堂与研究中国历史、技术或者性别的学生分享。白馥兰的这本著作不但令人惊奇,而且文字流畅,它改变了人们研究历史的方法和道路。[①] 有学者指出,白馥兰的工作提出了十分有趣的方法论问题,提供了彻底将性别纳入对国家、社会和文化的历史考察之中,其提出的问题不仅对于中国的学生十分重要,对于研究社会性别、现代性、技术以及其他问题的学生也同样十分重

---

① S. Cahill, Technology and Gender: Fabrics of Power in Late Imperial China, *American Historical Review*,2000,105:1710-1711.

要。① 还有的学者认为,同所有具有很大跨度的先锋性研究一样,白馥兰的工作也可以挑出很多没有研究的问题,例如食品、缠足、印刷、交通等,但将来任何关于这些问题的研究都将从白馥兰研究的方法和洞察力中获益。②

费侠莉是美国斯坦福大学博士,任教于美国南加州大学历史系。她所担任的专业职务和所撰写的专业著作、论文以及获得的奖项和荣誉的历史清单都很长,但其核心的研究领域为中国史。在中国史的范围,她的研究相当广泛,范围遍及上古至近代史、性别研究、文化研究等,曾是《剑桥晚清史》的撰写人之一,最近几年的研究主题转为近代中国的医学史与身体性别史,焦点放在由宋代至明代的演变与发展上。

费侠莉在 1999 年出版的《繁盛之阴》一书,是对 960—1665 年的中国医学史进行深入分析,它揭示了医学、性别与身体以及社会文化之间的建构关系,体现了费侠莉在具体的研究中对上述人类学方法、历史学方法和性别视角的综合运用。

在《繁盛之阴》一书中,作为女性主义学者,费侠莉分别采用了中国社会性别的解释、身体的文化历史与人类学三条研究进路,研究了中国古代医学史、社会性别与身体三大主题。

总体而言,《繁盛之阴》分三大部分研究了上述主题,第一部分规定了"黄帝身"的概念,并对中国传统医学思想进行了图略式介绍;第二部分对于 10—17 世纪七百年的中国妇科历史进行了深入

---

① R. E. Karl,Technology and Gender:Fabrics of Power in Late Imperial China,*Radical History Review*,2000,77:142-156.

② P. S. Ropp,*Journal of Asian & African Studies*(Brill),1998,33(4):389-391.

研究,主要关注妇科知识传统及其变迁的制度与境,揭示了医学文献话语中建构女性社会性别的多种方式;第三部分将关注点从描述性的文献转向了临床实践的记录和叙述,在家庭背景下考察了男女医生与其患者之间的关系,以及社会性别、阶级和家族关系对明代社会男女医学专家的多元化实践的塑造。其中,尤其以医案故事为切入点,表明社会因素进入了疾病讨论中的过程。费侠莉认为,在此关于文化想象的身体范畴与性别的社会关系可以结合起来成为一个故事的一部分。

费侠莉女性主义中医妇科史研究的价值主要体现在其三条路径的分析中,这三条路径与以往的相关研究相比,是全新的思路和线索,关注了很多全新的问题,得出了很多全新的结论。同时,为随后相关学者的研究开辟了道路,也为他们留下了广阔的研究空间和大量值得研究的问题。

就其本身的研究而言,第一条路径是历史的路径。她考察了作为知识话语系统的妇科的发展轨迹。她将妇科看成是作为科学和制度、实践来支撑它的医学的一部分,受七百多年来中国医学史中变化模式的影响。一方面,费侠莉集中考察被儒医追求用以支撑其临床推理的经典文献;另一方面,对女医和女病人的研究使她运用了一种更为广阔的视角来考察医学史,从医学专家为中心转向医患互动、医技医疗语言的对话本质,透过这些语言理解中国的身体观念。通过仔细分析,可以看到与以往的研究相比,费侠莉之研究的新颖之处在于:把妇科史作为医学史的一部分来看待,给予其与其他学科史一样的地位;考察经典精英著述的同时,关注女医和女病人,将妇科史研究的重点放在临床实践的记述上,探索医患之间的对话、语言及其对身体概念的建构，这些都是以往医学史研究所不大具有的视角和很少被关注的内容。

第二条路径是医学中的性别意识形态。费侠莉认为，在中国的宇宙论中，阴阳不是生理身体的要素，但它是浸透在身体和大多数世界的社会性别意义的基础，相应地，黄帝的规范化的医学身体，结合阴阳关系，具有雌雄同体的性质；然而即使这种雌雄同体的身体被认为是医学研究的合适客体，医生们仍然相信必须有针对妇女的"别方"，并强调在性别化的内闱空间和外在社会空间的医学实践活动。关于"别方"的叙述表明了产生生命（generation）性质的"黄帝身"与女性的妊娠身体（gestation）之间的冲突，临床实践表明社会礼仪对内外空间的协调本身就是医疗实践整体的一部分。

如果我们从费侠莉的研究中跳出来进行分析，可以将医学中性别意识问题的研究分为以下几个方面的内容：医学实践主体的性别，包括男医与女医的比例、从业范围、实践活动的空间分布、社会地位、相互关系、男医对女医的定型等内容；医治对象的性别性质，包括抽象的雌雄同体身体，具体的女性妊娠身体的规定；医患关系，包括男医与女病人、女医与女病人之间的关系；医学实践范围的内外划分、医学与社会性别制度之间的冲突与协商；精英著述、男医著述、女医著述、医案的文本分析。费侠莉虽未明确说明从几个方面来讨论，但在不过分追求严格的总结中，也大致是从以上几个方面着手的。在这里，费侠莉引入了一个关键的切入点，即"身体"的概念，她以身体观为主要考察对象，强调临床实践对身体概念的建构及其性别化的过程。这也就是其第三条研究路径之所在。

在这条路径中,费侠莉讨论了一个非常关键的问题,也是其整个研究中的一个关键问题:即我们如何去理解身体性别以可塑的雌雄同体观念为基础,与社会性别以固定的等级划分为基础这二者之间的矛盾和冲突。费侠莉对这一问题也做了微观上的分析与解答。首先她区分了中国的生成(generativity)与妊娠(gestation)这两个概念,认为在前者中,男女是同质的,类似于阴阳五行宇宙万物的生命创造过程;而在妊娠层次,则更多地与物质的、肮脏的女性身体相关,妊娠身体在价值评判上是低于生成身体的;而前者则更直接地与女性身体相关,因而实际上是有性别等级之分的。与此同时,中国的雌雄同体身体本质上是男性的,男性虽不参加身体上的妊娠,但其在父子关系中的重要性却不容忽视。实际上,总结起来可以看到,费侠莉的解释逻辑是,中国古代的生育观念中更重视生成而非妊娠,雌雄同体的身体内的阴阳关系实际上也还有等级之分,因而男性与女性在医学、身体上的区分同社会家庭内性别等级划分之间是对应的,而非矛盾的。

费侠莉关于这一问题的看法实际暗含了这样的观念,即身体性别与社会性别之间存在直接的对应关系,即社会性别的等级关系必须依赖于身体上的等级划分。费侠莉提出这个"悖论"是以西方自然和文化二分的认知模式为标准提出来的。转换一下这个问题,可以表述为,为何中国古代没有近代西方生物医学本质主义的生理性别区分,也能建构出有等级区分的社会性别?研究中国古代科学史的学者看到这个转换过的问题,自然会联想到李约瑟问题。这两个问题在某种程度上有相似之处,也同样都可以被消解。

从中国医学文化自身出发,自然可以找到其生理性别与社会性别之间的关联,西方本质主义的性别关联并非唯一的途径和道路。当然,费侠莉也认识到了这一点,她研究中国古代身体观的目的也与此紧密相关,因为中国古代医学文化与西方生物医学文化如此不同,却同样可以提供社会性别等级区分的医学基础,为西方女性主义身体研究提供了新的进路。当然,讨论这个问题也是有意义的,揭示中国古代医学身体与文化身体的内在关联,无疑可以发现很多不同于西方生物医学身体与文化身体内在关联的内容。

费侠莉的第三条研究路径是探索中国医学史上对身体的文化建构。费侠莉以身体概念作为连接医学史和性别两者之间的桥梁,从身体概念入手分析它们之间的关系,同时也把身体概念的建构本身作为另外一个重点来分析。正如她自己所说,探索身体的文化建构,可以为考察身体本身的历史提供一些解释性的内容。实际上,费侠莉在这里主要是强调中国古代的身体观作为一种地方性的医学知识和文化传统建构出来的产物,同西方生物医学所强调的本质主义身体观有鲜明的差异,这种差异却没有影响男女在社会上的不同地位和身份的区分,因而,研究这种身体观对于西方女性主义关于文化建构的身份问题的认识而言,提供了一种全新的可能性。也正如费侠莉本人所说,去描述中国传统文化中反本质的性别身份将更有意思,它能反映古老的东方病理学。在中国古代,身体与社会都是与更大的宇宙秩序相关的象征系统的一部分,这种有机论不区分自然与文化、生理性别与社会性别、阴与阳的多义性产生了充满性别元素的自然观,这些性别元素不依靠生理身体上的本质主义的区分就能成为社会性别上区分的依据。

也只有在这个意义上,费侠莉本人提出的"悖论"才可以真正被消解。

中国古代医学文化中对待情欲的态度与西方医学文化的态度之间也存在差异,前者将情欲看成是人类生育和宇宙创造力不断延续的表现和人类社会的基础,而后者将其看成是人性堕落的表现。费侠莉指出,20世纪末欧洲与北美洲将情欲与生育的分离自然化的程度更高,以至于今天我们已经趋向于认为与家庭分离的性文化表达了性别的真理。今天欧美的性文化将生育含义从身体中抹去,使之成为男女两性生理平等的基础,也是同性恋和异性恋平等的基础。而中国古代的身体雌雄同体话语虽以完全不同的身体的深层目的观为基础,强调两性在情欲世界的互补协调性,但二者的地位仍然不同,强调了女性对男性的依赖关系。费侠莉认为这种身体观稳定了在家庭式社会秩序中性别之间的依赖关系,阴阳身体在隐喻的象征层次上提供了作为联合天、地、人的宇宙动力学的有机论基础。

费侠莉认为,这种身体观能提供人们对社会性别建构的非西方本质主义模式的关注。她的研究目的就在于引导读者关心这种不一样的文化身体,既作为中国历史的方面,也作为建构社会性别的另一进路的典范。实际上,也就是说让西方学者能了解其他文化对身体的建构过程和对社会性别的建构过程,这在某种程度上有益于扩充女性主义研究的范围和中国历史的研究范围。具体来说,西方女性主义在围绕身体方面的研究大多重视在情欲、性爱上的平等性、自我性,而忽视了性与生育的关系,性文化的核心是情欲而非生育能力,这与中国古代正好相反。也正是在此,费侠莉重新关注了性与生育的关系,及与家庭等级关系之间的关联,拓展了女性主义研究的领域。尤其把身体本质论看作是巩固性别等级制度的方式中的一种,在女性主义理论内部进一步认识到了不同文化的差异性和多元化,贯彻了女性主义多元认识论的思想精髓。

白馥兰和费侠莉的这两项研究实际上包含了非常丰富的内容,而且代表了一种不同于初期女性主义科学史的、带有扩展了的女性主义方法与视角的科学史研究。限于篇幅,这里的讨论只涉及其中很少的一部分。不过,本书作者另有对这两部著作的专题研究[①],而且令人高兴的是,白馥兰和费侠莉的这两部著作现在也都有了中译本,有兴趣的读者可据之再做更进一步、全面的了解。

八　小结与分析

从上面的介绍可以看出,同女性主义的科学哲学等研究一样,女性主义的科学史研究在本质上也有一种科学批判的趋向。这与目前在西方科学史界存在的某种后现代主义潮流是一致的。对之,赞同者、怀疑者、反对者各有人在。例如,有赞同者认为:"女性主义编史学的倾向……构成了一组新的、有潜在力量的科学史研究方法。它们与马克思主义趋向的、科学社会史的方法有许多共同之处,也吸收了在这一领域中不断增加的语言分析方法……它们增添了一组概念与问题,而这不仅仅是对现有途径和方法的简

<hr>

① 刘兵、章梅芳:《性别视角中的中国古代科学技术》,科学出版社 2005 年版。

单补充。"[1]

至少,我们可以说,它们为科学史研究提供了新的视角、新的问题和新的分析维度。

女性主义学者一个较共同的特点,是为建立一种新的科学观甚至为建立一种新的科学而斗争。在女性主义看来,现有的科学、其价值观乃至理论知识是由一种权力关系构造的,显然不是中性的。因此,在女性主义关于科学的理论中一再出现的计划之一,就是设想一种与现有的科学不同的科学。凯勒把它描述为"与社会性别无关的科学",哈丁称之为"后继的科学",而也有人干脆称之为"女性主义的科学"。[2] 这种倾向显然也加重了其批判色彩。女性主义科学史的研究者较多地利用了现代的话语理论(它本身就是注重探讨在语言与意识、知识、意义、权力、机构、行为、仪式和文明制度之间互动关系的理论)、精神分析理论,注重对隐喻的分析等,而这些研究方法显然是不为传统的科学史家所使用和有争议的。由于它的理论导向异常明显,同以往由纯科学哲学家做的哲学式的史学研究面临的问题是类似的。这些因素自然会导致人们接受它们时的阻力。一位史学家曾批评说,女性主义科学史的观点,在证据上是软弱无力的,在历史上是站不住脚的,它只能阻碍而不是有助于改善妇女在社会中的地位。像麦克林托克的例子,在科学史上是经常发生的事,因为当时某些其他领域可能是兴趣的中心,而她本人也并非像凯勒所说的那样,倒是属于那种久远

---

① J. R. R. Christie, Feminism and the History of Science, in R. C. Olby, et al. eds. , *Companion to History of Modern Science* , Routledge, 1990, pp. 100-109.

② N. Tanio, Gendering the History of Science, *Nuncius* , 1991, 6(2):295-305.

的、值得尊重的、与怪僻个性相联系的科学天才的传统。总之，"……人们可以引出许多与社会性别理论相矛盾的历史事实……我相信，社会性别与科学的理论，当涉及具体事实时是无力的……女性主义理论家通过提出社会性别的问题，就引起学者和教育家的注意来说，是做了重要的工作，但在讨论社会性别与科学是能更具体一点，更依据事实一点，而不是那么空想，那将会是有帮助的"[①]。

在西方那场著名的"科学大战"中，女性主义对科学的研究（当然包括女性主义科学史），也一直是那些站在传统的立场，对科学的人文研究缺乏理解的科学主义者所猛烈抨击的重要目标。与此同时，一些从事实际工作的科学家对女性主义的态度也应引起我们的注意。例如，有人指出："极少有妇女科学家致力于科学中的女性主义理论或对科学的女性主义批判。"[②]更耐人寻味的是，麦克林托克本人总是声称，她自己从未读过那本关于她的著名传记！

尽管有许多不同的意见，女性主义对科学的研究、女性主义的科学史研究却依然蓬勃地发展起来，成为科学史研究发展中增长速度最快的类型之一，在产生了令人无法忽视的、越来越大的影响的同时，也逐渐地在改变着人们的性别与科学的观念。

最后，应该提到的是，对于女性主义，人们往往容易望文生义地产生许多误解，狭义地过分看重其与女性的天然性别的联系。

---

① A. H. Koblitz, A Historian Look at Gender and Science, *International Journal of Science Education*, 1987, 9(3):399-407.

② R. Bleier, A Decade of Feminist Critiques in the Natural Sciences, *Signs*, 1988, 14:186-195.

当然,由于历史的原因,女性主义是从女权运动发展而来,其源于追求妇女权利和男女平等的出发点决定了它对女性和性别问题的特殊关注。但在作为更学术化的后来的发展中,特别是通过社会性别概念的引进,已将天然性别置于较次要的地位,更多地研究探讨的是作为社会文化建构产物的社会性别。作为较理想化的女性主义,而不是那种激进的女性主义(或女权主义),以追求平等和权利作为其最基本的出发点,要达到的目标并非是彻底将男女的地位颠倒过来,而且这种彻底的颠倒也是与其出发点相悖的。它更多强调的是,用边缘人群的视角来对传统进行重新审视和批判,并力图通过这种审视和批判,提出新的重建方案,以改变存在着严重的问题乃至危机的现状。只是由于历史的缘故(既包括社会发展的历史也包括女性主义学术发展的历史),长期处于被压迫状态的女性才成为这种边缘人群中的"主角",女性主义学说才以现在这种面目出现。但在某种意义上讲,是可以将女性主义中的"女性"置换为含义更广的"边缘人群"而不失其理论意义的。这或许可以说是对女性主义的一种更现代、更全面的理解。

第十章　科学史研究中的计量方法

> 数学方法已影响着历史学家观察问题的角度和运用文献资料的方法，影响着他们对原始资料的收集和整理，以及分析这些资料的方向和内容。
>
> ——米罗诺夫:《历史学家与数学》

在历史学的发展中,计量历史学的出现是一重要进展。相应地,在作为历史学的一个特殊分支的科学史研究中,定量化的研究也逐渐发展起来,并越来越引起科学史家的关注。然而,在一般历史学中的计量化和科学史中对计量方法的特殊使用之间,是有着相当大的差异的。科学史中计量方法的引入,更多的是受到科学社会学、文献情报学、科学学、科技政策研究,以及近来出现的"科学技术与社会"等研究领域发展的影响,并从中借鉴了相关的研究方法。应该指出的是,由于科学在当代世界中所起的越来越重要的作用,人们对科学的研究也越来越深入和细致,伴随着定量化研究在方法上的不断发展和不断完善,甚至出现了被称为"科学计量学"(scientometrics)的学科,但我们这里所关注的,并不是更为一般性的科学计量学,只是局限于与科学史研究这一特殊领域相关的计量方法。例如,在科学社会学中,可以利用对科学家的提问和访谈来进行社会计量的研究,并构造当代科学家及其相互作用的定量模型,但这种研究方法不适用于对过去历史上的科学家的研究,故这里将不予讨论。此外,对于在科学史中应用计量方法,科学史界亦存有相当不同的各种看法。本章将首先对作为一般背景的普通计量历史学做简要回顾;然后,着重分析在科学史中引入计量方法方面的重要进展,及应用这些计量方法时存在的问题,并尝试对科学史中的计量研究做初步的评价。

一　一般计量历史学的背景

长久以来,历史学作为一门人文学科,除了描述性和叙事性之外,其他诸多特征是难以全面概括的。但如果不是以肯定的方式,而是以否定的方式的话,显然可以说它是非计量式的。随着对计量方法的应用,历史学的这种形象出现了很大的变化。有一些历史学家认为,20世纪以来世界历史学界所发生的三个最有影响的变化,即是马克思主义的传播、法国年鉴学派和计量历史学的兴起。有人甚至声称:"就方法论而言,当代史学的突出特征可以毫不夸张地说是所谓的'计量革命'。"①但实际上,计量史学这一术语所指的内容是十分宽泛的,包括的范围可从批判地使用17世纪政治算术家建立的简单计数方法,到系统地使用的各种数学模型。它有时指一种史料类型,有时指一类研究程序,有时表示这种或那

---

① 巴勒克拉夫:《当代史学主要趋势》,杨豫译,上海译文出版社1987年版,第131页。

种使过去概念化的方法。[1]

就一般的计量史学的发展来说,大致可分三个阶段。[2] 第一个阶段即初始阶段,大约从 19 世纪末开始,此时主要是在经济史、人口史等领域,开始用计量的方法来处理新发现的材料,如在历史上留下来的大量关于物价、人口统计方面的资料等,进行可称之为历史统计学的研究,并出现了一些有意义的研究成果。但这也只是统计学与历史研究的初步接触,由于此阶段也正是传统史学在欧洲的鼎盛时期,历史统计学只能是在历史方法方面的一种尝试,从事计量研究的历史学家人数在整个史学界中所占的比重也微乎其微。第二个阶段可称为准备阶段,它始于 20 世纪初,其特点是多方面的发展,主要是为定量分析找到了理论基础和扩大了这种分析的范围,并尝试把数值研究的结果运用于事实集合。就理论来说,以法国年鉴派为代表的新史学的出现,也对欧美的计量史学产生了影响。计量的方法也从经济史和人口史进入到了像社会史、政治史、文化史等领域。这一阶段可以说是为历史研究中计量方法的应用提供了合法的地位,但问题是仍未能令人满意地提出在定性研究与定量研究之间的联系。第三个阶段可称为综合阶段,它始于第二次世界大战末。在此阶段中,计量研究的理论基础由于各学科之间,尤其是在历史学、经济学和社会学之间的不断合作而得到改善,在此基础上计量方法进一步向各个历史学渗透,对

---

[1]　F. Furet, Quantitative History, in *Historical Studies Today*, Gilbert F. , et al. ,eds. , W. W. Notron & Company, 1972, pp. 45-61.

[2]　托波尔斯基:《历史学方法论》,张家哲等译,华夏出版社 1990 年版,第 475—480 页。

于在历史学中运用精确度量的必要性的认识亦成为一种共识。在英文中,甚至出现了"计量史学家"(Cliometrician)这一专门术语。尤其是在 50—60 年代以来,计量史学在欧洲,特别是在美国,其发展异常迅速。它在人口史、社会史、经济史、选举史等领域中甚至已成了基本的研究方法。[①]

二　科学史研究中对科学增长的计量

如前所述,在一般历史学的计量研究中,像经济史、人口史、选举史(政治史)等学科有着特殊的地位。这是很显然的。因为在这些学科的计量研究中,可以相对直接地利用历史上遗留下来的大量关于生产、价格、资本、人口、选举等方面的数据资料。但在科学史的研究中,若要采用计量的方法,首先需要解决一个究竟对什么进行度量,也就是说对计量指标(indicator)进行选取的问题。

美国科学史家撒克里曾把历史上(从 20 世纪末到 21 世纪初)涉及科学史的计量研究分为五类:(1)文明史中的计量;(2)科学政策趋向研究中的计量;(3)对天才人物研究中的计量;(4)文献计量统计;(5)关于科学进步的社会学研究。[②] 但在这种分类中,有些内容距科学史的研究较远。实际上,在现代意义上第一项较完备的科学史计量研究,一般认为是在 1917 年出现的。当时,动物学家科尔(F. J. Cole)和博物学家埃姆斯(N. B. Eames)在其题为"比

① 王小宽:"国外计量史学的兴起与发展",《史学理论》1987 年第 4 期。

② A. Thackray,Measurement in the Historiography of Science,in *Toward a Metric of Science*,Y. Elkana,et al.,eds.,A Wiley-Interscience Publication,1987,pp. 11-30.

较解剖学的历史:对文献的统计分析"的论文中,[①]对 1543—1860 年欧洲各国关于动物解剖学的论文进行了统计,并据此比较和分析了欧洲各国在此期间对比较解剖学的贡献,及不同时期的各种研究、论文和研究者对解剖学发展的影响。1929 年,苏联科学家雷伊诺夫(T. J. Rainoff)用计量方法对 18—19 世纪的物理学进行了研究[②],他通过对文献和物理学发现数目的统计分析,试图把科学发展的涨落和社会经济史联系起来。1938 年,美国科学社会学家默顿发表了其博士论文《十七世纪英国的科学技术与社会》。[③]这部著作通常被认为是科学社会学的开山之作,它对后来科学外史的研究也有着重要的影响。在此著作中,默顿受到其导师、美国科学史学科奠基者萨顿的影响,使用了内容定量分析的方法。例如,他对《国民传记辞典》中 6000 多条传记材料、《哲学会报》上约 2000 篇论文等数据进行了统计,这些统计结果被用来作为一种客观的检验,来查核各种关于当时当地科学发展的情况。像这样的研究,还有其他一些。

　　这些早期计量研究的工作还不十分成熟。对于后来的发展,除了计量方法的改进之外,主要体现在对计量指标选取的明确化。就与科学史相关的研究来说,主要可分为两大类,其中,最先得到

---

　　① F. J. Cole and N. G. Eames, The history of Comparative Anatomy: A Statistical Analysis of the Literature, *Science Progress*, 1917, 11: 578-596.

　　② T. J. Rainoff, Wave-like Fluctuations of Creative Productivity in the Development of West-European Physics in the 18th and 19th Century, *Isis*, 1929, 12: 287-319.

　　③ 默顿:《十七世纪英国的科学、技术与社会》,范岱年等译,四川人民出版社 1986 年版。

发展的是对科学增长的计量研究。

但是，关于什么指标能够代表科学的增长，仍然存在问题。一种方法，就是选取科学家的人数（绝对人数），或每10万居民中科学家的人数（相对人数）随时间的变化，这可以说是一种关于科学"投入"的指标。另一种方法，则是选择科学的出版物（即科学的"产出"）作为计量的对象。这种指标可以是科学刊物的数目随时间的变化，也可以是科学论文的数目随时间的变化。在对科学增长的计量研究做出了重要贡献的人物中，可以美国科学史家普赖斯（D. J. de S. Price）为代表。他有关的研究从20世纪50年代开始，其结果尤其体现在他于60年代初出版的两本名著——《巴比伦以来的科学》[①]和《小科学，大科学》[②]。

普赖斯注意到，从1665年创刊的《伦敦皇家学会哲学会刊》这一幸存下来的最早的科学刊物算起，科学刊物的数目随时间不断增加，到19世纪初已有约一百种，到19世纪中叶有约一千种，而到1900年则达约一万种之多。通过对科学刊物的积累总数随时间的变化做出曲线，普赖斯发现，除了在最初的起点附近之外，存在着一种相当精确的指数增长的规律。在此指数增长中，科学刊物大约每隔10—15年便增加一倍。由于科学刊物数目以指数方式的剧增，科学家要想阅读所有（或仅仅是大部分）与其研究相关的刊物或论文，已因其数量之巨大而变得困难甚至不可能。这样，在大约300种科学刊物问世之后，又出现了文摘刊物。有意思的

---

① D. J. de S. Price, *Science since Babylon*, Yale University Press, 1961.
② 普赖斯：《小科学，大科学》，宋剑耕等译，世界科学社1982年版。

是,普赖斯发现,各学科领域中的文摘刊物竟也随时间呈指数增加。甚至还不仅仅是科学刊物和文摘刊物,实际上,普赖斯通过统计而发现在时间中以指数规律增长的,还有如下这些指标:像载入国家人名辞典的人物数量,劳动力、人口、大学的数量,国民生产总值,著名的物理学家,重大科学发现,化学元素的数目,仪器的精密度,每千人中大学生的数目,文理科的学士人数,科学学会成员,化合物的数目,所发现的小行星数目,关于行列式理论的文献,关于非欧几何学的文献,关于伦琴射线的文献,实验心理学文献,美国电话机的数量,美国工程师的数量,交通的速度,发电量,国际间电话通讯量,乃至铁的磁导率和加速器的能量等。当然,各种指标的翻番周期从 100 年到 1.5 年各不相同。

指数增长的一个特点是,随着时间的推移,所统计指标的积累会急剧增大,甚至将趋近于无穷大,在投入科学的人力和财力只能是有限的情况下,这显然是荒谬的。因此,普赖斯等人还通过对一些指标(如科学家人数和科学出版物数目)的统计,提出了科学近似地是以逻辑斯蒂(logistic)曲线或所谓对称 S 形曲线(也称饱和指数增长曲线)增长的规律。这就是说,当统计指标以指数形式增长到一定程度后,便进入了饱和期,曲线通过一个中点反曲并以对称的增长无限趋向一有限值。

在普赖斯工作的基础上,又有许多人以科学文献等指标用类似的方法进行了更进一步的研究,提出了科学发展的其他模型。对这些工作这里暂且不一一论及。但普赖斯的工作对科学史研究的影响是最为重大的,也已充分显示了这类计量方法的特点。他的主要目的,是要找出科学发展的某种规律,及对之做出解释,并据这些规律来预言未来的科学发展。他认为,这样的计量是一种客观的方法,例如可以用来评论科学史的分期问题,从中可以看出,第一次科学革命有一种类似先驱的作用,而工业革命就可能是出于编史学的方便而人为假定的。他还认为像这些结果与历史学家关于科学相对活跃和不活跃的时期的直觉相一致。[①] 当然,讲到预言,这已超出了历史研究的范围,何况就连专门的预测学中各种依据过去发展趋势来推断未来的方法,在目前也还有很大的或然性。仅就对历史的研究而言,像普赖斯这种的计量研究也遇到了许多科学史家的批评和质疑。而批评的焦点,则是集中在像他这种选取表征科学发展的计量指标方法背后所隐藏的有问题的若干假定上。这里主要对以科学家数目和科学文献数目作为计量指标来做分析。

科学是一个难以确切定义的概念,在此背景下科学的发展本身就更是一个难以明确表达的概念。科学文献的数目和科学家的人数确实从特定的侧面反映了科学发展的"规模",但又绝不等同于普遍意义上的科学发展,而且目前并没有一个科学增长的定义能在所有情况下优于其他关于科学增长的定义。[②] 以科学家人数作为统计指标来表征科学发展,自然就引入了对科学家定义的假定。关于什么样的人应被分类为科学家,这里又有不同的标准。

---

① D. J. de S. Price, The Analytical (Quantitative) Theory of Science and Its Implications for the Nature of Scientific Discovery, in *On Scientific Discovery*, M. D. Grmek, et al., eds., D. Reidel Publishing Company, 1980, pp. 179-189.

② G. H. Gilbert, Measuring the Growth of Science: A Review of Indicators of Scientific Growth, *Scientometrics*, 1978, 1:9-34.

例如,他们可以是自称为科学家的人,可以是在科学机构中任职的人,可以是发表过科学文献的人,也可以是其名字在科学文献中出现过的人,如此等等。但应用任何一种判据又都会有相应的问题。例如,以在科学机构中任职为判据,便会把业余从事科学研究的人排除在外;以发表科学论文为判据,则将把在出现科学刊物之前的那些不可能公开正式地将其成果以论文的形式发表的科学家排除在外,亦会把在不鼓励发表科学论文的工业部门从事技术科学(当然也与纯科学的发展有关)的研究者排除在外。何况,科学家角色的特点在历史的演变中也是在不断变化的。

另一方面,科学的发展在某种意义上也可以说是科学知识的发展。如果说对科学家人数的计量问题主要体现在对科学家的分类上,那么,对科学知识计量单位的定义要更困难得多。而在普赖斯的这种计量方法中所隐含的假定则是,对科学知识的所有贡献皆载于文献之中,科学知识的发展等同于科学文献的绝对数目,或进一步地讲,把对科学知识的计量单位定义为科学文献,假定每一篇科学论文对科学发展的贡献是等量的,同时,通过所有文献的简单加和,可对总贡献进行计算。其实,就连普赖斯本人也意识到了这个问题:"谁敢把爱因斯坦关于相对论的一篇论文与物理学博士约翰·多依关于下巴苏陀兰森林中各种木材的弹性模量的一百篇论文划等号?"[1]这里涉及的,是本身就难以定量度量的科学论文的"质量"问题。再者,普赖斯的计量方法也假定了可以明确地区分"科学论文"和"非科学论文",而这在历史研究的实践中有时又

---

① 普赖斯:《小科学,大科学》,第34页。

是难以做到的。因而,这种计量研究所反映的,充其量只能是对科学知识生产的比例的一种非常粗略的度量而已。

作为另一种可替代的度量科学增长的方法,是对"科学事件"的计量研究。"科学事件"可以不限于科学文献的范围。有许多人采用过这种方法。实际上普赖斯在其对科学发展指数增长规律的研究中,也曾采用过这种计量指标。像以所发现的化学元素的数目作为计量指标为例,其问题是,这样做必然要采用现代的(因而也是辉格式的)元素概念和标准,而在历史上对元素的认识和发现的与境则要远为复杂。可以引起我们注意的是,还有二十多年前几位中国学者在做中西科学比较研究时,曾初步利用统计中西方科技成果的定量化方法来绘制中西方科技水平累加增长曲线。[①]为了体现各成果的不同等级(即对科学技术发展的不同贡献和对社会的不同影响),他们采取了加权打分的方法。例如,牛顿的《自然哲学数学原理》打 1000 分,哈维发现血液循环打 500 分,林奈的《自然体系》打 100 分,康德的星云说和张衡的候风地动仪打 50 分,盖·吕萨克气体膨胀定律打 10 分,确定哈雷彗星周期打 5 分,制取铅白实验打 1 分,等等。他们当然也意识到,这样的计分标准难免带有主观性,但同时却认为这样做不会妨害宏观分析与统计规律的展示。但这种容许主观因素进入的退让,则是与追求"客观"的计量研究的初衷相悖。更苛刻一点讲,这种计量指标亦假定了科学发现是可定位于特定时间的地点的分立事件,而没有把科

---

① 金观涛等:"文化背景与科学技术结构的演变",载中国科学院《自然辩证法通讯》杂志社编:《科学传统与文化》陕西科学技术出版社 1983 年版,第 1—81 页。

学发现看作是一个过程,同时,自然也要带入评判某一发现为科学发现的现代标准,而历史上一项科学发现在当时是否真的做出,只有在当时特定的与境中才能做出评判。

美国科学社会学家克兰在其科学社会学名著《无形学院》一书中,还曾提出了另一种特殊的度量科学发展的指标。[①] 她提议,在某一研究领域,出版物中首次提出的新的自变量或因变量,代表着一个新的假设形式或对从前假设的修正或革新。因此,某一研究领域的进展,可以通过对每年在此领域的研究文献中发现的新变量个数的计数来度量。显然,这种方法同样存在问题。例如,一个新变量的引入可能是重要的进展,也可能对该领域的发展并不重要;要精确地定义一个新变量,有时相当困难,在理论发展中不同的符号可能代表同一变量,在不同的理论或理论体系中同一变量的意义也会有很大的变化(如在牛顿力学和爱因斯坦相对论中的"质量"这一变量);再者,像在生物学、地质学等对数学和公式的利用相对薄弱的学科中,这种计量方法也不具有普适性。

在这方面,最后还可提到的是,由政府出版的官方科学统计指标(如美国从 1972 年起每两年便出版一本美国科学的统计指标,中国现在已有了类似的连续出版物),对于科学史的计量研究将是有重要意义的数据来源。但它们主要更侧重于科技政策。对科学历史发展的计量来说,这些指标自身除了上面提到的种种困难之外,限于只有近来的数据,对稍久远的历史研究,仍然没有更多的帮助。

---

① 克兰:《无形学院》,刘珺珺等译,华夏出版社 1988 年版,第 16 页。

三　科学史研究中对科学交流的计量

与科学增长的计量研究相对应,另一类在科学史中得到较多应用的计量研究方法,是对科学交流的计量。这种方法主要体现为对科学出版物中引文的计量,它们与 60 年代美国的《科学引文索引》(*Science Citation Index*,简写为 SCI)的出版密切相关。

早在 1873 年,一种法律方面的引文索引——《联邦谢巴尔德法令引文索引》——便在美国开始定期出版。通过这种索引,可以查找出某一诉讼案曾引用过哪些有权威性的诉讼案原件,及在诉讼案原件中当时所做出的判决有哪些已经修改,哪些已经废除,哪些已经变更。这对在判决中经常参照历史上有影响案例的美国法律界是非常有用的索引工具。在科学方面,1961 年,在美国科学情报社(Institute for Scientific Information)的加菲尔德(E. Garfield)的主持下,第一期《科学引文索引》正式问世。它包括了1959—1960 年出版的著作的数据。从 1963 年起,《科学引文索引》开始定期出版。目前,它已成为世界上最详尽的关于科学文献引文的索引和具有引文分析功能的出版物。它具有五种相互联系的检索方式,包括引文索引、专利引文索引、来源索引、机构索引和轮排主题索引。

由于目前在科学共同体的研究准则中,对前有工作的引证已成为一种规范。因此,对科学文献之间的引证关系体现了各分立的科学研究工作之间的联系,对这种联系的计量研究,也就是对科学交流的一种研究。自《科学引文索引》问世以来,对科学引文的计量研究迅速发展,现已成为科学文献计量学研究中的主要部分,它除了在科技政策等领域中的重要作用之外,亦被广泛地应用于科学社会学等领域,并成为科学史计量研究的一种新方法。

其实,早在 1955 年,加菲尔德便在《科学》杂志上发表文章①,表述他创立这一工具的设想。其中,除了作为一种对科学文献的主观控制的新方法之外,他还提出,当人们试图评价某一特定工作的重要性和对文献的影响时,这种工具对历史研究将有特殊重要的用途。同对科学文献数目的简单计数等计量研究相比,引文数据显然对科学论文的"质量"反映了更多的内容。当然,被引证次数多的论文其影响和重要性一般是更大的,这种判据目前在一些科技政策方面的研究中仍被应用。但加菲尔德也认识到,在特定的时期若只以此作为标准,那么,像李森科之类的人就会被当成最伟大的科学家。因此,只是对那些能谨慎地评价数据的历史学家,这种数据才会最有重要性。而只按被引证次数或发表论文的数目来划分等级,是决不会达到一种客观的关于论文"重要性"的判据。至于就他本人来说,对历史研究中引文数据的特殊兴趣,则是集中在用计算机来构造"历史图"的作用上。②

1964 年,加菲尔德等人利用 1961 年的《科学引文索引》进行了一次尝试性的科学史研究。③ 正如他们所讲的那样:"这项研究

---

① E. Garfield, Citation Indexes for Science, *Science*, 1955, 122:108-111.

② E. Garfield, Citation Indexes in Sociological and Historical Research, *American Documentation*, 1963, 14:289-291.

③ E. Garfield, et al., *The Use of Citation Data in Writing the History of Science*, Institute for Scientific Information Inc., 1964.

的进行是要考察和检验用来撰写科学史的新的方法论……引文网络技术确实为学者提供了一种新的工作方法，我们相信，这种工作方法可能对未来的编史学有重大的影响。"他们认为，引文索引是对一种对历史学家有用的、有启发性的工具。在他们的假定中，认为科学史是事件的编年序列，其中每一发现都依赖于更早些的发现，科学史家的任务就是要描述事件，并为在事件之间的联系提供看法，而这些事件对于未经训练的观察者则似乎是彼此独立的。他们以美国科普作家阿西莫夫(I. Asimov)的一本关于 DNA 历史的著作《遗传密码》作为出发点，找出其中描述发展所涉及的特定论文，并构造了一个为阿西莫夫所描述的 40 个里程碑式的事件（它们对应于引文网络图中的"结点"）构成的拓扑网络图；然后，再利用《科学引文索引》中的相应数据构造了另一个类似的拓扑网络图，并将二者相比较。结果，在他们认为是由历史学家所作的"常规或传统的主观分析"，与体现了事件间的引文关联的"客观的引文或文献目录的分析"之间，也即在这两个网络图之间，展现出了高度的一致性。他们的结论是，"对于探索历史的相关性，引文模式提供了一种有效的、有价值的手段"。

在引文分析方面更进一步的发展，是 1973 年由斯莫尔(H. Small)等人引入的共引(co-citation)分析。[①] 所谓共引，是指作者 A 同时引用了作者 B 和作者 C 的工作，这表明，在作者 A 看来，作者 B 和作者 C 的贡献是相关的。而一对出版物为其他人共引的次数，则被定义为共引强度。通过这种计量的分析，可以在给定的

---

① 丁学东：《文献计量学基础》，北京大学出版社 1993 年版，第 357 页。

文献群体中对文献间的联系进行历史的、动态的研究,并辨识出特定时期某一专业领域的"核心"贡献。例如,斯莫尔就曾在1973年用此方法对粒子物理领域进行过研究。当然,由于这种方法对《科学引文索引》这种工具的不可缺少的依赖,显然限制了它对更早期的科学史研究的应用。

随着引文分析方法的发展,已有若干的科学史研究应用了这些计量方法。但是,对于在科学史中利用引文分析的方法,也有许多批评。问题主要也是集中在其背后的假定方面。首先,作为对"智力债务的偿还",引文成为标准的科学规范之一,但问题是,这一规范是否真正为所有的科学家所接受和在实践中所遵守?在实际的出版物中,引文动机是多种多样的,并非所有的引文都是按规范的标准来引用的,有时甚至与科学的交流毫无关系。例如,引文有时会是"装饰性"的,即为了加重论文的分量,引用了许多对所研究的工作并无实际重要性的文献,而这种情况在现代科学论文中是相当普遍的;有时,引文又是出于同事间人际关系的考虑,或是为维护某一学派的利益,或是迫于某种压力。1975年,有人通过对《物理学评论》上30篇论文的研究发现,其中约1/3的参考文献是多余的,约2/5的参考文献是敷衍性的。另一方面还有不引用的问题。现代科学建筑在早期科学的经典结果之上,许多被认为是"不言而喻"的知识,通常是不被体现在引文中的。由于对优先权的考虑或意识形态的考虑,也可能导致不引用某些本应引用的文献。至于在科学界实际存在的或多或少的有意剽窃中,就更不会引用那些构成剽窃基础的出版物了。科学社会学家加斯顿(J. Gaston)在研究物理学中对优先权的竞争时,约50%被访谈的物理学家认为，在他们自己的工作应被引用时而未被引用。其中有一个物理学家甚至指出，通常出现的情况是，那些发表文章不多的人将不提你的工作，因为使他们的文章发表的唯一方式，就是不提先前已做了同样工作的文章。

除了科学家在引文时的各种不规范之外，引文分析方法所强调的是一种科学研究中"正式的"交流，是对科学本质的一种"合理化"的看法。而有人则指出，在实际的科学工作中，更重要的是不通过发表文献的"非正式"交流，因为目前科学家要在很大程度上依赖于非正式的信息交流网络，才能跟上科学共同体当前的科研活动。①

引文分析方法背后假定中的这些问题，使这种方法在科学史研究中的应用面临着严重的挑战。虽然引文分析作为一种相对独立的计量方法对科学史研究具有"启发性"的作用，但由于科学交流中存在的复杂性，仅仅依靠引文分析的技巧，也是难以展现科学发展的完整图像。

四　小结

不论是在一般历史学中还是科学史中，引入计量研究的最初目的，是为了要使研究更加"科学""精确"和"客观"。正如加菲尔德等人所讲的："历史学家在描述科学的进步时，局限于他们自己

---

① D. Edge, Quantitative Measures of Communication in Science: A Critical Review, *History of Science*, 1979, 17: 102-134.

的经验、记忆和可用文献的恰当性。他们的主观判断预先决定了事件发展的历史图像。"[1]但是,那些为追求客观性而使用计量方法进行研究的历史学家需要意识到,在进行这样的研究时,"他已建构了自己的'事实',他研究的客观性不仅依赖于他阐述和加工这些事实时对正确方法的使用,而且依赖于这些事实对其假设的相关性。"[2]如前所述,在科学史研究对计量方法的应用中,正是由于其背后各种假设的不恰当,导致了计量研究与所追求的客观性的背离。

在对科学增长的计量研究中,对计量指标的选取,实际上涉及科学哲学等学科中对科学的本质、科学的增长和科学家的理解及定义等相关的问题。在目前的各种理论中,对于这些概念的探讨仍是众说纷纭。传统的科学史研究利用描述和叙事的方法,给出的虽然表面上是带有一定"主观"色彩的科学发展图像,但它们与这些基本概念难以精确表述的背景却是相容的。而利用有争议的指标来进行表面上"客观"的计量研究,则也许并未反映出人们希望要了解的内容。至于科学史中对科学交流的计量研究(主要是通过引文分析方法),其背后假定中存在的问题,同样是与科学哲学、科学社会学等学科对科学研究的不完善相关。这些困难和问题的存在,也就导致了科学的发展是否能以定量的方式来进行计量研究的争论。或者,我们也可以这样认为,无论是在历史学还是

① E. Garfield, et al., *The Use of Citation Data in Writing the History of Science*, Institute for Scientific Information Inc., 1964.

② F. Furet, Quantitative History, in *Historical Studies Today*, Gilbert F., et al., eds., W. W. Notron & Company, 1972, pp. 45-61.

在科学史的研究中,过于强调"客观"并试图以定量的计量方法来达到这种"客观",实际上是一种"科学主义"的表现。而这种科学主义却会危及科学史本身。再扩展些讲,近年来国内对于科研成果的考核,极度地依赖于 SCI 等文摘的收录,并带来了诸多的问题,也同样是这种试图过分依赖定量化方法的科学主义的表现。

与一般历史学一样,传统中科学史是一门人文学科。60 年代初,美国历史学家施莱辛格(A. Schlesinger, Jr)在与计量史学家的争论中曾断言:"作为一个人文主义者,我的回答是,所有重要的问题之所以重要,正是由于它们不能用计量的方法来回答。"[1]当然,这样的观点从表面上看,似乎是过于极端。实际上,在科学史中对计量方法的引进和应用的确是一种对传统研究方法的扩展和进步,并具有启发性。但另一方面,我们也必须注意到计量方法在应用于科学史的研究时所存在的诸多问题,以及所得出的结果与应用者的初衷之差距。总之,"在任何情况下科学计量都不能单独成立。若它要有任何历史价值的话,那么它必须被看作是对传统史学方法的一种补充,偶尔也是一种修正"。在具有这种意识的情况下,"若在与其他方法的结合中谨慎地利用科学计量,它就能起重要的作用,尤其是在现代科学的研究中"[2]。

---

①　转引自:王小宽:"国外计量史学的兴起与发展",《史学理论》1987 年第 4 期。

②　H. Kragh, *An Introduction to the Historiography of Science*, Cambridge University Press. 1987, p. 196.

第十一章 格/群分析理论与科学史研究

> 方以类聚,物以群分。
>
> ——《易·系辞传上》

在科学史这门学科的发展中,一个重要的方面是研究方法的发展,即不断地把新方法应用于科学史研究。"他山之石,可以攻玉",除了科学史家自己的创造之外,借鉴和"移植"其他学科的研究方法,也是丰富科学史自身研究方法的一个重要途径。20 世纪70 年代末以来,科学史家把刚刚在社会人类学领域中出现的格/群分析(grid/group analysis)理论用于科学史研究的尝试,就是值得我们关注的一个较新的发展方向。

一 格/群分析方法的来源及其主要内容

格/群分析理论是由英国著名的女人类学家道格拉斯(M. Douglas)在 70 年代前后创立的。

道格拉斯著述甚丰,她曾著有《拉塞河流域的莱莱族人》(1963)、《暗含的意义:人类学论文集》(1975)和《埃文斯-普里查德》(1980),与人合著有《商品的世界》(1979)、《风险与文化》

(1982)等。至于对格/群分析理论的提出与完善,则主要体现在她的《纯洁与危险:对亵渎与禁忌概念的分析》(1966)、《自然符号:对世界观的探索》(1970)和《文化的倾向》(1978)这三部经典著作中。

就格/群分析理论的历史渊源而言,可以追溯到19世纪中期到20世纪初法国社会学家涂尔干(E. Durkheim)的工作。涂尔干这位对知识社会学做出了重要贡献并对后来的社会学发展产生了巨大影响的社会学家,非常强调"分类"的问题。他在对原始人的研究中提出,原始人最先进行的"分类"是对人的分类,他们对于自然界事物的分类则是已经确立的社会分类的延伸。因而,"概念和其他分类思想是在集体中形成的,是在集体中表达出来的,有意义的经验首先是以社会关系为中介的,这种关系对于思想和知识的特点是有影响的"[①]。更明确地讲,即是人们关于自然界事物的分类再现了人类自身的分类。在20世纪20年代以后,美国人类学家萨丕尔(E. Sapir)、沃夫(B. L. Whorf)等人在对人们的世界观与其语言结构关系的研究中也提出了类似的观点。此外,像20世纪30年代美国女人类学家本尼迪克特(R. Benedict)对"文化模式"的研究等,在某种意义上也都可以视为是道格拉斯理论的先声。然而,对格/群分析理论的提出有着直接影响的,是曾与道格拉斯在伦敦大学共事的教育社会学家伯恩斯坦(B. Berstein)。在伯恩斯坦于20世纪60年代对语言与社会文化的关系(如与社会不同阶层相关的语言风格等)的社会语言学研究中,就已出现了根据双

[①]　刘珺珺:"从知识社会学到科学社会学",《科学与社会》,科学出版社1988年版,第224—244页。

变量来区分四种基本类型的分类分析方法。在方法上,这可以说是道格拉斯后来在其格/群分析分析理论中四种基本社会文化范畴分类方案的雏形。

与伯恩斯坦等人不同的是,道格拉斯不再局限于语言的风格特征等具体问题,而是试图以更一般的观点,对最基本的社会构成进行范畴分类,并刻画出其特征,从而在社会控制的角度上,表明基本的社会构成类型同人类文化及世界观的关联。这里讲的世界观是人类学中常用的基本概念之一。"在人类学上,通常把各个社会创造的认识世界的方法称作'世界观'",世界观"意味着所有事物是怎么样的看法,……意味着把存在的东西作为整体来把握"。[①] 道格拉斯本人也谈到她用"世界观"来包括那些根本性的、被证明有道理的观点,并尤为强调这些观点"显然根本就不是自然的,而在严格的意义上是一种社会相互作用的产物"。[②]

道格拉斯在其 1966 年出版的《纯洁与危险》一书已孕育了格/群分析理论的某些初步的、不甚明确的观点。1970 年,她在考查人们使用符号来表示文化中的偏爱与排斥,或者说表示社会控制模式的《自然符号:对世界观的探索》一书中,首次提出了"格"(grid)和"群"(group)这两个概念。但在此书中,对这两个概念的定义仍不十分明确,前后论述也不够一致。1978 年,道格拉斯在

---

① 石川荣吉:《现代文化人类学》,周星等译,中国国际广播出版社 1988 年版,第 140—141 页。

② M. Douglas, Introduction to Grid/Group Analysis, in *Essays in the Sociology of Perception*, M. Douglas, ed., Routledge & Kegan Paul, 1982, pp. 1-8.

《文化的倾向》这本书中使格/群分析理论进一步完善化,并尝试用此理论对具体的问题进行研究。

就了解格/群分析理论来说,首要的问题是对"格"和"群"这两个概念定义的了解。道格拉斯虽然在《文化的倾向》一书中,把格定义为"个体化的维度",把群定义为"社会结合的维度",[①]但遗憾的是,像这种过于抽象的定义,仍使人们难于准确地把握这两个概念。于是就出现了如下的局面:不同的学者在讨论或应用格/群分析理论时,都结合着自己的理解,对这两个基本的概念提出了彼此不完全相同的定义表述。例如,爱丁堡大学的哲学家布卢尔(D. Bloor)认为,格的边界是"在一群体内部将不同的角色、阶层、地位和职责分隔开",而群的边界是"将内部成员与外部成员分隔开"。[②] 美国科学史家卡内瓦(K. L. Caneva)提出,"格指人际角色差异的程度","群指人的行为受到其他被承认权威的影响程度"。[③] 美国人类学家奥斯特兰德(D. Ostrander)认为,格规定了"在人们的相互作用之中行为举止的选择",而群规定了"对人与人之间交往的选择"。[④] 在澳大利亚科学史家奥尔德罗伊德(D.

---

① D. R. Oldroyd,Grid/Group Analysis for Historian of Science? *History of Science*,1986,24:145-171.

② D. Bloor,*Witttgenstein:A Social Theory of Knowledge*,Macmillan Education LTD,1983,p. 140.

③ K. L. Caneva,What Should We Do with the Monster? Electromagnetism and Psychosociology of Knowledge,in *Sciences and Cultures*,E. Mendelsohn and Y. Elkana,eds.,D. Reidel Publishing Company,1981,pp. 101-131.

④ D. Ostrander,One-and Two-Dimensional Models of the Distribution of Beliefs,in *Essays in the Sociology of Perception*,M. Douglas,ed.,Routledge & Kegan Paul,1982,pp. 14-30.

Oldroyd)的理解中,格是人们"由于在他作为成员的社会之中所获得的社会范畴及相伴角色的缘故,而受到的社会控制的强度",群是人们"对他们所属的并塑造和决定了其行为的社会群体承担义务的程度"。[①] 如此等等,还有其他许多种种不同的定义,这里不再一一列举。

虽然有上述这些在对格和群这两个概念在确切定义上的分歧,但我们还是可以按得到比较多的人承认的看法,把格和群粗略地理解为在一个社会群体内部和在这个社会群体与其他社会群体之间外部的边界。这种边界的强度是可变的。进而,我们可以通过对它们在几种极端情况下具体特征的分析来理解其含义(这里我们主要采用的是在这一理论发展相对而言比较完善的后期,卡内瓦对格/群变量的解释)。因为人们总是生活和活动在一定的社会群体之中,按此群体中存在的不同角色对自己分类,并受到一种以格的名义施加的社会控制,以使个人的行为适合于给定的角色。极端地讲,高格,就意味着在群体中存在差异明显的角色分类及与之相适应的行为准则,在这种群体中人们之间角色的差异被认为是天然地赋予的。例如,一个在官僚机构中工作的官僚,或军队中的一个士兵,就是生活在典型的高格环境中。在另一个极端,低格,则意味着在群体中人们的角色不是十分明确地被限定,而且从原则上讲是可以协商的。低格的意识形态表现为,在人们之间并不存在固有的、与社会相关的定性差异,社会在本质上被认为是人

---

① D. R. Oldroyd, By Grid and Group Divided: Buckland and English Geological Community in the Early Nineteenth Century, *Annals of Science*, 1984, 41: 383-393.

为的、可改变的。例如,大学里的教师就生活在一个典型的低格
环境中。另一方面,人们所属的社会群体又具有强度不等的外
部边界,即群的边界。这样,高群,意味着群体中的个人对于安
全的内部("我们")和危险的外部("他们")之间的差异具有一种
强烈的意识,并倾向于把这种差异作为在道义上对正确与错误
的区分。在高群的环境下,一个人的所作所为首先是要对这个
群体中的其他人负责,群体中他人的利益要高于个人自身的利
益,要证明某一特定的行为或观点是否正确或有道理,个人的考
虑不是最重要的基础。群体对于外界是倾向于封闭的。例如,
在日本公司里的工人就倾向于是高群的。与之相反,低群,则意
味着在群体中一个人的行为较少受内部压力的制约,可以根据
个人的利益来证明某一行动或观点的正确。这种群体对于外界
具有较高的开放性。例如,商业企业家即较典型地属于这种
情况。

　　根据上述分析,可以按格和群作为两个独立的变量画出一张
表征不同社会环境的格/群图(图 1)。相应于高格、低格、高群和
低群的四种不同情况,将社会环境区分为低格低群(A 区)、高格
低群(B 区)、高格高群(C 区)和低格高群(D 区)四种基本的类型。
在这四种基本的社会类型中,分别体现了高格、低格、高群和低群
各自特征的组合。例如,低格高群情况最典型的例子,就是个人被
包括在一个规模相对较小而且内部组织性不强的群体中,这个群
体有着明确规定的外部边界。在群体中,个人对群体的忠诚是首
要的美德,人们可以通过认为与群体标准相一致的方式,来证明自
己行为或观点的正确,如此等等。

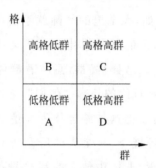

图 1　社会环境的格、群示意

上述这种以格/群变量对社会环境类型进行的分类,是格/群分析理论的重要基础,但绝不是全部。道格拉斯提出的这一理论的核心目的所在,是要把这四种基本的社会环境类型同与之相对应的"世界观"联系起来。也就是说,重要的是将此理论作为一种分析和解释的手段,把它用于具体问题(既包括对原始社会问题也包括对更为复杂的现代社会问题)的研究。道格拉斯本人就是这样做的。她在《文化的倾向》一书中根据格/群分析理论讨论了人们对旅行、园艺、烹调、医药与健康、青年、老年、空间、时间、人际关系、惩罚等许多方面问题的不同态度;在与伊舍伍德(B. Isherwood)合著的《商品的世界》一书中,解释了人们对于消费的不同态度;在与怀尔达夫斯基(A. Wildavsky)合著的《风险与文化》一书中,讨论了人们对环境污染的不同态度。

二　将格/群分析方法应用于科学史的策略

格/群分析理论提出以后,引起了相当一部分学者的兴趣。除了前面提到的道格拉斯本人的工作之外,其他学者还应用这一理论分析解释诸如 18 世纪法国文人的文化、节日庆祝与表演的不同形式,印度塞勒姆(Salem)地区的巫术,尼泊尔的夏尔巴人(Sherpa)的文化,早期的基督教禁欲主义,反对巫术的法律,政府对化学工业的调控、风险评价,对奴隶制的态度等范围极其广泛的问题。甚至有人用它研究公元前 5 世纪至公元 2 世纪中国在战争状态中的政治文化。我们这里所感兴趣的是这一理论在科学史研究中的应用。而道格拉斯也认为,"格/群方法在观念史中的实用性,似乎是最令人感兴趣的发展"[①]。

　　然而,要把格/群分析理论应用于科学史的研究,首要问题是要结合科学史的具体特点,在这两者间找到联系,或者说要找到一个关键性的切入点。实际上,甚至在《文化的倾向》一书出版之前,布卢尔就于 1978 年在一篇题为"多面体与利未记的厌恶:数学中的认识风格"的文章中迈出了重要的一步。[②]

　　布卢尔首先注意到科学哲学家拉卡托斯的一部在其去世后出版的重要著作——《证明与反驳:数学发现的逻辑》。这是一部数学哲学方面的著作。但布卢尔关心的是,拉卡托斯谈到了反例(counterexample)在数学中的意义。因为从某种意义上讲,对于数学中的定理,总会有反例(也就是反常)存在。"拉卡托斯的工作真正的重要意义就在于,它使控制对反常做出反应的力量成为数学知识的组成部分。"在数学史中,数学家欧拉(L. Eular)曾提出一

---

　　① M. Douglas, Introduction(Ⅱ), in *Essays in the Sociology of Perception*, M. Douglas, ed. , Routledge & Kegan Paul, 1982, pp. 115-119.

　　② D. Bloor, Polyhedra and the Abomination of Leviticus: Congnitive Styles in Mathematics, *British Journal for the History of Science*, 1978, 11:245-272.

个有关多面体的定理,即多面体的面(F)、边(E)和顶角(V)有如下关系:

$$V-E+F=2$$

拉卡托斯根据一些历史材料,设想一群学生在教室中讨论不符合欧拉定理的反例情况(其中有的学生甚至把欧拉定理的反例称为"怪物"),并由此区分了对于反常的五种不同的反应态度。一种他称之为"排斥怪物",这种反应是把反常的图形排斥在外,不予考虑,认为它们根本就不是真正的多面体。第二种态度是"调整怪物",这对应于学会以新的方式看待反常,并使之适应于已有的定理,如可以试图发现在构成反例的"多面体"中隐藏着的边。第三种态度是"排斥例外",若认为可以设想有不同种类的多面体,原来的定理仍然是正确的,但它只在某种范围之内才是正确的。第四种态度是"朴素的排斥例外",相应于不在乎反常,只是简单地让定理和反常共存而已。第五种态度拉卡托斯称之为"辩证的策略",这也是拉卡托斯本人所欣赏的策略。它相应于机会主义,反常事物受到欢迎,并被视为是证明新概念和新方法之有道理的理由。不过,在布卢尔看来,"调整怪物"和"排斥例外"本质上是同一种策略,即调整、适应的策略。如前者未能行得通,还可再采取后者。这样,他就把拉卡托斯对反常态度的分类化简为四类。

另一方面,布卢尔注意到道格拉斯在其早期著作《纯洁与危险》中对禁忌(taboo)的研究。道格拉斯讨论了《旧约全书·利未记》中提到的一些被禁止食用的动物。例如,按《利未记》的规定,只有反刍且偶蹄的动物才可食用,如牛、羊等,由于猪是偶蹄而不反刍的,所以被认为不洁。又如,道格拉斯早期曾对非洲的莱莱族做过研究,穿山甲在莱莱族中被看作是神秘的动物,因为它有鳞而不居于水中,从而具有在分类上的反常和暧昧性。[①] 这就是说,正是由于这些动物被认为是愚蠢地跨在上帝划定的边界线的两端,所以就附着在这种分类方案上的社会意义而言,便可以理解人们对这些动物的反常态度,如为什么犹太人不吃猪肉(当然,这仅仅是在对禁忌的人类学研究中众多观点里的一种)。

正是在拉卡托斯的数学哲学工作和道格拉斯对禁忌的人类学研究这两个似乎是风马牛不相及的领域之间,布卢尔看到了内在的联系,即它们都涉及了人们对反常的态度。由此,我们便可以理解布卢尔的文章初看上去颇令人费解的标题了。但是,在拉卡托斯的讨论中,人们对反常持不同的态度,似乎只取决于个人的偏好,或个人智力的需要,而道格拉斯的理论所要求的,则是把这些不同的"世界观"置于一定的社会框架之中。也就是说,认为在社会秩序和自然秩序之间存在有结构上的同一性。于是,布卢尔抓住了对反常的态度这个突破口,把格/群分析理论同数学史的研究结合起来。经过一些论证,他提出,"排斥怪物"的群体是属于低格高群(D区)的。而"调整怪物"和"排斥例外"则表现了高格高群(C区)的属性,这种群体更加稳定、更加复杂。"朴素的排斥例外"只让反常与定理共存,而不去努力进行综合,表明存在高度隔离的边界而群体压力不大,从而属于高格低群(B区)。至于低格低群(A区),由于它是一种竞争的、个人主义的群体,允许变革,竞争

---

① 〔日〕吉田祯吾:《宗教人类学》,王子今、周苏平译,陕西人民教育出版社1991年版,第160—179页。

的规则是唯一被接受的社会形式,所以它对应于拉卡托斯所称的对证明与反驳的辩证方法。

在进行了上述根据格/群分析理论的分类之后,布卢尔进而以此为出发点,将其用于解释数学史问题。例如,他分别将拉卡托斯设想的课堂讨论中持不同观点的人物及拉卡托斯书中提到的历史上的数学家置于不同的格/群区域。更值得注意的是,拉卡托斯在其书中曾提出了一个重要的历史问题:为什么18世纪40年代在数学中有一场方法论的革命?布卢尔试图用格/群分析理论来对此问题给出社会学的回答。拉卡托斯本人的观点是,在18世纪40年代以前,数学家没有想到辩证地利用反例,来榨取隐藏的假定并改进其证明。而布卢尔则撇开了数学家个人思想发展进程的问题,着重从对社会环境的改变的分析入手。他认为,实际上数学史家图尔纳尔(R. S. Turner)在70年代对德国职业化研究的发展及德国大学在18世纪改革的历史研究,已为回答此问题提供了解释的基础。布卢尔所做的是对图尔纳尔的研究结果进行了形象化的格/群分析描述,即18世纪初期德国大学的环境是低格高群的,改革原是想要达到一种高格高群的目标,但由于种种原因,在18世纪40年代实际结果是形成了一种低格低群的竞争结构。这正对应于拉卡托斯所说的方法论革命的时间,只是把原因归结为建制的,或者说是研究者所处的社会环境的变化,并由此解释了为什么德国的科学后来在19世纪处于世界领先的地位。

由上面的介绍可见,布卢尔的工作还很难说是真正意义上的原始的历史研究,而只是在他人工作的基础上利用格/群分析理论进行重新解释和说明,但这毕竟是将此理论用于科学史研究的最初努力。正如道格拉斯所评论的:"这篇论文公认地是尝试性的,但它对于这种分析可尝试的方面,是极有启发性的。"①

三　一些具体应用的例子

有一项把格/群分析理论用于科学史的重要研究,是卡内瓦对于 18 世纪电磁学史的研究。② 我们在前面已提到了卡内瓦对于高格、低格、高群和低群社会环境的特征的描述。实际上,在把这一方法同科学史研究结合起来时,卡内瓦还补充了与科学认识活动相关的一些特征。他认为,格的维度主要涉及人们对实在本质的描述,而群的维度则更多地涉及人们的反应方式。例如,高格环境下的知识倾向于是定性的、具体的、经验式的,有复杂的分类范畴;而低格环境下的知识则倾向于是定量的、抽象的、分析的,只有较弱的分类,注重因果关系。又如,高群表现出知识的领域受到限制、反对推测和对反常封闭的特征,而低群则表现出允许有相当的推测和对反常相对开放的特征。在布卢尔对不同格/群类型的社会环境与人们对反常所持的不同态度相对应的分类基础上,卡内瓦对此分类做了进一步的完善。低格低群(A 区)对应于使科学抽象化和"吸收反常"的特征,反常被看作是创造性的挑战,要通过

---

① 　M. Douglas, Introduction(Ⅱ), in *Essays in the Sociology of Perception*, pp. 115-119.

② 　K. L. Caneva, What Should We Do with the Monster? Electromagnetism and Psychosociology of Knowledge, in *Sciences and Cultures*, E. Mendelsohn and Y. Elkana, eds., D. Reidel Publishing Company, 1981, pp. 101-131.

对从前持有的观点再开放性地考察来解释，同时，有一个实用主义的倾向，不相信事物之间本质性的定性差异，从而使知识倾向于定量化。高格低群（B区）表现为"包容反常"，事实被认为是神圣不可侵犯的（即使它们彼此抵触）允许对立的共存，允许二元地解释事物。高格高群（C区）表现出使科学具体化和"调整反常"的特征，愿意把知识看作是一种包括一切、充分体现差异并且相对稳定的体系，有经验论的倾向，事物间定性的差异被认为是其实的差异。低格高群（D区）则对应于"排斥反常"，因为任何对群体标准的偏离都意味着错误和失败。

在做了如上假定后，卡内瓦仍是以科学家对反常的态度作为研究的入手点。他所选择的典型案例，是丹麦物理学家奥斯特（G. C. Oersted）在1820年对磁针和载流导线之间的相互作用，即电与磁之间相互作用的重要发现。这一发现使当时的大多数科学家感到不胜惊讶，因为在此之前，极少有人曾预期在电和磁之间会有相互作用。在这种意义上，奥斯特的发现对于当时已有的电磁学理论来说，构成了一种"反常"。卡内瓦发现，当时各国科学家对此反常的反应，也有四种类型，恰好与格/群分析理论所展示的情况相一致。首先，是高格高群的调整反常者（C区），以当时德国柏林的物理学教授埃曼（P. Erman）、哈勒的物理学与化学教授施魏格（J. S. C. Schweigger）和海德尔堡的实验物理学教授蒙克（G. W. Muncke）为代表，通过横向磁性（transversal maynetism）理论，把奥斯特的新发现与已知的理论结合起来。而这也正对应于当时德国相对稳定并高度分化（即有明显差异存在）的社会环境。而在当时的法国，则与德国的情况正好相反，大多数法国科学家对奥斯特的新发现均持一种漠不关心或带有敌意的态度。几乎所有的人都认为奥斯特的新发现是不可能的。实际上，不久他们对安培（A. M. Ampere）关于电动力学的工作也持同样的态度，即将"反常"拒之门外。这些在巴黎的科学共同体中的科学家是处在一个低格高群（D区）的环境中。但是，在法国安培则是一个例外，而他与法国科学共同体的不同立场也正好表明了这一点。他马上就对奥斯特的发现表现出开放和欣喜的态度，从而应属于高格低群（B区）的包容反常者，在这类人中还包括对电动力学做出重要贡献的数学家格拉斯曼（H. G. Grassmann）等受德国自然哲学影响的人。最后，低格低群（A区）的吸收反常者的代表是德国科学家费希纳（G. T. Fechner）、韦伯（W. E. Weber）和诺伊曼（F. E. Neumann）等人，他们最先接受安培的定律，并把它体现到范围更广的电动力学综合中去。然而，这已是二十多年后的事了（值得注意的是，这与布卢尔对德国大学改革完成的格/群解释时间正好相符）。当然，卡内瓦也谈到了由于当时德国的社会变革而造成的具有灵活性和竞争性的新环境这一问题。

这里，我们只是极其简要地提及了卡内瓦的分类和一些最主要的结论。实际上，卡内瓦论及的内容并不限于此。他虽以对"反常"的不同态度作为分类线索，但格/群分析理论对于四种社会环境下表现出来的特征的描述远远不止对反常的态度，而是包含了更多方面的内容，因此卡内瓦以大量的篇幅讨论了各种类型的代表者在其他方面的特征以及这些特征与他们所处的具体社会环境的对应问题。例如，大多数法国科学家按对其反常的排斥态度被分在低格高群的D区，而按格/群分析理论的观点，在这种环境下的人除了对外来的影响持排斥态度之外,还应有反对思辨,否认事物之间存在本质的、定性的差异,追求定量的、抽象的、理性、机械论的理论,应对真理有兴趣,认为他们自己的研究方法是唯一正确的并能应用于所有令人感兴趣领域的方法等特征。而所有这一切,则正好是对当时在巴黎占优势地位的拉普拉斯式数学物理风格非常贴切的描述。通过对四种类型环境下科学家工作的其他方面特征的详细分析,卡内瓦发现,这些其他方面的内容也与格/群分析理论的预言精确地一致。

在布卢尔和卡内瓦的工作之后,鲁德维克(M. Rudwick)进行了另一项把格/群理论用于科学史的重要研究。[①] 与布卢尔、卡内瓦等人从对反常的态度出发点不同,鲁德维克在对 19 世纪地质学发展的研究中,首先归纳出地质学家在其工作中体现出来的如下四种不同风格。第一,是抽象的风格。其代表人物为 19 世纪中叶典型的均变论者赖尔(C. Lyell),也包括一些在严格意义上不是均变论者的地质学家。这种风格甚至一直延续到现代地质学,特别是那些深受物理学和生物学影响的地质学分支。其特征为:(1)对地质时代的论述是与时间尺度有关的;(2)对地球历史的论述分类性不强;(3)在使理论完善化的过程中把反常吸收进来;(4)地球表观的复杂性被有计划地还原为根本的简单性;(5)对地球历史的分析,在方法上有强烈的释经学倾向;(6)对地球历史的分析有强烈的因果性倾向;(7)在解释地球历史时,接受来自地质学学科之外

① M. Rudwick, Cognitive Styles in Geology, in *Essays in the Sociology of Perception*. M. Douglas, ed. ,Routledge & Kegan Paul,1982,pp. 219-241.

的观点。第二,是具体的风格。这是自从地质科学作为一门有自
觉意识的学科出现后,大多数地质学家所表现出来的风格,它是地
质学中的主流传统。其特征是:(1)注意的中心是地层和其他岩石
的具体次序,而不是它们所代表的地球历史;(2)对建造的结构次
序进行明确的分类;(3)对在详尽阐述地质学结论过程中出现的反
常进行调整,使之不再成为反常;(4)地表特征在表观上的混乱状
态,被认为是对真实的、本质的复杂性的反映;(5)在方法上强调经
验研究的重要性;(6)首要的认识目的是次序,而不是原因,优先考
虑的是澄清岩石的次序和结构,而不是因果性的解释;(7)对来自
地质学之外的观点相对封闭。第三,是不可知论的风格。这只是
少数人的风格,如19世纪许多地方上的岩石和化石的业余收集
者,但其中也包括像最早的地质学会第一任主席格里诺(G.
Greenough)这样的人在内。其特征是:(1)对于就地层系列或地
球历史做出重要的理论性综合来说,其态度是不可知论的;(2)地
质学的现象(如地层的建造)服从于松散的分类;(3)对于在进行理
论概括时遇到的反常予以接受;(4)整个地质学的认识领域被看成
是一个具有不可化简的复杂性领域;(5)在方法上是经验性的,其
程度要甚于具体的风格;(6)认识的目标是要揭示次序,而不是揭
示原因,但这种次序只是地区性的;(7)愿意接受来自地质学之外
的观点。最后,是二元的风格。19世纪初一批根据《圣经》进行研
究的地质学家,现代信奉上帝创世说的地质学家,以及维利科夫斯
基(I. Velikovsky,美国作家,提出过一些有争议的天体演化理论,
其著作《碰撞中的世界》一书在出版过程中曾遭到科学共同体的抵
制)的追随者们均属此类。其特征是,(1)地质时代的概念是与时

间尺度有关的，但只能从现在向后追溯到一个独一无二的事件为止，在此事件之前，则被认为是无条理的和混沌的；(2)以简单的二元方式把地球历史明确地分类为两个截然相对立的时期；(3)排斥反常，认为反常是荒谬怪异的东西而立即予以否定，并否认其存在；(4)以简单性来描述地球的历史，但这种简单性不是抽象的风格那种本质的、抽象的和因果的简单性，而是地球历史自身二元系统的简单性；(5)在方法上有释经学倾向；(6)解释的目标是因果性，但只限于对边界事件和边界事件以后的地球历史；(7)倾向于不接受来自外部的影响。

在对地质学中研究的风格做了上述分类之后，鲁德维克将抽象的风格等同于低格低群的世界观，与个体主义的社会环境相联系；将具体的风格等同于高格高群的世界观，与等级制度的社会环境相联系；将不可知论的风格等同于高格低群的世界观，与个体化的从属性社会环境相联系；将二元的风格等同于低格高群的世界观，与派别活动的社会环境相联系。当然，鲁德维克还对于在特定社会环境中各种风格的种种特征进行了细致的分析，并论证了它们与格/群分析理论的相符。

除了上述三项科学史研究工作之外，把格/群分析理论用于科学问题的有较大影响的典型工作，还有布卢尔夫妇关于对当代工业科学家进行访谈材料的格/群分析。[①] 这项工作亦被认为是对该理论的重要支持。但由于它更典型地属于社会学而不是科学史

---

①　C. Bloor and D. Bloor, Twenty Industrial Scientists: A Preliminary Exercise, in *Essays in the Sociology of Perception*, M. Douglas, ed. , Routledge & Kegan Paul, 1982, pp. 83-119.

研究的范畴,这里就不再详细论及了。

四 对存在问题的分析与讨论

格/群分析理论一经提出,随即就受到了一些科学史家的关注,并将其用于自己的研究领域。仅仅到 20 世纪 80 年代初为止,就有将近十篇这方面的论文问世。英国科学史家和科学社会学家夏平(S. Shapin)在其 1982 年撰写的关于科学史及其社会学重建的综述性文章中,也在参考文献中将用格/群分析法进行的科学史研究作为专门的一类单独列出。[①] 一部分科学史家之所以对格/群分析理论表现出极大的兴趣,这是不难理解的,因为正如鲁德维克所讲的那样:"自然科学史家目前面临的最大困难,就是要找到一种恰当的方式,来分析在科学知识和建构这些知识的社会环境之间的联系。而道格拉斯的格/群分析理论则为此提供了一个有希望的启发性工具。"[②]

不过,我们也应意识到,格/群分析理论毕竟是一个并不完全成熟的新理论,不论就它自身而言,还是就将它用于科学史研究而言,在基础理论和具体操作方面还存在一些尚未解决的困难。在这方面,奥尔德罗依德提出的一些问题尤为值得注意。

[①] S. Shapin, History of Science and Its Sociological Reconstruction, in *Cognition and Fact*, R. S. Cohen and T. Schelle, eds. , D. Reidel Publishing Company, 1986, pp. 325-386.

[②] M. Rudwick, Cognitive Styles in Geology, in *Essays in the Sociology of Perception*, M. Douglas, ed. , Routledge & Kegan Paul, 1982, pp. 219-241.

　　一个最首要的问题,就是"格"和"群"这两个概念尚未在理论上被很好地定义。这在一定程度上使人们不得不按意会的方式利用格/群变量进行分类。因此,"在科学史家可以放心地应用格/群方法之前,需要做更多的工作来澄清'格'和'群'的意义与度量"①。表面上看起来格和群是两个变量,但在我们所见到的应用中,在大多数情况下都只是考虑了四种极端的情形,这当然也是与格/群变量缺乏准确的可操作性有关。

　　再有,格/群分析理论只给出了格和群这两个刻画不同社会环境的变量,一个显然的问题就是,仅用这两个变量就足以完整地描述如此复杂的社会吗? 实际上,奥地利人类学家汤普森(M. Thompson)就曾提出过一个三维的模型②,认为应增加一个"主动性"(activity)的附加变量,来表征一个人操纵他人,或被他人所操纵的程度,并认为利用这种三维模型,可以有助于理解人们在格/群图上发生位置移动的过程。显然这方面还可以有大量的工作可做,不过,在目前的情况下,如果我们只把现有的格/群理论作为一简化模型来应用的话,在一定的近似程度上还是可取得许多新成果的。

　　鲁德维克提出的一个更本质性的问题是,格/群理论是源于社会人类学的,即原来是用于对群体关系领域的一种分析手段,而在我们所见到的它在科学史的应用中,却几乎无一例外的是将分析

---

　　①　D. R. Oldroyd, By Grid and Group Divided: Buckland and English Geological Community in the Early Nineteenth Century, *Annals of Science*, 1984, 41:383-393.

　　②　M. A. Thompson, Three-Dimensional Model, in *Essays in the Sociology of Perception*, M. Douglas, ed., Routledge & Kegan Paul, 1982, pp. 31-63.

的目标指向具体的个人，而这似乎是违反了社会人类学家构造此方法的精神。因此，鲁德维克认为，对于那些有兴趣研究社会环境与认识方式之间联系的科学史学来说，也许还是采用集体传记（参见第十四章）的方法更为稳妥。

此外，研究的对象也可能同时处于多重社会环境之中，或可供分类的特征并不鲜明，如卡内瓦在其研究中就承认，格/群分析理论是较松散的，像安培这样的人的行为也可被描述为是吸收反常而不是包容反常。在这种情况下，就可能会导致以随意的方式来解释历史材料的危险，即只寻求对格/群分析理论的证实，而不是对它的证伪。

如此等的问题还有一些。如一些应用此方法的科学史家也反对以决定论的方式来因果地解释社会环境同认识方式的关系。但是，如果我们在了解了这些问题的情况下，谨慎地把这一理论作为一种具有启发性的工具来利用，随着更多的深入研究，是有可能在完善格/群分析理论的同时，基础更为牢靠地为科学史研究提供新的视角。尤其是我们可以设想，若将这一理论应用于中国科学史的研究，比如说研究那些在特定社会环境中生活的中国古代科学家或在现代大科学共同体中工作的中国当代科学家，又比如说将这些方法用于研究当代中国的"民科"（即"民间科学爱好者"），也完全有可能得出一些有意义的新结论。

最后还可以再补充一个例证。2008年在美国巴尔的摩举行的中国科学史国际大会上，大会的特邀报告之一，其报告人就大量地应用了格/群分析的方法，这也说明这种分析方法在科学史中仍然是具有生命力的。

第十二章　科学史研究中的传记方法(Ⅰ):一般传记

> 世间一切事物中,人是第一个可宝贵的。
>
> ——毛泽东:《唯心历史观的破产》

在科学史研究中,传记方法占有重要的一席之地。在我国,除了众多翻译的国外作者撰写的科学家传记之外,也有大量原创的科学家传记问世。然而,对于科学史研究中这种方法所具有的独特性及其与之相关的各方面问题,进行一些理论性的思考应是有益的。需要指出的是,在科学史中,甚至在一般的历史学中,当历史学家一般地谈到"传记"(biography)这一概念时,除了通常类型的传记之外,有时也可以指利用精神分析的心理学理论来对历史人物进行研究的"精神分析传记"(或称"心理传记"),以及以人物群体作为研究对象的"集体传记"。对于后两种"传记"类型,本书的第十三和第十四章将分别论述。本章则是对科学史中一般传记的问题进行讨论。

一　传记的性质与分类

按照牛津英语词典的定义,传记是"作为文学的一个分支的、关于个人生活的历史"。实际上,关于传记所属的类别或形式,长久以来在不同的传记作者和传记理论研究者中,一直是一个争论不休、众说纷纭的问题。但是到了20世纪50年代中期以后,为大多数传记批评家所接受的看法,则是将传记视为一门艺术(art),是一种具有自己独特的领域和惯用手法的文学类型,并且是向作者的想象力和创造力提出挑战的文学类型(当然对此看法也依然有不同的意见)。美国康奈尔大学研究传记理论的诺瓦尔(D. Novarr)教授曾这样总结过人们对传记看法的变迁:

> "对于有关传记一般性讨论的追溯,明显地展示了一种重要的动向:从口头上尊重传记中的艺术,到意识到传记就是一门艺术。这种意识的出现伴随着承认传记作家远远不仅是一位汇编者,不仅是一位具有戏剧性的表现和艺术描写才能的作者。导致这种意识出现的根源,是人们逐渐认识到,传记在根本上依赖于作者对其撰写对象的个性与行为之反应的灵敏性,依赖于作者与其撰写对象的关系,依赖于作者的想象力和将想象力具体化的技能。对于这种认识的培养,是通过考查传记与小说有何共同之处,是通过小说家对思想与情感的内心生活的发掘,是通过小说家在把握着眼点、距离和时代方面的实验。对于这种认识的培养,也是通过重新将历史作为一门艺术的考虑……是通过对有关传记问题越来越专门化的理论性与批判性讨论的日益关心。"[1]

----

[1] D. Novarr, *The Lines of Life*, *Theory of Biography*, *1880-1970*, Purdue University Press,1986,p. 151.

由此可以看出,在最一般的意义上,传记被归入文学的类型,或被视为艺术。而这也反映了绝大多数传记作品的特点。但即使在这种分类中,传记仍表现出了与小说、戏剧等其他文学形式的不同。

但实际上,还有另一种研究传统,即认为传记是历史学的一个分支,认为传记方法是一种正统的历史研究方法。因为从历史学家的观点来看,传记就是"对生活的记录",每部传记都必然包括了有关传记主人公所处时代的某些信息。当然,并非所有的传记都是历史性的传记,进行区分的关键点之一,就是看是否将传记的主人公置于其所处时代的背景之中,是否增进了我们对于那个时代的了解。[①] 早在 17 世纪初,弗兰西斯·培根在呼吁要进一步发展所有类型的历史研究时,就将传记包括在内,认为传记是学术性历史的一个分支。[②] 20 世纪初期在传记理论方面较有影响的英国学者尼科尔森(H. Nicolson),在承认牛津英语词典对传记定义的基础上,着重强调了"历史""个人"和"文学"三个要素,认为它们是成功的传记的基本条件。更有相当多的传记作家和传记理论家,强调传记与历史的共同之处。就连被誉为"现代传记之父"的英国传记作家和批评家斯特雷奇(L. Strachey),也在其最著名的《维多利亚女王时代四名人传》(1918)的序言中,称自己为历史学家,因为"一个伟大的历史学家的首要职责,就是成为一个艺术家",他认为,最伟大的历史至高无上的光荣,就在于"它以巨大的理解力把

---

① H. Ritter,*Dictionary of Concepts in History*,Greenwood Press,1986,pp. 17-18.

② R. E. Hughes, Biography, in *The Encyclopaedia Americana*, Grolier Incorporated,1985,3:766-768.

我们带入思想的交流，它通过艺术的力量而达到这一结果"，"所有值得提及的历史，都像诗歌一样，是以其自身的方式是个人性的，其价值最终取决于在它背后人物的力量和品格"。① 一部分传记作家或理论家之所以强调传记与历史的共同之处，是因为他们认为传记与其他文学作品的区别之一，在于传记要如实、准确地记录历史事实。就像牛津女王学院院长布莱克（R. Blake）所说的："一部准确的传记可能会是枯燥的、沉闷的。它可能是这样一种著作，就像有人讲到我朋友的一本书时讲的那样，'当你放下它就很难再拾起来'。但如果它是正确的、准确的，那它至少让人有所收获。一部不正确、不准确的传记可以是生动的、撰写出色的、感人的、引人入胜的、精致的等，但其不准确就将它排除在了传记之外。"②

总之，传记与历史的联系，或者说它们的共同之处，主要是在于它们所关心的、所追溯的均是过去发生的事情。这样，传记就不可避免地面临着与历史研究相同的某些问题，如对历史资料和证据的鉴别与整理，以及相关的解释等。当然，一般地讲，传记与历史的区别，或许可以说前者关心的是个人的（在传统中，尤其是"伟人"的）生平，而在最一般意义上的历史，则关心范围要更为广泛，并不局限于某个人。相应地，作为与一般意义上的历史学相区别的、作为文学类型的传记，也就具有了它自身的特点，除了历史方面的考虑之外，人们还必须从心理学、伦理学、美学等方面对之有

---

① D. Novarr, *The Lines of Life, Theory of Biography, 1880-1970*, Purdue University Press, 1986, p. 28.

② R. Blake, The Art of Biography, in *The Troubled Face of Biography*, E, Homberger and J. Charmley eds. , St. Martin's Press, 1988, pp. 75-79.

所要求。

　　无论是在西方还是在中国,传记都有悠久的历史。在西方,人们可以追溯到公元前 5 世纪古希腊诗人希俄斯的伊翁(Ion of Chios)为当时的名人所撰写的传略,在中国,公元前 2—前 1 世纪,西汉司马迁在其《史纪》中,本记、世家、列传部分亦已有了人物传记的形式。在漫长的发展过程中,传记无论在形式、风格、撰写方法、强调的重点等诸方面都经历了巨大的变迁。从现代的视角来看,《大不列颠百科全书》在其"传记文学"的条目下,曾对传记的形式进行了较细致的分类。① 参考一下这种分类,对我们理解不同类别的传记及其特点将是有益的。在不考虑自传的前提下,是根据对传记主人公的个人了解还是根据对研究的结果,可以将传记分为主要的两大类,即"根据第一手知识写成的传记"和"根据研究编写的传记"(biographies compiled by research),前者的作者往往与传记主人公有某种关系,后者则是我们从历史研究的角度所关心的。对于"根据研究编写的传记",又可以从不同的角度再分类。据撰写方法的相对客观性,它们可以分为以下六类。(1)资料性的传记(informative biography)。它是传记中最为客观的,仅仅通过资料证据来展示传记主人公的生平,除了对资料进行无法避免的选择之外,作者避免任何形式的解释,这类传记大多可以成为后来传记作者的原始素材。(2)评传(critical biography)。它是学术性和评论性的,作者要按学术规范通过对原始材料细致的研

---

　　① P. M. Kendall, Biographical Literature, in *The New Encyclopaedia Britannica*,15th ed.,Encyclopaedia Britannica,Inc.,1980,2:1006-1014.

究而写出，不允许任何虚构。作者的目的主要是评价传记主人公的工作和展示其生平，这类传记通常只能吸引专家的兴趣。（3）"标准"传记（"standard" biography）。它在作为一种门艺术的实践中，是传记文学中的主流，形象生动，在客观性和主观性之间保持一种均衡。（4）阐述性的传记（interpretative biography）。它虽有一定的依据，但却是主观性的，尤其是在根据材料和解释方面，而且没有标准的特征。（5）小说化的传记（fictionalized biography）。它可以自由地进行虚构，凭想象来撰写场景和对话，而且往往是根据二手材料在粗略研究的基础上写成的。（6）传记式的小说（fiction presented as biography）。它完全是虚构的小说，只不过以传记形式写成而已。

此外，还可以提到的两类特殊的传记是：参考文集（reference collections）和人物传略（character sketches）。前者是在西方从18世纪末开始出现而且数量上不断增加的传记性史实的汇编，如多卷本的传记辞典等；后者是短篇的传记文学（但不包括早期宗教和政治人物的准传记材料），像中国的《史记》《汉书》，在西方对后世传记有巨大影响，被誉为"传记之父"的古罗马作家普卢塔克（Plutarch）撰写的《希腊罗马名人传》等，均属此类。

一个明显的事实是，在历史研究中，传记已成为不可缺少并具有重要意义的一种方法。但从上面提到的分类来看，人们已经可以较有把握地将某些类型的传记排除在历史研究或可信的历史资料的范围之外。无论是在日常阅读，还是在作为研究资料的参考中，都应该注意区别这些不同类别的传记。这样，才不会被那些在历史的意义上不可靠的传记所误导。

二　传记与科学史

在对有关传记的一般性问题做了上述概览之后,我们可以进一步讨论在科学史研究中传记方法的有关问题。

正如(不论在西方还是在中国)历史学的传统要远比科学史久远一样,传记方法自身的历史也远远要比传记方法被用于科学史的历史久远得多。但科学首先是作为科学家的人的活动,因此传记的研究方法在科学史中负载着其他方法所不能涵盖的功能。实际上,杰出的个人科学家的传记也是最古老的科学史形式之一。不同的科学史家从不同的着眼点强调传记方法的重要性。在 20世纪 30 年代,科学史家萨顿就是以一个人文主义者(或更确切地说是一个新人文主义者)的立场在其《科学史研究》一书中指出:

> "体育迷对他们所崇拜的英雄有永不满足的好奇,而同样的本性使人文主义者对为知识和文化做出贡献的伟大人物提出了一个又一个的问题。为了要满足这种健康的本性,必须为他们写出在追求真理的过程中表现卓越的那些人物详细可靠的传记。"[①]

如果暂且不说像萨顿这种在更深层次文化意义上的要求,仅就理

---

① G. Sarton, *The Study of the History of Science*, Dover Publications, Inc., 1936, p. 42.

解科学史本身而言，传记方法也同样是必不可少的。在这方面，我国已故物理史家戈革先生在评价以色列学者雅默尔著名的《量子力学的概念发展》一书的"局限"时，所讲的一段话，可以说是具有代表性的：

> "……最主要的问题在于它是一本"概念史"，它最注意的是"概念"的发展而不是人世间现实事态的发展。在这本书中，几乎找不到什么物理学家的传记材料，而关于具体事实的描述也很不多见。在这样一本书中，历史人物就或多或少地变成了为"概念"发展服务的"棋子儿"，用着哪个就拿过哪个来。于是，学生们读了这本书，甚至弄不清许多科学家到底是哪国人，而且除了他们在物理学方面的重要成就以外，对他们的家庭背景、成长过程、平生遭遇、思想倾向以及和其他学者的关系等也都不甚了解，而不了解这些，也就会在很大程度上影响人们生动地、深刻地理解历史的进程，甚至也会影响人们很好地理解"概念"发展本身。"[①]

如前所述，传记是科学史最古老的形式之一。反过来讲，某些最早期的科学史也是传记式的。从这一角度，人们可以追溯到 18 世纪法国科学家和文人丰特奈尔（B. Fontenelle）为巴黎科学院院士所写的 69 篇著名的《颂词》（eloges）。可以说它们不仅仅是对死者的赞颂，丰特奈尔通过对传记主人公仔细的研究，既展示了他

---

① 梅拉等：《量子理论的历史发展》，戈革等译，科学出版社 1990 年版，第 Ⅴ 页。

们的美德，也展示了他们的弱点；既关心科学的方法，也关心科学的哲学。有人甚至认为他对牛顿的《颂词》是在此之后所有牛顿传记的奠基石。[①]

　　然而在19世纪，大多数所谓"维多利亚式"的传记却是一种英雄崇拜式的、非批判性的传记，这种潮流也影响到科学史中的传记。随着这一传统的延续，再加上伴随着20世纪初实证主义科学编史观、辉格史观的影响，科学史传记中的主人公常常典型地作为一个与愚蠢的同时代的环境作斗争的天才而出现，他具有天才的思想，这思想的杰出在于，它们或者是预见性的，或者可以加入到我们对现代科学知识的理解中去。而周围的环境则为其天才的思想设置了障碍。但事实上，这些障碍经常并无可靠的根据，而仅仅是对英雄克服障碍取得成功的颂扬手段的一种，或是为其没有成功而辩解的手段。于是，"传记作者将经常受到诱惑，与传记主人公站在同一立场，把所描述的科学家作为英雄来表现，而将其对手和竞争者作为反面人物。当这种情况出现时，传记就退化成了所谓的圣徒传记（hagiography），退化成了无批判的黑白分明的历史"[②]。

　　正是由于这种原因，在20世纪西方新一代的职业化的科学史家中，传记一度在某种程度上被看作是一种不那么受敬重的历史形式。这一方面是与在新的职业科学史家中逐步确立起来的科学

---

　　① T. L. Hankins, In Defence of Biography: The Use of Biography in the History of Science, *History of Science*, 1979, 17: 1-16.

　　② H. Kragh, *An Introduction to the Historiography of Science*, Cambridge University Press, 1987, p. 168.

史的现代标准有关,如明显的反辉格式编史学倾向;而另一方面则
与科学史研究视角的变化有关,即科学史家更多地转向注意科学
发展外史的侧面,认为传统的传记只给出了有关科学发展的一种
狭隘的、个人化的、内在主义的、歪曲了的图像。

尽管曾有过这种认识倾向的出现,但在实际的科学史研究中,
传记方法的发展却从未间断过。例如,在科学史职业化发展中的
60 年代,仍有人在归纳科学史研究的四种主要途径时,将传记研
究列在其中的第一位(另外三种途径是将科学史作为思想史的一
个分支的研究、对科学社会史的研究以及对科学和科学思想在人
类生活和其他思想领域中产生影响的研究)。[①]

传记方法正是由于它集中注意科学家个人活动这一特征,而
使它具有了科学史中其他研究方法所无法取代的功能。而且在进
一步的发展中,科学史家认识到,虽然传记集中于突出科学家个人
的方法可能会将大多数其他科学家仅仅置于一种灰暗的背景中,
但这并不一定就是缺乏客观性的标志。尤其是科学史家开始认识
到,传记方法集中注意个人的特征也不一定与外史等方面的诸多
研究相矛盾。美国学者威廉斯(L. P. Williams)认为,历史学家都
希望能获得一幅完整的历史画卷,然而现代科学是一个思想和活
动的奇异复合体,各种不同的科学史研究学派只能给出各自来自
不同角度的理解。至于能否有一种更全面的方法呢? 比如说综合
考虑社会、建制、哲学等诸多方面对科学发展的影响。他认为,一
般说来,"要想写出具有普遍意义的,即把各种因素都考虑到的科

---

① K. Birr, What Shall We Save, *Isis*, 1962, 53:72-79.

学史是不可能的"，"然而，有一个领域，在其中可以精确地回答这些问题，并在历史的描述中定出这些因素恰当的相对比重。我们能够找出社会学的、科学的、哲学的和科学机构等的因素对单个科学家的影响，我们甚至还能够相当精确地估计出每一个因素对科学工作产生的影响。简而言之，正是通过传记，我们才能捕捉到真实的科学史"。也就是说，"只有当把各种因素都与单独的一个人联系起来，并精确地确立出这些因素的影响以后，才能把各个因素汇总起来，从而揭示科学史里一些真实的方面"①。

由于在历史中的诸多因素只有通过科学家个人这一中介，才可能对科学产生影响，因而利用汉金斯（T. L. Hankins）的说法，通过传记这种"文学的透镜"，我们就可以研究外部因素对科学发展的影响。在科学史的现代认识中，能够允许对科学进行一种全方位的、综合性的透视，这被认为是传记方法最大的优点之一。当然，这种优点在某种意义上也许可以反过来讲。在现代史学观点中，那种试图从整体上把握历史，或者试图对本体性的历史规律进行概括的做法，在分析的历史哲学倾向的影响下，不在历史研究中占主流地位。如果说在 20 世纪初科学史仍是一种具有实证主义色彩的对重要发现的编年排序，强调（另一种意义上的综合性）通史概括的话，那么在随后的半个多世纪的发展中，对科学史的概括性研究则更多地为微观的研究所取代。正因为科学家的生平、工作具有鲜明的个人特征和多样性，对之的微观研究表明，科学的变化要远比人们以前所认为的更复杂、更无规则、更富于个人色彩。因

---

① P. L. 威廉姆斯："传记与真实的科学史"，《世界科学》1988 年第 11 期。

此，"经仔细研究的传记可以摧毁一切种类的历史概括"①。这或许是我们可以意识到的传记方法在科学史研究中的另一重要特色。

三　撰写科学史传记的困难

从严格的学术意义上来说，科学史中的传记是极难撰写的，因为它无论在形式上还是在内容上都对科学史家提出了特殊的要求。汉金斯在"捍卫传记：科学史中对传记的利用"一文中，曾对科学史传记的撰写提出了三个基本要求：（1）必须涉及科学本身；（2）必须尽可能地把传记主人公生活的不同方面综合成单一的一幅有条理的画面；（3）要有可读性。② 他认为满足这三个要求的科学传记才是理想类型的。但是，可以说，除了一般历史性研究所面临的同样困难之外，科学史传记的特殊困难也正与这三个要求密切相关，而且彼此交织。

对存在的困难或许可以分成两方面来讨论。首先，涉及科学家传记的形式和读者对象。这与要求（1）和要求（3）直接相关，也在一定程度上涉及要求（2）。在传统中科学家传记通常采取一种被称为"生平加学问"的形式，其特点是详尽地包括了有关传记主人公的生平与工作的各种材料，卷帙浩繁，作者亦不参与过多的解释。它们虽然从文学角度来说不尽令人满意，但作为历史的长处在价值上胜过了作为文学形式的不足。它们更多地具有一种史料

---

① T. L. Hankins, In Defence of Biography: The Use of Biography in the History of Science, *History of Science*, 1979, 17: 1-16.

② Ibid.

的价值,而不是最佳的科学史形式。因为按照现代的要求,人们将不满足于科学史传记仅仅提供大量的材料,而是允许作者通过自己解释,将科学家生活的不同侧面统一起来。但一般说来,涉及科学与对一般读者而言的可读性是有矛盾的。从19世纪起,许多人就采取了一种相当普遍的做法,在传记中将生平和科学工作分别放在不同的部分讨论,如第一部分专讲述生平,第二部分再讲科学工作。这样做的结果是,使传记可为更广泛的读者接受,一般读者可以只读生平部分,而具有专门知识的人则可进一步了解其科学工作。但这样做带来的一个严重的问题是科学活动与非科学活动之间的联系消失了,产生的是割裂的图像,只阅读了生平部分的读者无法全面了解科学家是怎样从事科学工作、他的科学思想是怎样发展以及他是如何检验这些思想的。科学史家的努力,自然是将生平与工作有机地结合在一起,这样虽加深了阅读的难度,让只关心伟人生平个性的读者感到冗长乏味,从而失去了若干读者,但按科学史的现代标准及传记对其他科学史家的价值来说,这样的努力却是必不可少的。

困难的另一方面不纯粹在于形式,而涉及的是科学史家自身的能力。不仅要求作者能够深入理解和掌握传记主人公在科学方面的工作(这已是相当高难的要求),并全面地了解传记主人公所处的时代、社会和有关各种因素(这也是并非能轻易做到的),而且更重要的是能够具有一种洞察力,找到在科学思想的链条同与之似乎"平行"的其他智力活动之间的特殊联系,或把各种表面上"分立"的思想史线索和社会诸因素真正恰如其分地综合到一幅和谐的图像中,并将科学家的个人生活与科学工作的技术细节这两个相当不同但又十分重要的侧面统一起来,对采用传记方法的科学史家来说这才是最困难的、最微妙的要求。而且从另一个相反的极端来看，也同样存在着过分夸张综合的危险，如总是力图把传记主人公的科学贡献看成是以非科学事件为基础等。"正如人为的割裂一样，人为的综合也可以使人误入歧途的。"[①]

最后，可以简要地提及科学家传记中的"传奇"与"神话"的问题。

科学家传记几乎可以说是科学史著作中唯一可能的畅销书，这些畅销书中的许多也许并不符合现代科学史标准的要求（像我国已有中译本的伊芙·居里所写的关于其母亲的传记《居里夫人》便属此类），但它们有助于"传奇"与"神话"的传播。而纠正这些"神话"，以及纠正早期科学史著作中的错误，本应是严肃的科学史研究的职责之一。举例来说，像广为流传的关于数学家伽罗瓦（E. Glois）的遭遇、他为爱情纠纷而与政敌决斗，以及他于决斗前夜在遗言中写下了其数学思想的精华等说法，便是典型。因为最新的学术研究表明，实际情况并非如此。例如，决斗既不是由于爱情纠纷也不是由于政治所导致的，而只是个人口角的结果；至于决斗前的遗言，则只是对其数学手稿的一般性编辑修改而已。"对伽罗瓦的神话的摧毁，导致了更可靠的历史，而且并没有削弱伽罗瓦在科学上的独创性。如果说这使他的传记不那么激动人心的话，那这也是一种对之不应遗憾的代价。"[②]

---

① H. Kragh, *An Introduction to the Historiography of Science*, Cambridge University Press, 1987, p. 172.

② Ibid.

第十三章　科学史研究中的传记方法(Ⅱ):心理传记

> 当我们问为什么一个人正在做某件事时,我们是想知道,他究竟被什么所驱动,究竟是什么本能决定了他产生这些心理过程,以致促使他去从事这些活动。
>
> ——霍尔:《弗洛伊德心理学入门》

历史学以过去的事件和人物作为研究对象。当然,一般来说,这些人物即是所谓的"伟人"。在 20 世纪历史学的发展中,心理学理论被引入和应用于历史研究,形成了自 60 年代以来蓬勃兴起的心理史学(Psychohistory)学派。虽然各种不同的心理学理论对历史学均有渗入,但心理史学的主流却是精神分析学说与历史研究的结合。① 在这些研究中,对"伟人"的传记研究又占了绝大多数,故又有"心理传记"(psychobiography)或"精神分析传记"(psychoanalytic biography)之称。由于弗洛伊德(S. Freud)开创的精神分析理论在很大程度上是一种泛性理论,注重童年的经历及无意识的重要作用,因而将此工具用于历史研究时,无论研究方

---

① 罗凤礼:"再谈西方心理历史学",《史学理论》1989 年第 4 期。

法还是得出的结果都与传统的史学研究大相径庭。本章将结合科学史的研究,对有关问题做简要述评。

一　心理传记研究的开端

现代心理史学的创始人也正是精神分析理论的创始人弗洛伊德,而心理史学(或者说心理传记)的发轫之作,又恰恰是以科学史研究中的重要人物——意大利文艺复兴时期的著名艺术家和科学家列奥纳多·达·芬奇(Leonardo da Vinci)作为研究对象的。1910年春,弗洛伊德完成了这部著作,其最初的英译本名为《列奥纳多·达·芬奇:一例性心理学的研究》,后来的译本更名为《列奥纳多·达·芬奇及其对童年的一个记忆》。[①] 对弗洛伊德本人来说,这一研究不仅是他第一次,而且也是他最后一次在传记领域中的长途跋涉。

达·芬奇是一位极有特色的人物,甚至可以说是在"人类历史中一个独一无二的人物"[②]。关于他的工作、生活和性格的许多方面,不仅在现代人来看多有费解之处,即使在其同时代人的眼中,也同样不可思议。然而正是这样一位有趣的人物引起了弗洛伊德的兴趣。为了系统地研究,他曾浏览了当时手边所有有关达·芬奇的著作。众所周知,在精神分析理论中,研究对象的心理发展与其童年经历有着直接的联系。但是,在记载中人们对达·芬奇的

---

① S. Freud, Leonardo da Vinci and a Memory of His Childhood, in *The Freud Reader*, P. Gay, ed., W. W. Norton and Company, 1989, pp. 443-481.

② 萨顿:《科学的历史研究》,刘兵等编译,科学出版社1990年版,第182—212页。

童年却所知甚少,只知达·芬奇是公证人塞·皮罗·达·芬奇与一位名叫卡特琳娜的农村姑娘的私生子,出生后不久他的双亲就各自结了婚,以及他在 5 岁时,成为塞·皮罗家族中的一员。不过,弗洛伊德还是在达·芬奇有关飞禽的科学笔记中,找到了这样一段插入的文字:

> "我似乎注定要与兀鹰有缘,因为我回想起我最早的一段记忆,那时我在摇篮中,一只兀鹰向我飞下,用尾巴撬开我的嘴,并一次次地撞击我的嘴唇。"①

正如弗洛伊德本人所讲的,

> "如果一部传记研究真的打算要达到对其主人公精神生活的理解,那就一定不能够像在大多数传记中那样,由于谨慎或假装正经的结果,略过不谈其主人公的性活动或性的个人特征。在这方面我们对列奥纳多所知极少,但这极少的内容充满了重要性。"②

弗洛伊德正是将达·芬奇对童年的那段回忆作为这"极少的内容",并以此作为他分析的出发点。他首先指出,这段离奇情节的回忆不可能是真实的回忆,它应是在后来才形成并被转换到童

---

① S. Freud, Leonardo da Vinci and a Memory of His Childhood, in *The Freud Reader*, P. Gay, ed., W. W. Norton and Company, 1989, p. 445.

② Ibid., p. 448.

年时期的一种幻想。但根据精神分析理论，这种幻想有其起源。在随后的分析中，兀鹰的尾巴撬开并撞击幼年达·芬奇的嘴唇被解释为象征着用嘴吸吮阴茎的性活动，这种幻想来源于幼年在母亲的乳房上吮乳以及被母亲亲吻的记忆，但这种记忆却被隐藏起来。此外，在此幻想中，兀鹰取代了母亲，这还可从另一方面来论证(由于在后面将谈到的问题，在弗洛伊德的原作中，此论证被编者略去，这里的转述参考了另外的文献①)。因为在古埃及象形文字中，母亲是以兀鹰为形象的，而且在古典文献中有记载说，兀鹰系母亲之象征，世上只有雌兀鹰存在，它们"在飞翔途中，张开阴道，受孕于风"。一些教会神父用此传说来为圣灵感孕辩护。弗洛伊德认为，达·芬奇无疑是知道这些说法的。至于为什么在此分析中阴茎和母亲联系在一起的问题，弗洛伊德则借助精神分析的幼儿性欲理论予以解释，即小男孩最初相信所有的人均有阴茎、后来发现女孩没有阴茎时产生的被阉割恐惧，以及仍相信其母亲也有阴茎等。

由此，弗洛伊德认为，可以通过对兀鹰幻想的分析来"填补列奥纳多生平中的空白"：它告诉我们，达·芬奇"在他生命关键的最初几年中，不是在父亲和继母身边，而是在他可怜的、被遗弃的生母身边，因而他有足够的时间感到缺少父亲"②。而且，单独与母亲待在一起的最初几年，"对他后来内心生活的形成将具有决定性的影响"。

正像一些学者所认为的，弗洛伊德为 19 世纪的机械自然观所

---

① 斯坦纳德：《退缩的历史》，冯刚等译，浙江人民出版社 1989 年版。

② S. Freud，Leonardo da Vinci and a Memory of His Childhood，in *The Freud Reader*，P. Gay，ed.，W. W. Norton and Company，1989，p. 458.

支配,追求事物间的因果联系。① 在对达·芬奇的研究中,弗洛伊德确实体现出这一倾向。关于为精神分析所"揭示"的"幼年经历"对达·芬奇后来生活有"决定性的影响"的方面,弗洛伊德讨论最多的是其"同性恋倾向"问题。他认为,正是达·芬奇幼年同母亲的关系,导致了他后来特殊的性心理发展。由于压抑了对母亲的爱,他把这种爱保留在无意识中,以致只追求男性,远离会导致他对母亲不忠的女人。由此,弗洛伊德来说明达·芬奇只招收漂亮但并无才华的男孩为学生,以及不厌其烦地为学生的开销记账等行为。当然,弗洛伊德也并未肯定达·芬奇与其学生之间有实际的同性恋性行为,而是作为某种"易动情的态度"来描述。

对于达·芬奇艺术杰作的解释也是弗洛伊德的中心论题之一。联系到兀鹰幻想中母亲的亲吻,像《蒙娜丽莎》中的微笑,也是源于对其生母的深层回忆。虽然在长期压抑下他无法再期望从女人嘴唇上得到这种爱抚,但可以用画笔来再现这种爱抚,并将它赋予所有的绘画作品。

遗憾的是,对于在达·芬奇生活中占重要地位的科学工作,弗洛伊德却讨论不多。达·芬奇作为文艺复兴时期最伟大的科学家,不迷信权威和古人,并热衷于研究和观察自然。弗洛伊德对此的解释,又牵涉到了达·芬奇的父亲的作用,一方面是他不在达·芬奇早年时的身边,另一方面是他后来的出现。弗洛伊德认为,古人和权威对应于他的父亲,而自然则成了曾哺育他的母亲。归根结底,达

---

① R. Coles, On Psychohistory, in *Psycho/History*, *Readings in the Method of Psychology*, *Psychoanalysis and History*, Yale University Press, 1987, pp. 83-108.

·芬奇大胆而独立的科学研究，是由其不受父亲约束的幼年的性探索所决定的，也是带有性成分的这些探索的延伸。当然，除了上述内容之外，弗洛伊德还讨论了许多其他内容，这里就不再一一转述了。

弗洛伊德相信，精神分析的传记将使传记的撰写更富有人性，并认为他对达·芬奇的研究是精神分析学者征服文化的一个新阶段。因此，这部作品成了他的得意之作之一。从现在来看，更重要的是，这部作品开创了心理史学的先河。随后，对此著作的批评也就纷至沓来。其中最致命者（当然也有些人不这样认为），是有人发现在弗洛伊德分析关键的"兀鹰幻想"中，他依据的德译文误将"鸢"译作了"兀鹰"。更有人指出，即使在达·芬奇本人的概念中，兀鹰的形象也并非如弗洛伊德所想象的那样。如斯坦纳德，从史学角度对此传记的多个方面进行了反驳，认为"就弗洛伊德论点的三个基本阶段而言——幼年史、成年性生活和以后的绘画特征，我们实际上找不到任何一个阶段的证据。即使有连贯的因果推断关系，每一阶段各自都经不起推敲"[①]。此外，他还着重提出了这类研究在论据问题上、在逻辑问题上、在理论基础问题上和在对当时文化理解上的严重缺陷。

二　另外两个研究案例

尽管有种种异议，但自弗洛伊德之后，心理史学还是发展了起来。20 世纪 50 年代末，美国历史学会主席甚至号召会员，要将运用精神分析方法研究历史视为所有历史学家的下一项任务。这种

---

①　斯坦纳德：《退缩的历史》，第 40 页。

热潮在 20 世纪 70 年代达到了极盛期。虽然此期间涌现的著作水平参差不齐,但其中也有像艾里克森(E. Erikson)对青年路德的研究那样的力作。可是,正如在历史学的漫长发展和浩如烟海的著作中,科学史研究只有短暂的历史并只占很小的比例一样,心理史学的研究对象也大多是政治领袖、宗教名人、著名作家和艺术家等。但在极少数涉及科学家的研究中,我们可再举出两个较典型的例子。

　　一个例子是曼纽尔(F. E. Manuel)的《艾萨克·牛顿的肖像》一书。① 它是一部运用精神分析理论研究伟大科学家牛顿的心理传记。曼纽尔也是以牛顿幼年的经历作为分析的出发点:牛顿在未出生前,父亲就已去世,他出生时非常瘦弱,在他 3 岁时,母亲再嫁,牛顿被交给外祖母抚养,如此等等。在曼纽尔看来,牛顿的性格与天才实际上是其幼年两种体验结合的产物。这两种体验就是他与从未见过面的父亲的关系,以及他与母亲的关系。母亲再嫁后,牛顿失去了他曾一度完全拥有过的母亲,从而产生了极度的不安全感和被剥夺感。他渴望再次见到母亲,就像在幼年早期那样,这成了牛顿一生都在徒劳地追求的幻想。在对他从未见过面的父亲的追求中,地上的父亲也就是天父上帝,他认为自己是上帝的选择,并有一种负罪感。这种双重体验的结合,便使得任何要夺取或占有其智力成果的企图,都会引起牛顿的狂怒。在少年时,他不可能不受惩罚地伤害他的父兄,但他成年后却可以摧毁对手和敌人。这导致了他与胡克、莱布尼兹等人的冲突,而这些人实际上成了使

---

　　①　F. E. Manuel, *A Portrait of Isaac Newton*, Frederick Muller, 1980.

他失去母亲的继父的替代者。晚年在铸币局的职位,则使他可以以社会所认可的方式来发泄其愤怒,来处罚作伪者。至于他的历史和神学研究,乃至科学争论,都是为提供可接受的发泄的心理需要。同样地,曼纽尔对牛顿的科学工作也论述不多。但曼纽尔提出了有趣的二项新论:一是牛顿在1666年和1678年的重要发现,均与他回到故乡伍尔兹索普,即与其母亲有关系;二是他的光学实验被解释为了再次享受与母亲"亲密的视觉交流的愉悦"。

对于曼纽尔的著作,研究牛顿的著名学者、科学史家韦斯特福尔(R. S. Westfall)认为,它是令人感兴趣的,但关键在于它是否真实,而这却难以肯定,因为不可证明。除了指出曼纽尔提出的与伍尔兹索普相联系的科学发现在科学史细节上的错误之外,像对牛顿光学实验的解释,也被认为是一种"没有规则、没有结局、任何人都能玩的游戏",因为自中世纪发明了暗箱以来,与牛顿的实验相似的光学实验是光学研究的普遍内容,难道所有研究光学的人都是为了追求与母亲亲密的视觉交流的愉悦?总之,韦斯特福尔认为:"我所反对的——而且在我看来作为一个科学史家完全有权反对的,是他这样一种倾向,即认为他能从精神分析的优越地位撰写科学史。"[①]

另一个典型例子是美国学者福伊尔(L. S. Feuer)在其《爱因斯坦和科学的世代》[②]一书中,用精神分析的观点来研究现代物理学家和物理学家科学气质的心理根源。福伊尔认为:"可以说,没

---

① R. S. Westfall, Hannah Smith's Son, *Science*, 1969, 164:670-672.

② L. S. Feuer, *Einstein and the Generations of Science*, Basic Books, Inc., 1974.

有一个科学家曾发现或构想出他所不喜欢的假设,在心理学意义上,假设是一种目的论的原理,对它的利用是这样一种期望的投影,即这个世界将证明是某种与科学家最深层的潜意识渴望相一致的类型。"①关于福伊尔的方法与观点,可举他书中对马赫和玻尔的讨论来说明。

对马赫有关风车和有关在实验室一支蜡烛在装满水的烧杯中燃烧的梦,福伊尔都赋予了性的含义。他认为是马赫在无意识中要从对父亲的恐惧中解脱出来,并涉及马赫对物理定律的看法。这种解释在讨论马赫的反原子论观点的根源时达到了极致。福伊尔称,原子对马赫来说似乎成了父亲支配的象征,他把原子称为Stones(砖石),而这个词又出自《圣经》对睾丸的隐喻,因而马赫是在追求一个没有 Stones 的世界,追求一种非家长化的、作为一个整体从父亲的威胁下解放出来的实在。马赫在其物理理论中投射了一种最基本的、神话中的对父亲的反感。② 在谈到玻尔时,福伊尔也是基于类似的理论,强调玻尔与其父亲的心理关系,认为玻尔的哲学教师赫弗丁对玻尔的影响"部分地是一位教师的影响,而在一位造反者眼中,这位教师用一种新颖的态度和学说代替了一位父亲"。他指出:"足够有趣的是,尼耳斯·玻尔'科学'创造性的伟大爆发是在他父亲于 1911 年逝世后的不久。"福伊尔还用这种父子冲突来说明玻尔对物理学研究课题的选择,如此等等。

---

　　① L. S. Feuer, A Narrative of Personal Events and Ideas, in *Philosophy*, *History and Social Action*, S. Hook, et al. , eds. , Kluwer Academic Publishers, 1988, pp. 1-85.

　　② L. S. Feuer, *Einstein and the Generations of Science*, Basic Books, Inc. , 1974, pp. 26-41.

对于福伊尔的这些研究，同样也引起了传统科学史家的严肃批评。克拉指出，事实上，在 19 世纪末反原子论是常见的，马赫的态度恰恰是基于恰当的、科学的理由。而像那种对术语的象征含义的揭示，却并无进一步的证据。"对于马赫使用'Stone'这一术语，不那么人为的解释应是这样的：马赫所想到的是物质的最小建筑砖石（Bausteine），而不是睾丸。"① 丹麦学者福尔霍耳特（D. Favrholdt）在其对玻尔的哲学背景的研究中，也根据确凿的史实——批驳了福伊尔的观点，并措词激烈地指出那些论断"全都是胡说八道"②。

三　小　结

如前所述，关于利用精神分析理论对科学史进行研究所得的成果，在传统科学家中并未被认同。这里所涉及的实际上也是历史学研究中的许多基础性问题。在范围更广的一般历史学界，争论亦同样激烈。除了像心理史学家应接受什么样的训练这样一些一般性的问题之外，也有人试图要否定作为其理论基础的整个精神分析学说。③ 不容否认的是，在应用此理论时，对性问题及其在解释中地位的过分夸大，也是使传统史学家抵触的原因之一。像

---

① H. Kragh, *An Introduction to the Historiography of Science*, Cambridge University Press, 1987, p. 173.

② D. Favrholdt, Niels Bohr's Philosophical Background, *Det kongelige Danske Videnskabernes Selskab*, 1992, pp. 60-62.

③ 斯坦纳德：《退缩的历史》。

这种涉及精神分析理论本身的正确与否等更深刻、更不易有统一结论的争论,而且不同的观点可以说是一直并存至今。对此,这里暂不讨论。但正像心理史学的倡导者也承认的那样,心理史学真正区别于其他学科的,正是其方法论。① 可以说,这种差异是造成鸿沟的主要原因之一。这种差异体现在以下两个方面。第一,心理史学方法依靠理论,特别是依靠精神分析理论来理解和解释历史。对于历史上的人物和事件并不是按其本来的情况来加以理解和让人理解,而主要是以心理学理论来理解和解释,这种理解和解释不是来自历史往事本身,而是理论模式的产物。简而言之,这种做法与其说是将模式应用于过去的历史,不如说将过去的历史应用于模式更为准确。第二,心理史学方法采纳证据的范围比传统史学方法宽。历史学家常从历史往事中寻找证据,但心理史学家在依靠理论时,也用现在的事情作证据,以证实他们的解释。② 这就涉及"证据"在史学意义上的真实性问题。

就传记研究而言,因为要应用精神分析理论,对传记主人公童年是否要假定些什么,就是核心的问题之一。心理史学的赞成者认为:"对于任一给定的童年,对于传记主人公在童年时期对重要人物的感情,很少有足够可信且可得到的证据,但精神分析理论能够使传记作者在考察童年生活时,看到他若无这种关注就会对之

---

① 德莫斯:《人格与心理潜影》,沈莉莉等译,上海人民出版社 1989 年版,第 1—29 页。

② 科胡特:"心理史学与一般历史学",《史学理论》1987 年第 2 期。

视而不见的行为。"[①]对这种似是而非的证据,传统史学家当然无法接受。另一方面,因为一般说来,近来的各种心理史学均是弗洛伊德以前探索的变种,[②]其中也渗透着弗洛伊德式的因果观,即人的童年经历与后来心理发展的因果联系。而连接本身就成问题的"证据"与后期发展的因果链,却又是精神分析理论所惯用的、带有相当非理性色彩的"随意"解释,这双重的问题也使传统史学家望而却步。针对科学史而言,由于已有的这类研究还不多,或许其发展还有待观望。宽容些的科学史家,也只是在承认这是一种"困难的、充满陷阱的艺术"的同时,保守地认为"只有当这些事件似乎没有别的方法可以解释,即不能在理性的基础上来解释时,才应考虑心理学的资料或精神分析的推理"[③]。综上所述,能为一般意义上的科学史家共同体较为认可和接受的以科学家为对象的心理史学研究,到目前为止似乎仍未出现。

---

① J. M. Woods, Some Considerations on Psycho-History, in *Psycho/History*, *Readings in the Method of Psychology*, *Psychoanalysis and History*, Yale University Press, 1987, pp. 109-120.

② R. Coles, On Psychohistory, in *Psycho/History*, *Readings in the Method of Psychology*, *Psychoanalysis and History*, Yale University Press, 1987, pp. 83-108.

③ H. Kragh, *An Introduction to the Historiography of Science*, Cambridge University Press. 1987, p. 173.

第十四章　科学史研究中的传记
方法(Ⅲ):集体传记

> 今之恒言,曰"时代思潮"……凡时代思潮,无不由
> "继续的群众运动"而成。
>
> ——梁启超:《清代学术概论》

目前,集体传记(prosopography)的方法已成为历史学标准的研究方法之一,它与历史的定量化研究和社会史研究密切相关,但与一般的传记研究有很大的区别。本章将对科学史研究中有关集体传记的问题做一初步的讨论。

一　集体传记方法概述

集体传记这一术语早在 1743 年就已被使用了。按照克拉的说法,集体传记这种历史技巧是基于传记合集(collective biography)或类似的史料,它的特征是利用有关许多人和许多事件的资料作为其素材。① 按照斯通(L. Stone)的定义,集体传记是

---

① H. Kragh, *An Introduction to the Historiography of Science*, Cambridge University Press,1987,pp. 174-181.

指"通过对历史中一群人生活的集体研究，对之共同的背景特征的探索"。它采用的方法是先确定一个要研究的范围，然后提出一组相同的问题，如关于生卒、婚姻与家庭、社会出身和继承的经济地位、居住地、教育背景、个人财富的数量与来源、职业、宗教信仰、任职经历等。通过对在这些范围中个人的各种信息的并列和组合，通过对重要变量的考查，所要研究的既包括这些变量内在的关联，也包括它们与其他行为或行动方式的关联。①

一般地讲，集体传记方法最初是政治史研究方法的一种扩展。作为一种工具，它被试图用来解决政治史的两个最基本的问题。首先，是政治行动的根源问题，人们尝试用这种方法来揭示在政治行动背后更深层的利益，分析政治集团的社会、经济来源，表明政治活动的运作机制。其次，是关于社会结构和社会变动的问题。在这方面，它包括分析在社会中有特殊地位的集团中的角色和这些角色随时间的变化；通过研究家庭出身、在社会和地理方面对某些政治角色或职业的人员补充，以及任职在生活中的重要性和对家庭未来的影响等，来确定在某种层次上社会流动的程度；也包括将智力或宗教的运动与社会的、地理的、职业的等因素相联系。因而，"集体传记的目的就是要使政治行动变得有意义，就是要解释意识形态的或文化的变化，要辨识社会现实，要精确地描述社会团体的结构并分析其中的运动"②。在集体传记研究方法的发展中，大致可以分为两个明显不同的学派：精英学派和大众学派。前者

---

① L. Stone, Prosopography, *Daedalus*, 1971(winter):46-79.

② Ibid.

关注较小的集团，或有限的个人的各种变量，研究对象通常是有权势、有影响的精英人物，假定政治是由少数统治精英人物及其依附者的相互作用的问题。后者则更多地注重统计的方法，更多地受社会科学的影响，关心的是大众，认为历史是由群众的舆论所决定的，而不是由所谓的"伟人"或精英所决定的，最终在政治史中大众学派的集体传记研究已发展成为选举学的一个子分支。但不论是精英学派还是大众学派，其作为集体传记研究的相似之处，就在于它们都是对（大小不同的）人物群体感兴趣，而不是对人物个体感兴趣。

虽然集体传记研究的兴起是与政治史联系在一起的，但在早期的发展中，也与科学史不无关系。19世纪下半叶，高尔顿（F. Galton）就曾试图通过对科学中精英人物的研究，来考查科学天才的出现对科学进步的贡献。但他的工作有明显的种族主义倾向，他研究的结论是，某些种族要比另一些种族更适于从事智力的工作。他用遗传来解释出身于较低阶层的人中著名科学家人数较少的现象。此后，瑞士博物学家康多尔（A. de Candolle）批判了高尔顿不够精确和有偏见的方法。他考查了在18—19世纪四个选定时间中巴黎、伦敦和柏林的科学院或皇家学会的外国成员和准会员。通过统计，他研究了科学天才相对于地区性人口总体的产出率。通过考查被研究者父亲的职业和教育情况，康多尔得出的结论是，只有在数学科学中，遗传在天才的产出方面才是较重要的因素。

但是，在职业历史学家中，较为普遍地接受集体传记这种研究技巧，还是20世纪的事。这首先与第一次世界大战前经验主义研究传统的确立有关。其次，在这里产生了重要影响的是 20—30 年代纳米尔(L. B. Namier)出版的《乔治三世在任期间的政治结构》和赛姆(R. Syme)出版的《罗马革命》。几乎就在同时，同样被列为集体传记研究里程碑的还有默顿的工作。30 年代，默顿与社会学家索罗金(P. A. Sorokin)一道对阿拉伯世界从 600—1300 年的科学发展进行了统计研究，他们将萨顿在其科学史巨著中讨论的史实作为智力成就的指标，用图示来表现萨顿提到过的人名和每年中的数目。接着，默顿又用同样的方法对于一本科学技术史手册中的 13000 项发现和发明进行了统计。当然，最重要的还是他于 1938 年正式出版的博士论文《17 世纪英国的科学、技术与社会》。[①] 在此书中，默顿主要利用《国民传记辞典》作为其数据来源，通过使用从索罗金那里学来的分析技巧，他认为清教和虔信教派的意识形态构成了 17 世纪中叶英国纯科学与应用科学的基础。为支持这一观点，默顿利用集体传记的分析方法，进一步考查了伦敦皇家学会会员创始者的宗教信仰和发表的成果，发现在 1663 年皇家学会首批会员名单中宗教倾向可考的 68 人中有 42 位是清教徒，占总数的 62％。鉴于当时清教徒在全英国的总人口中只占极少数，这一事实便相当引人注目了。由于默顿的工作在国内已多有介绍，这里不再讨论其细节。但可以注意到的是，他这本名著的多重重要地位。由于该书，他被看作是美国科学社会学的奠基者，被看作是科学史中外史研究的先驱和科学史计量研究的早期重要代表人物。同时，从在科学史中应用集体传记（甚至从一般历史学

---

① 默顿：《十七世纪英国的科学、技术与社会》。

中集体传记研究方法发展)的角度来看,尽管其方法尚不够完备,但他亦可说是重要开创者之一。当然,从这里我们也可以看出集体传记研究方法所带有的社会学和计量研究的色彩。

继默顿之后,40 年代初拉希(J. H. Raach)在耶鲁大学完成的对 17 世纪英国乡村医生分析的博士论文,是医学史中(至少是早期)最重要的集体传记研究之一。与默顿利用已发表的资料不同,拉希谨慎地从范围广泛的档案材料出发来进行社会史研究,利用教会和大学的档案材料,用集体传记的方法对 742 位乡村医生的研究,使他重构了当时英国地方上乡村医生的作用。他通过对其中 278 位其父亲的职业可考的乡村医生的分析,发现其中 63% 的人出身于中上阶层或神职人员家庭,18% 的人的父亲是"平民",10% 的人的父亲本人就是医生或药剂师,7% 的人为其他出身,3% 的人为自由民后裔。由于其中相当比例的人不是出身于"权势阶层",所以拉希得出结论说,当时医生的职业是通向上层流动的一条途径。为支持此观点,拉希还考查了代表各社会群体的 65 个有儿子进入医学行业的家庭,发现这些家庭都认为医学生涯是像神学和法律一样令人向往的生涯。

二　集体传记方法在科学史中的应用

虽然在 20 世纪 30—40 年代就已有了像默顿和拉希这样以科学家(医生)为对象的集体传记研究,并且一般的历史学界在此后很快就开始大量使用集体传记的研究方法,但科学史明显地在这种研究技巧的接受方面表现了滞后。直到 20 世纪 60 年代中期以后,集体传记的研究方法才又引起了科学史家的注意并得到了应用。在派恩森(L. Pyenson)于 1977 年发表的对科学史中集体传记研究的综述性文章中,便提到了几十项相关的工作。[①] 这里,我们选择几项在科学史的集体传记研究中有代表性的工作来讨论。

科学史中一类常见的集体传记研究,是对于某一地区的科学、科学团体及与科学有关的更广泛的大众的研究。前面提到的默顿的早期工作亦可归入此类。在这方面,20 世纪 70 年代科学史家撒克里和科学史与科学社会学家夏平可算是代表性的人物,他们利用集体传记方法对 18—19 世纪英国科学共同体的研究是有较大影响的。他们甚至认为,就应用集体传记的技巧来说,科学史比任何其他的历史领域都更可能带来丰富的成果。它可以"增加我们对科学的理解,并把我们的历史思考从现代主义和目的论的模式中解放出来"[②]。他们对科学共同体的考查,不是从科学职业的价值和标准的视角,而是把科学看作是一种在生态上充分适应的变种,它满足了许多社会和意识形态方面的需求。这样,就不能仅仅把科学作为专业化的知识来考虑。只有把所有那些在"科学"(或更准确地说是关于自然的知识)的招牌下涉身于科学界的人都考虑在内,才有可能理解科学的社会角色。这就是说,他们关注的是作为一种在文化上的人为产物的科学,关注的是广义的科学共同体——除了那些发表科学论文的人之外,还要考虑那些把自己

---

① L. Pyenson,"Who the Guys Were":Prosopography in the History of Science, *History of Science*,1977,15:155-188.

② S. Shapin and A. Thackray,Prosopography as a Tool in History of Science: The British Science Community 1700-1900,*History of Science*,1974,12:1-28.

与有科学趋向的社团或机构联系起来的人，以及那些资助、应用科学和传播科学原理的人。在这种指导思想之下，他们各自对英国不同的地方性科学团体进行了研究。

撒克里研究的是曼彻斯特文学与哲学学会的案例。[①] 为了回答这个学会起了什么作用，为什么要创立这个团体，其成员是什么人，他们对学会的期望是什么等问题，他分析了这个学会最初的588名成员，发现在学会的创立者中，有大量的成员是医生和一位论教派的信徒，后来又有许多工厂主成为学会的会员，他们都属于上升中的中产阶级，其中极少有人对自然知识或科学有兴趣。撒克里的结论是，这个学会的功能并不是要追求科学或促进科学的发展，而是要赋予新兴阶级的利益以社会的合法性。其成员聚集在科学周围，并不是为了科学的缘故，而是为了进步、变革的意识形态的缘故，对他们来说，科学成了一种"文化表达的模式"。

从 18 世纪末到 19 世纪初爱丁堡的科学文化与科学环境，是夏平研究的一系列对象。其中尤其值得注意的是他使用集体传记的方法对爱丁堡颅相学发展的研究。[②] 他是通过把颅相学者和反颅相学者的观点同他们的社会地位、利益和价值结合在一起考虑，来解释 19 世纪初爱丁堡在这两群人之间的冲突。夏平发现，当时颅相学在爱丁堡相当普及，尤其是得到了中下阶层的人士（如商人、艺术家、工程师、律师等）的支持，而为上层人士和大学之类的

---

①　A. Thackray, Natural Knowledge in Cultural Context: The Manchester Model, *American Historical Review*, 1974, 79: 672-709.

②　S. Shapin, Phrenological Knowledge and Social Structure of Early Nineteenth-Century Edinburgh, *Annals of Science*, 1975, 32: 219-243.

机构所拒斥。在夏平看来,关于颅相学争论的核心不仅是关于科学真理的问题,同时也是社会权力的问题。夏平利用集体传记的方法,分析考查了两方的主要代表:颅相学会和爱丁堡皇家学会。他发现,如果把皇家学会视为正统的科学共同体的话,颅相学会则可以说是一个"局外人"的共同体,这些"局外人"同皇家学会的成员相比,更少绅士化和贵族化,在政治和社会上更少权势,在1826年之前,其中甚至没有一个大学教授。而另一方面,爱丁堡所有的教授都是皇家学会的会员。到1826年,也只有7%的颅相学会成员同时也是皇家学会的会员,这一比例要远远低于爱丁堡其他的学会。但在社会作用方面,英国的颅相学可被看作是一种具有极大重要性的社会改革者的运动。

当然,除了像默顿、撒克里和夏平之外,还有其他一些人利用集体传记的方法对于像都柏林哲学学会、伦敦皇家研究院、维多利亚研究院和法国科学院之类的团体或机构进行的研究。因为科学史中应用集体传记方法的另一类重要研究,是对于学科发展的研究,这里我们亦选择几项进行介绍。

在20世纪60年代后期,费希尔(C. S. Fisher)应用集体传记的方法对历史上不变量这个数学领域的兴衰进行了社会史的考查。[①] 在19世纪后半叶,不变量理论是数学的一个重要分支,在这个领域有许多著名的数学家(包括希尔伯特等人)从事研究,约有1000篇的论文问世,到19世纪末,每年产出论文45篇,大约是

---

① C. S. Fisher, The Last Invariant Theorists, *Archives Europeennes de Sociologie*, 1976, 8:216-244.

几何学论文的 1/3。但是到 1940 年后,情况发生了改变,每年只有 5 篇论文发表,占几何学论文的比例还不到 4%。大多数数学家都认为这是一个已死去的领域。费希尔在他的研究中尤为关注学生在学科发展中的重要作用。他用集体传记的方法分析了最后几代从事不变量理论的数学家,根据他们对理论的贡献和是否培养学生等情况进行了分类,并在此基础上分别对英国、美国和德国在不变量理论领域中最后几代人的师承关系进行了细致的比较研究。他的结论是,在英国,在此领域中没有学派存在,由于缺少合适的土壤,学派的种子从未生成。在美国,随着注重研究的大学的数目的增加,在其中产生了富有成果的不变量理论学派,但当学生离开了大学后,却很少有机会进行数学研究,更不用说专门从事不变量理论的研究了。在德国,虽然提供了可让任何专业领域进一步发展的机会,但过渡代的不变量理论家没有培养出足够多的继承者。当然,也还有其他一些因素,如几乎没有一个数学家把全部精力都用于此领域,在从事研究的数学家的生活中发生了各种变化等。总之,科学并不能只靠其自身在智力方面的力量而生存下来,费希尔的结论是,由于缺少继承者,最终决定了不变量理论衰亡的命运。

马林斯(N. C. Mullins)于 70 年代对于噬菌体小组与分子生物学之起源的研究,也应用了集体传记的方法。[①] 噬菌体的研究是分子生物学这一学科的重要来源之一。马林斯对之的研究除了

---

①　N. C. Mullins, The Development of a Scientific Specialty: The Phage Group and the Origins of Molecular Biology, *Minerva*, 1972, 10(1):51-82.

关注知识的进展之外,更注重新学科中的等级结构、新成员的补充、研究者的地位、他们之间的交流等方面的情况。关于师承关系和研究者之间的合作形式,主要是取材于传记合集和其他的二手资料。基于这些资料,马林斯用网络图的形式描绘了不同阶段研究者之间的相互关系,用图表展示了不同的机构进入这一领域的时间和成员,展示了不同发展阶段进入噬菌体研究领域的不同专业的博士人数、研究者在此领域中从事研究的时间长度,及不同单位对此领域研究的资助情况。他认为,在思想的传播方面,科学家之间的个人接触、来自其他学科新成员的补充和新社会结构的产生都是重要的因素。在许多情况下,首先是这些因素而不是科学的真理内容决定了科学的发展。在马林斯看来,从噬菌体研究到分子生物学的成功发展,是有效地把培养的学生"推销"出去、设立课程和确立职业标准的结果。

最后,还可以提到另一项略有不同但也可归入集体传记方法的研究,这就是福尔曼(P. Forman)、海尔布朗(J. Heilbron)和沃特(S. Weart)对于1900年前后物理学中人员、基金和学术产出进行全面总结的长篇论文。[①] 这项研究更像是科学指标统计年鉴的形式,它用大量的统计图表来描述物理学的图景。通过对当时为重要物理学刊物撰稿者的分析,和对列在1909年出版的《在世物理学家、数学家和天文学家姓名地址录》中列出的物理学家的分析,福尔曼等人发现,在1900年绝大多数发表论文的物理学家都

[①] P. Forman, J. L. Heilbron, and S. Weart, Physics circa 1900, *Historical Studies in the Physical Sciences*, 1975, V. 5.

受到学术机构的庇护。派恩森评论说,这篇论文"代表了对 20 世纪巨大智力转变前夜的物理学的全面总考查,但它也可以被看作是代表了对学科人群的一种新颖的分析"[①]。当然,与前面提到的那些有明显社会学特点的研究不同,福尔曼等人甚至没有考查在物理学内部的社会流动,所进行的只是对资料的一种描述性的总结而已。

三　分析与讨论

从以上介绍我们可以看出,与传统的科学史研究不同的是,集体传记方法并不关心对于像科学出版物、信件和手稿之类的传统史料内容的研究,而是注重对有关人群的各种数据的分析。它与计量科学史和科学社会史(及知识社会学)的研究关系非常密切。当然,对于将这种方法应用于科学史的研究也引起了一些争论,一些科学史家也有不同的看法。像任何其他历史研究方法一样,应用集体传记研究方法也有其局限和危险,其提倡者(如斯通)也并不回避这些问题,而是客观地对之加以归纳和分析。

在资料方面,首先,对于集体传记的研究来说,只有在对研究的群体有充分的文献记载(特别是关于传记方面的记载)存在时才是可能的。这样,它就受到过去所积累的资料的数量和质量的限制。同时,即使在已有的资料中,也可能是对所研究人群的生活某

---

　　① L. Pyenson,"Who the Guys Were":Prosopography in the History of Science, *History of Science*,1977,15:155-188.

些方面的记载较为丰富,而对另一些方面的记载则相对缺乏,甚至不存在。同样有可能的是,对于所研究的人群,可能关于其中一些人的资料比较充分,而关于另一些人的资料则不够充分,甚至相当缺乏。事实上,在历史上留存下来的资料中,主要是关于有身份、有地位的人们(即"精英")的记录,而身份和地位越低的人,文献记录就越不完整。在这种情况下,基于统计平均的概括就会不可靠。这也部分地说明了为什么在历史学中精英学派和大众学派有愈加分化而不是融合的情况下,大部分应用集体传记的科学史研究仍属于对精英(从 17 世纪的皇家学会会员到本世纪的诺贝尔奖获得者)的研究的缘故。当然,这里也仍有对历史理解方面的原因,即对精英和大众在历史中的作用的认识问题。实际上,在资料允许的情况下,集体传记的方法尤其适用于考查普通的科学家。派恩森曾指出,在年鉴派史学家的重要代表人物布洛赫(M. Bloch)的工作中,有三个重要的特点:对文本的校勘与编史学的批判、对广阔历史视野的综合把握和对反映一个时代精神的小人物的关注。其中,从传统科学史的观点来看,布洛赫的社会史最非同寻常的特点,当是对那些小人物的关注。而这三个因素在原则上也都适用于集体传记。因此,可展望的发展方向将是,更多地应用这种方法来对普通科学家的研究,以便更深入地理解作为一种文化系统的科学意识形态。

其次,对于较大的群体,由于人数众多或资料不完备,有时只能选择其中较小比例的人进行研究,而这些有可靠资料的少数人是否真正代表了整个群体的一个随机样本,本身就是值得分析的问题,否则必将会对研究的结果带来歪曲。在对资料数据的分类方面,也存在着困难和危险。因为对于任何成功的集体传记研究,有意义的分类都是必不可少的。但在真实的历史中,每个人实际上都扮演了许多角色,有些甚至是彼此冲突的角色,这使得没有一种分类是绝对普遍有效的。例如,仅仅根据财产来进行的阶级分类有时可能并未恰当地反映社会现实。

一些集体传记研究者有时认为自己是客观的、实验的科学家,是在用这种技巧揭示历史问题的数字本质,因而无需考虑编史学。但这种看法显然是有问题的。在这方面,与科学史的计量研究的情况相似,集体传记的研究者也不能回避编史学的考虑,问题只是研究者本人对此是否有所意识而已。

尽管仍然存在着诸多的困难与局限,但在科学史中,应用这种方法毕竟带来了许多富于启发性的研究成果。随着计算机数据处理技术的普及,其应用也将更加方便。派恩森甚至认为,对于长期以来强调科学思想的逻辑来源关系的传统,集体传记的方法是一种解毒剂。当然,集体传记并不能回答一切,但它有自己独有的长处,当它与其他研究方法适当地结合起来时,就有可能带来对科学发展的更全面的理解。

第十五章　科学史教学

> 用专业知识教育人是不够的。通过专业教育,他可
> 以成为一种有用的机器,但是不能成为一个和谐发展
> 的人。
>
> ——爱因斯坦:《培养独立思考的教育》

一　概述

在科学史公认的诸多功能中,在教育方面的功能是重要的一项。用于教学目的的科学史有时甚至被称为"应用科学史"[1]。科学史教育的问题虽然很早就为科学史家和教育家所提及,但科学史在教学实践方面的进展却相对落后于科学史在其他方面的进展。虽然科学史的教学主要是一个实践的问题,但在科学史教学的目的、方法、困难等方面,也涉及许多理论性的问题,而且这些问题又是随着科学史这门学科自身的发展和人们对之认识的不断加深而在变化,只有对这些理论性的问题进行深入的探讨,才可能使

---

[1]　J. L. Heilbron, Applied History of Science, *Isis*, 1987, 78: 552-563.

科学史教学的实践得到顺利的发展。

一般地讲,科学史的教学可分为培养科学史专业人才的职业训练,和面向非科学史专业学生的科学史教育。对于前者,随着科学史学科的职业化,尤其是在像英美等科学史较发达的国家已有了较长的历史,并已相对系统化、规范化了。与之相比,我国目前虽然尚有差距,也在不断的发展和完善中。但这部分教育的对象在人数上毕竟是相当少的。这里所要考虑的是后一种面向非科学史专业学生的科学史教学。

至于面向非科学史专业对象的科学史教学,其对象又可细分。首先,在教育层次上可分为大学中的科学史教学和中学中的科学史教学,其前者开展的历史亦较后者为长,但近来西方国家一些科学史家和教育家也开始愈来愈关注后者。在专业方面可分为面向科学专业(或按我国的习惯,即所谓理工农医科)学生的科学史教学和面向人文-社会科学专业(即文科)学生的科学史教学。而面向人文-社会科学专业学生的科学史教学,又可再分为结合在一般历史教学中加入科学史的内容、单独开设的科学史课程教学,以及在为这些学生专门开设的科学入门课程中加入科学史的内容。从开设课程的方式上可分为与专业课程相结合的科学史教学,也就是将科学史的内容融于专业教学(主要是科学专业的教学)之中,以及单独开设科学史课程的科学史教学。在目前已发表的关于科学史教学的研究文献中,关注前者的居多。相应于以上分类,与各类科学史教学相关的目标、方法和困难彼此间也有一定的差异。在这里,我们将忽略在各类科学史教学中更具体的操作问题,而是着眼于讨论对各类科学史教学有较多共同性的理论性问题,对之做一种理论性的编史学讨论。

二 在西方与科学史教学相关的发展

首先,作为必要的背景,我们可以简要地回顾一下有关的历史发展。在第一章我们曾讲到,作为学科的科学史大致可以说是在18世纪开始逐渐形成的。就科学史学科的发展来说,一条线索是从更早的时期以来,甚至从古代开始,许多专业学术文献和著作中就包含有叙述该学科历史的章节。而到了18世纪之后,随着科学的蓬勃发展,科学家更经常地在其著作中包括了"历史导言",而且这样做当时是为了将自己的工作置于该学科的历史传统背景中,以强调其独创性和重要性。从18世纪到19世纪再到20世纪和今天,这种传统一直被继承下来。当今许多科学专著和教科书仍常常以"历史导言"作为开始,这种历史主要是为叙述和理解专著中所涉及的专业内容而服务的。虽然这种"历史导言"的作者大多并非职业科学史家,对其"史学价值"也常常为科学史家提出疑问,并且还不是全都直接针对教学的目的,但这种对科学史进行应用的方法,我们至少可以将其视为与科学史教学有关的一种应用手段。

明确地将科学史与教学联系起来似乎是更晚近些的事。这里我们可以列举若干有关的重要人物、观点和事件。

至少在19世纪下半叶,著名科学家和科学史家马赫便已意识到了这一问题。马赫除了著有影响广泛的关于力学、热学、光学等的历史之外,他在科学教学中也加进了历史的材料,并开设了一些较专门化的关于特殊领域发展的课程。在1873—1876年,他还帮助其助手德沃夏克(V. Dvorak)开设了题为"斯蒂芬和伽利略的物理学""惠更斯和牛顿的光学""牛顿时代力学的发展"等课程。[①]在他1895年发表的一篇题为"论古典学和科学的教育"的向中学教师的演讲中,马赫也特别提倡在中学的科学教学中应用哲学和历史的方法。在20世纪初,法国科学家和科学史家迪昂也大力倡导在物理学的教学中使用历史的方法,认为在让学生接受物理假说方面,显然历史的方法是合法而且富有成效的方法。更值得注意的是,迪昂还是最初在科学的发展和个体理解的发展之间发现类同的人。

　　1922年,法国物理学家郎之万(P. Langevin)在一次演讲中,专门论述了科学史的教育价值的问题,着重分析了历史观点在科学教学上所能够和应该起的作用,以及历史观点在将来从事科学教学工作的师资的培养的重要性。他注意到,在当时法国中学和大学的科学教学中,人们往往略去了这些课程历史的一面,而仅注意到它实用的一面,从而使科学教学表现出一种"教条式的畸形发展"的倾向。"但是,为了对一般文化有所贡献,并尽量发挥科学教学对思想的养成所能起的作用,那么,再也没有比过去努力的历史更好的东西了,这一历史由于它触及著名学者的生平和思想的逐渐演进,其内容是很生动的。""只有通过这种方法才可以培养出继承科学事业的人,使他们体会到科学的永恒运动和它的人道价值。这种需要对于将来创造新科学的人们是很明显的,对于教育家和

---

①　O. Bluh, Ernst Mach as a Historian of Physics, *Centarurus*, 1968, 13: 62-84.

各种事业的先导者也同样重要,而对于广大群众,对于那些只能满足于在学校读书的那几年所获得的一点文化的人则更为重要。"再者,他认为,研究科学的历史不仅是对于教育学方面和纯科学方面具有上述种种益处,"这种研究还能补充和明确同科学相接近的其他学科的教学"①。除了这种个人的观点之外,在科学团体方面,早在1917年英国的科学促进会就在一份报告中敦促将历史的方法用于科学教学,认为科学史是一种"溶剂",能"溶解由学校课程表带来的在文学和科学之间人为的壁垒"。②

在第二次世界大战后出现了新的转折。在20世纪50年代末,英国学者斯诺(C. P. Snow)指出,在"科学文化"和"人文文化"之间存在着一条互相不理解的鸿沟,而这种文化的分裂对社会则是一种损害、一种损失。他认为产生文化分裂的主要原因之一,就是我们对专业化教育的过分推崇,若要改变文化分裂的现状,唯一的方法就是要改变现有的教育制度和教育方法。③ 实际上,斯诺并不是第一个提出两种文化及其分裂问题的人,但他是第一位使这一问题引起了人们广泛重视和争论的人。斯诺关于"两种文化"问题的提出对科学史教学后来的发展有密切的关系,也一直是后来历次重要的教育改革所要面对的问题。面对斯诺提出的问题,许多科学史家和教育家都是将科学史视为联结科学文化和人文文

---

① 郎之万:《思想与行动》,何理路译,生活·读书·新知三联书店1957年版,第113—124页。

② M. R. Matthews, A Role for History and Philosophy in Science Teaching, *Interchange*, 1989, 20:3-15.

③ 斯诺:《对科学的傲慢与偏见》,陈恒六、刘兵译,四川人民出版社1987年版。

化之间的重要"桥梁"。

在美国,科学史教学的发展要更加迅速一些。在第一次世界大战前夕,科学史这一学科就已在美国的大学中被广泛引进,并编写出了既包括"科学通史"也包括专科史的教科书。如美国科学史学科奠基人萨顿的实践是有代表性的。萨顿在 1915 年因战争从比利时流亡美国后,从 1920 年起在哈佛大学系统地面向各专业的学生开设科学史课程。其实,他在斯诺提出两种文化问题之前,就已认识到科学史家和科学史教师的主要任务是在国际间、在科学和人文学科之间"建造桥梁"。①

在第二次世界大战后的美国,科学史开始在大学非主修科学的科学课程中崭露头角,这一时期最具影响力的人物首推哈佛大学校长柯南特(James B. Conant),其科学史个案研究的方法(case-study approach)广为学界所采用。柯南特在哈佛大学发展出一套科学史教材,其中最畅销与最值得注意的是《理解科学:以历史的方法》(*Understanding-Science*:*An Historical Approach*)一书,而另外一套两卷本《哈佛实验科学中的案例研究》(*Harvard Case Histories in Experimental Science*)也成为科学史教育领域非常有影响的经典文献。40 年代中期,哈佛大学推动通识教育时,柯南特也特别将科学史实验性地应用到通识教育上。

柯南特尤其强调通过科学史教育而使人文-社会科学专业的学生感受到所谓的"科学的战术和策略"。在这方面重要的背景是,第二次世界大战后在美苏冷战中,由于苏联出乎美国人意料首

---

① 萨顿:《科学的历史研究》,第 92—93 页。

先成功发射了人造卫星,使美国人为加强自己在科学技术方法的实力而重新思考其科技政策,包括对科学教育的改革。人们开始更普遍地相信,科学史这座"桥梁"可以把科学学科和人文学科的"两种文化"统一起来,并认为在学术专业划分越来越细的情况下,科学史完全有权利成为一个独立的专业领域。自60年代以后,科学史在美国的职业化过程迅速完成。据统计,在60年代美国就已有30多所大学招收了数百名科学史专业的研究生,并有约150名专业科学史家从事教学和研究。此后,美国科学史队伍在相当长的一段时间中,一直在缓慢但稳定地增长。由于众多科学史家在大学中工作,在大学中开设相关科学史课程的合法性便得到了承认,并使科学史课程有了保证。对于像这种由科学史家开设的科学史课程,人们的争议是不大的。而对科学史教学的进一步发展,人们将更多的关注与讨论指向了科学史教学在科学教学中的应用。对此,这里我们也可以举出一些有关的重要进展。

在美国关于科学在基础教育中所起作用的讨论的启发下,1952年,美国哈佛大学的科学史教授霍尔顿(G. Holton)编写了一部面向文科学生的物理学教材——《物理科学的概念和理论导论》,这部教材被称作是科学教育中的里程碑。该书的独到之处之一,就是充分而有效地利用科学史和科学哲学,向学生阐释物理科学的本质。与这本书相比,影响更大的是从1962年开始,在美国自然科学基金会的资助下,由霍尔顿和一些教育学家、中学教师和科学史家参与的"哈佛物理教学改革计划",此计划的产物是于1970年出版的一套为中学教学准备的物理教材——《改革物理学教程》(*The Project Physics Course*)。这部大量利用科学史内容,具有明显人文趋向的教程成了在美国有重要影响的物理教材之一,并在美国被比较广泛地采用。到 70 年代中期,约有 15％的学生使用了这部教材。1974 年的一份研究报告表明,采用这套教材的学生学习成绩与采用传统教材的学生成绩不相上下(其中一个原因是这种对比不是严格"受控的",因为一些能力稍差的学生被劝说选用它)。[①] 当然,这是就物理考试成绩而言,而未考虑学生在其他方面的收益。稍后一些,在荷兰也有类似的研究计划进行。

除了物理教学领域之外,美国生物科学教学界在这一时期也进行了一项教学改革计划,即"生物科学课程研究"(简称 BCCS)。BCCS 由美国著名的生物学家、哲学家和教育家施瓦布(J. Schwab)主持设计。该课程在教学方法上强调科学史实教育,以突出"作为探究的科学"这一教学思想。施瓦布在 BCCS 的"教师手册"中写道:"作为探究的科学教学的本质是让学生理解在科学发现过程中,问题是怎样提出的,如何得到验证的,最后又是怎样得出结论的。它还应当包括适当处理科学疑问和科学的不完整性。还应提倡科学史,因为它关注的是人和事而不是概念本身。科学探究有人文价值的一面。"[②]

1970 年,在更多人关注在科学教学中应用科学史方法的形势下,在美国的麻省理工学院召开了一次关于在物理教育中物

---

① S. G. Brush, History of Science and Science Education, in *Teaching the History of Science*, M, Shortland and A. Warwick, eds., Basil Blackwell, 1989, pp. 54-66.

② M. R. Matthews, History, Philosophy, and Science Teaching: The Present Rapprochement, *Science & Education*, 1992, 1: 11-47.

理学史作用的国际研讨会。在随后出版的会议录中,包括了会上的特邀论文、工作报告,及与会者对在物理学教学中应用物理学史方法相关的各种看法、经验、问题和未来计划的讨论。另一件值得提及的事,是美国科学促进会于 1985 年开始进行了一项名为"2061 计划"的全国性研究,力图彻底改革美国中学的科学教育。四年后,1989 年,此计划在一份题为"面向所有美国人的科学"的报告中发表了其建议。在此报告的 12 章,第 1 章就是关于"科学的本质",涉及一些科学哲学、科学伦理学和科学社会学的内容;而第 10 章则是关于"历史的观点",它提出有两个理由将某些科学史的知识包括在此建议中,其一是如果没有具体的例证,关于科学事业怎样运行的概括就将是空洞的,其二是对于我们的文化遗产,科学事业历史中的某些时期具有特殊的重要意义。

　　在法国,近年来科学史教育也引起了越来越广泛的重视,科学史被应用于各种形式的教育活动和教师培训中。在一些有师资条件的大学中,科学史一直是理科学生在一二年级的选修课。1984 年,法国科学院成立了一个临时委员会,来促进科学史教学工作的开展,此后一些中学也组织了一些与科学史有关的教学和课外教育活动。将于 1993 年夏季后采用的新的中学物理化学教学大纲中,也多处提到物理学史和化学史的内容。在教育部颁发的 1992—1994 年大学中教师培训学院(IUFM)的培养规划中,也谈到科学史、各个学科的教育史和认识论对培养教师的重要意义及对教师工作的影响与作用。法国教育部还决定在 IUFM 中增加科学史研究教学人员的席位。①

英国也是非常注重科学史教学的国家,而且英国的教育界和科学史界似乎更加注意在中学教学中对科学史的应用。

在英国科学史教育可以追溯到 1851 年。当时英国科学促进会(BAAS)主席在一次演讲中呼吁:"我们要教给年轻人的,与其是科学结论不如是科学方法,更不如是科学史。"BAAS 在 1917 年的年会上再次提出,科学史教育是通融学校课程中人文科学和自然科学的良方。同年,BAAS 在名为"教育中的自然科学"的报告中,明确指出,在科学教学中应当进行科学史和科学哲学的教学。报告指出需要把科学的主要成就及其取得这些成就的方法引进教学中,应当要有更多的科学精神而不是干巴巴的事实。其方法是开设科学史课程,科学史和科学哲学知识应当成为每个中学理科教师智慧的一部分。②

第二次世界大战后,英国的科学史学会和中学科学教师的组织之间就开始有了联系。50 年代,在普通教育资格考试中就提供了科学史的教学大纲和考试,当然,在考试内容中科学史只占极少的比例。在此期间,对教育中过早专业化的倾向和"两种文化"的争论鼓励了在中学的科学教学中对科学史的关注。到了 60 年代,科学史的某些方面也在一些科学课程中有选择地被考虑。再往后,一系列的课程设置议案还涉及了与科学史相关的 STS(科学、技术与社会)的领域。在 1979 年,科学教育协会有人提议把一门

① 李艳平:"法国科学技术史研究与教学一瞥",《物理学史》1994 年第 1—2 期。
② 丁邦平:《国际科学教育导论》,山西教育出版社 2002 年版,第 338 页。

关于科学思想史和科学哲学的课程作为 14—16 岁学生的选修课，但未获通过。80 年代初，英国科学教育协会支持了两项由中学教师策划的课程设置改革计划，一是"科学与社会"计划，一是"在社会与境中的科学"计划。1985 年，在英国教育与科学部的一份政策性文件中，提到"在科学教育中，关于科学与技术活动的社会与经济含义……有一席之地"，但又补充说这样做是为了让"教学主要致力于促进对科学自身的教育"。①

1989 年，在英国教育与科学部和威尔士事务部新公布的国家规定的中学科学课程设置中，科学史教学有了更进一步的进展。这份法规性的文件，要求学生和教师了解"科学的本质"。在国家课程设置委员会发表的相应指南中，甚至出现了"科学是一种人类的建构"的提法，这样，从法律上便要求"学生应逐渐认识和理解科学思想是随着时间变革的，以及这些思想的本质和它们所得到和利用是怎样受到了社会、道德、精神和文化与境的影响，而它们是在这样的与境中发展起来的；在这样做时，他们应开始认识到虽然科学是对经验进行思想的一种重要方式，但不是唯一的方式"。"科学的本质"就是此课程设置所要求达到的 17 个目标中的最后一项。这一目标还包括若干具体条款，如"学生应……能够给出在诸如医学的、农业的、工业的或工程的与境中某些科学进展的说明，描述新的思想、探索或发明，以及所涉及的主要科学家的生平和时代；……能够给出对所接受的理论或解释的变革的历史说明，

① E. Jenkins, The History of Science in British Schools: Retrospect and Prospect, in *History*, *Philosophy*, *and Science Teaching*: *Selected Readings*, M. R. Matthews, ed., OISE Press, 1991, pp. 33-41.

表明理解这些理论或解释对人们的物质、社会、精神和道德生活的影响，例如理解生态平衡和对环境的更多关注，理解对木星卫星运动的观察和伽利略与教会的争端；……能够说明来自不同文化和不同时代的科学解释怎样对我们目前的认识有所贡献"等。除了这些与科学史直接相关的内容之外，这份文件还有一些更多与科学哲学相关的要求，例如，学生应"能够清楚地与他人讨论，以他们自己的方式来思考某些对于他们来说是新的实验；……能够表明，对于他们收集的实验证据，可能有不同的解释；……能够利用一种或两种在他们的科学学习中学到的解释模型，来表明那些刺激了新实验的预言是如何做出的；……能够描述和解释科学史中的一个事件，其中为确立新的模式而做出了成功的预言，例如像科学家关于空气中带有有机物（巴斯德）或大气压的证据（帕斯卡）的工作；……能够表明对科学的证据和富于想象力的思想的不同功能的意识，例如在对 DNA 结构的发现中，富兰克林与华生和克里克所用的不同方法；……能够区分概括性的理论和预言式的理论，并给出它们各自的例子，像如下这些成对的例子：'所有的金属都导电'和'预言了这一性质的自由电子气理论'，或'冬天的晴空总是意味着夜间的严寒'和'没有云层把地球的辐射反射回去是这种预言的基础'；……通过研究相关文献，能够表明对一些课题（过去的或现在的）的科学观点中差异的理解，例如板块构造和收缩的地球的褶皱，或有生命的东西繁殖与自己相同的后代和物种的自发产生；……能够把科学观点的差异同科学证据不确定的本性联系起来，例如，'婴儿猝死症'的原因是什么，或欧洲森林中树木死亡的原因是什么？"从这些要求中，我们可以看出，在目前的科学教学中,科学哲学也像科学史一样得到重视,被提到议事日程上来,并与科学史的教学密切相关。这是一种新的动向和潮流。至于为什么科学教师在教授"科学的本质"时要考虑"历史的维度"? 有人提出,至少可以提出三种教育的目的:(1)通过科学的参与而达到一种社会意识形态的改变和设计,如反对反科学思潮和恢复科学人性的方面等;(2)加强方法论的训练;(3)使学生具有作为公民的社会责任感,实现对科学合理的社会控制。[①] 当然,对此课程设置还有争议,如有人指出,它的目标只是鼓励对科学事业本质的理解,而历史研究只不过是达到这一目的的手段,只在此意义上历史才是重要的。而且,这种课程设置的最终形式还有待在修订、教学、再修订和各种评价手段被提出和采用后才会确立,但无论如何,这毕竟是科学史教学方面的一大进展。

关于科学史教学的学术会议是科学史教学日益引起人们关注的另一标志。除了前面提到的 1970 年关于物理学史与物理学教学的研讨会之后,近年来科学教育界和科学史界举办有关科学教学史应用科学史的各种国际学术讨论会已成为常态。例如,欧洲物理学会自 1983 年起就开始组织两年一次的关于物理学史与物理学教学的会议(分别于 1983 年在意大利的帕维亚、1986 年在德国的慕尼黑、1988 年在法国的巴黎、1990 年在英国的剑桥召开)。1989 年,第一届关于科学史和科学哲学与科学教学的国际会议在美国的佛罗里达州立大学召开。英国科学史学会也于 1987 在牛

[①] S. Pumfrey, History of Science in the National Curriculum: A Critical Review of Resources and their Aims, *British Journal for the History of Science*, 1991, 24: 61-78.

津召开了"科学史与科学教学"的学术会议。1990年,在美国还开始创刊出版了一份专门讨论科学和数学的历史、哲学和社会学对科学教学之作用的刊物——《科学与教育》。

三   中国与科学史教学相关的几个早期片段

如果不过分追求考证的严谨性,就早期发展而言,鲁迅亦是较早论及科学史教育功能的人之一。鲁迅于1907年写的"科学史教篇"中,叙述了西方科学史的讲义(收集在杂文集《坟》里)。鲁迅提出教育的目的是"致人性于全",即人的全面发展。为此,人们需要自然科学,也要人文社会科学。用鲁迅的话说就是:"人类需要牛顿,也要莎士比亚;要康德,也要贝多芬;要达尔文,也要嘉莱勒;物质生活和精神养料都不可缺少。"[①]

在中国,最初的科学史教育也是应用在大学的通识教育中,20世纪30—40年代,蔡元培、梅贻琦、竺可桢等学者都很注重科学教育与人文教育的融合。

经过50—60年代的沉寂和70年代的倒退,随着人们对科学教育的重视,科学史在科学教育中的应用又被提上议程。1980年华中师范学院物理系翻译组翻译了《哈佛物理课程计划》(*Harvard Project Physics Course*),将原书名译成《中学物理教程》,供中学物理教师和学生参考,但影响不是很大。

我国70年代末至80年代初的科学教科书,基本上没有科学

---

① 鲁迅:"科学史教篇",《鲁迅全集》(第1卷),人民文学出版社2005年版。

史的内容。90 年代出版的科学教科书,才开始选取一些科学家的事迹作为学生的阅读材料。在《全日制义务教育科学(7—9 年级)课程标准(实验稿)》中,开始突出科学史在科学课程中的地位与作用。

近年来,在我国的科学教育中,科学史的教育开始逐渐引起了人们的注意。但是我国的科学教育研究起步相对较晚,研究规模也远不如英美等发达国家庞大。

2001 年,我国教育部在颁布的《科学(3—6 年级)课程标准》中提出,"通过科学教育使学生逐步领会科学的本质""发展学生对科学本质的理解"。[①] 在《科学(7—9 年级)课程标准》中关于"科学的本质"同样提出了明确的观点,在"课程性质和价值"中提出科学课程应建立在对科学本质认识的基础上,并将引导学生逐步认识科学的本质。科学课程的五大基本理念之一是要"体现科学本质"。在内容标准的"科学技术与社会"领域,科学史是三大主题之一。[②] 而分科的物理、化学、生物课程标准与过去颁布的教学大纲相比,也都明确提出或渗透了关于科学本质的教育。

显然,我国科学课程标准也开始重视关于科学本质的教育,并把它作为培养学生科学素养的重要目标之一。那么,如何在科学教材教法中充分体现和贯彻课程标准关于科学本质教育的要求,就成为我们要认真研究的课题。

---

① 中华人民共和国教育部:《科学(3—6 年级)课程标准》,北京师范大学出版社 2001 年版。

② 中华人民共和国教育部:《科学(7—9 年级)课程标准》,北京师范大学出版社 2001 年版。

目前对我国科学教师和科学课程影响最大、最直接的仍然是教材,因此在科学教材的设计中融入科学史以加强对科学本质的理解十分重要。

但是,总体来说,国内对于科学史教育价值的认识存在诸多偏差和不足,在具体的实施过程中也存在许多误区。如认为科学史的教育仅为科学史实的记诵教育,没有将科学所蕴含的理性精神与求真意识、批判精神与创新意识渗透其中,没有通过科学史的再现让学生逐渐领悟科学的本质、科学内含的人性、科学的方法、科学的精神等。科学史教育没有打破历史事实的硬壳,展现科学史内在的价值。因而,科学史的巨大教育价值还远远没有被充分开发出来。

目前,无论在理论上还是实践上,我国与国际科学史教育的领先水平还存在着非常大的差距。从课程内容来看,仍然是知识本位,尚未达到世界第一次科学课程改革的水平。从课程目标来看,已提出科学素养目标,正在向目标转换努力,处于过渡时期。从发展阶段来看,西方国家正经历第三次教育改革浪潮,各种先进理论的引入和我国教育理论与实践之间形成了巨大的落差。历史和现实告诉我们,重新认识科学史的教育价值,借鉴国外的科学史教育方面的经验,是我们教育改革要解决的重大课题。

四　科学史教学的目的和意义

如前所述,科学史教学,特别是结合在科学教学中的科学史教学,虽然一直在发展中,但还是有颇多困难和阻力的。其中一个重要的因素,就是为什么需要进行科学史教学的理由,或者说科学史教学的目的和意义虽然已被一些科学史家和教学家以不同的方式阐述,但还不为大多数的教师、教育管理者和政策制订者所充分认识和理解。这方面还有大量的工作有待科学史家和对科学史有兴趣的教师等去做。

首先,我们可以引用马修斯[①]在总结各家研究结果的基础上,对于将科学史融入科学教学的教育价值的归纳:(1)科学史可以激发学生的学习动机,吸引学生投入科学的探究;(2)科学史可使教材更具人性化;(3)借助于探索科学概念的发展与精致化的过程,可促进学生对科学概念的理解;(4)在理解重要的科学史案例的过程中,可使学生认识科学的本质,例如科学革命、达尔文主义等;(5)科学史可以使学生了解科学知识的不确定性、可变性,因而目前人们对科学的理解也具有可转换的特性;(6)科学史可使学生认识科学家之间会发生意识形态(ideology)的争论;(7)科学史能展现出科学方法的改变历程,使学生对科学方法有更深刻的认识。

马修斯的总结在特定的视角下已经涉及了问题的许多方面。不过,在这里我们还可以以更有针对性、更有中国特色的方式,将一些有代表性的关于科学史教学的目的和意义的观点进行总结和讨论。

第一,科学史教学对于科学教学本身的帮助。长久以来,一些科学教师为了提高学生的兴趣,在科学教学中插入一些科学史内

---

① M. R. Matthews, *The Role of History and Philosophy of Science*, Routledge, 1994.

容,即所谓的给科学知识裹上"糖衣"的做法。但可以起类似作用的教学方法还有许多,目前人们已不大提及科学史的这种特殊作用,而是更多地关注科学史教学对学生理解科学本质的帮助。也就是说,通过科学史的教学,让学生可以不仅学到具体的、现成的科学知识,而且可以学到"科学的方法",开拓学生的视野,使学生更具有洞察力。有些内容甚至可以直接在历史的框架中教授。这样,学生可以更好地理解科学动态的发展,在对科学概念演变的了解中更准确地理解科学概念,并学会更好地利用已有的知识,而不是只学到一些作为现成结论的知识片断,同时,学生也将更加认识到科学的整体性。在这方面,起主要作用的是科学"内史",特别是近现代科学史。近年来出现的另一个趋势是,在科学教学中将科学史同科学哲学结合起来(例如,对于在历史上科学革命中出现的重大变革之本质的说明,以及对科学与伪科学划界问题的介绍),这尤其有利于培养学生批判的头脑,也有利于学生了解真正的科学精神。

在这里,我们举一个具体的但又更加富于理论色彩的例子。即在国际基础科学教育中,对于"科学的本质"的看法。曾有国外学者对于在八种国际科学标准文献中总结出来的对于科学本质的一致性看法,[①]它们分别是:(1)科学知识是多元的,具有暂时特征;(2)科学知识在很大程度上依赖于观察、实验证据、理性的论据和怀疑,但又不完全依赖于这些东西;(3)通向科学没有唯一的道

---

① W. F. McComas and H. Almazroa, The Nature of Science in Science Education:An Introduction, *Science & Education*,1998,7:511-532.

路,因而没有一种普适的一步一步的科学方法;(4)科学是一种解释自然现象的尝试;(5)在科学中,规律和理论起着不同的作用,因此学生应明白,即使有额外的证据,理论也并不变成规律;(6)来自一切文化背景的人都对科学做出贡献;(7)新的知识必须要清楚地、公开地得以报道;(8)科学家需要保存准确的记录,需要同行评议,需要可复现性;(9)观察渗透理论;(10)科学家要有创造性;(11)科学史既揭示了科学进化的特征,也揭示了科学革命的特征;(12)科学是社会和文化传统的一部分;(13)科学和技术彼此影响;(14)科学思想受到其社会和历史环境的影响。

以上这些关于科学本质的一致性观点,既来自科学史,也来自科学哲学、科学社会学和STS。后几个研究领域,既与在科学教育中应用科学史的延伸和新发展密切相关,又与科学史密切相关。与此相对比,可以看出,在我们其中的许多观点甚至在学术界也仍不无争议,更不用说在基础科学教育或者科普中的普遍反映了。这种情况也鲜明地反映出我们在观念中的滞后。

近年来心理学的研究也支持在科学教学中利用科学史的方法。在迪昂最初注意到在科学发展和个体理解发展之间的类同之后,皮亚杰在其著名的发生认识论的研究中,更深入地发展了相似的观点。皮亚杰认为,发生认识论的基本假定,就是在对知识的逻辑与理性组织(科学史)的进步与相应的心理发展过程之间的并行性。1989年,皮亚杰在其"心理发生与科学史"一文中,更加充分地论述了这一命题。这类看法对科学史教学的重要性在于,它们表明科学的历史可以说明科学学习的现状。相应地,人们对50年代西方在科学教育的改革中过分注重"探究""发现"的归纳主义模式的不甚成功,对历史方法的忽视也进行了新的反省。[1]

第二,科学史教学帮助学生认识到作为一种文化的科学。目前在论及科学史教学的意义时,这或许是为西方学者所论述最多的一个方面。对此,又是可以从多个角度来理解的。首先,人们强调在学习科学专业的技术性内容的同时,应同样注意学习科学的人性的一面,而科学史教育恰恰是达到这一点的有力工具。"说明科学的人性,毕竟是科学史家的责任和志趣。"[2]科学,首先一种人类的活动,是由像我们一样的人所发展的,在发展的过程中它也深深地打上了人类的烙印。同时,科学作为无数科学家毕生辛勤工作的结果,是我们文化遗产的重要组成部分。"它们表现了我们最崇高的传统、我们心中最美好的东西。那些传统中有一些把我们带回到古代或中世纪,另一些则始于昨天,但无论是古老的还是新兴的,这些传统使我们因过去而感到自豪,对未来满怀信念。它们帮助我们成为更好的人,变得更聪明、更仁慈、更谦恭甚至更愉快。"与此同时,当然也培养了学生对科学的热爱。[3] 其次,当"两种文化"的隔阂问题提出之后,科学史作为沟通两种文化"桥梁"的作用更是经常被人们摆在突出的地位。关于两种文化的分裂对未来发展的危害,斯诺早已深刻地进行了分析。其实,在此之前,萨顿就已在批评那种"最专门化而同时又最没有教养的人",因为"那

---

[1] M. R. Matthews, A Role for History and Philosophy in Science Teaching, *Interchange*, 1989, 20: 3-15; M. R. Matthews, History, Philosophy, and Science Teaching: The Present Rapprochement, *Science & Education*, 1992, 1:11-47.

[2] 萨顿:《科学的历史研究》,第 22 页。

[3] 同上书,第 62 页。

些极端的专家们精通一个非常窄小课题中的每一细节,而对宇宙中其他事情却一无所知"。而要成为一个全面发展的人,则只有对科学与人文两种文化都有相当的了解,并能在其间保持适当的平衡。

　　第三,科学史教育对认识科学与社会之关系的重要性。如果突破仅仅使科学史服务于理解科学自身内容的局限,使视野更加开阔一些的话,就势必会涉及作为一种整体的科学史教学的问题。[①] 这种作为整体的科学史,除了文化和意识形态的维度之外,还应包括科学和技术与社会、经济、政治、军事、宗教的相互作用。在早期,像柯南特、萨顿等人提倡科学史教育,其目的之一是反对当时存在的某种反科学主义倾向,但萨顿也时常提醒人们不能忘记在历史上科学技术被滥用的教训(如法西斯的杀人技术、原子弹的制造和使用等)。科学史研究中中外史研究的发展,使人们更加意识到科学技术与社会其他方面相互作用的重要性,而不再将科学只看作是象牙塔中的知识。另一方面随着科学技术的飞速发展和在社会生活中所起的越来越大的作用,广泛应用科学技术的一些负面效应(如对资源的过分消耗和对环境的破坏与污染)也显现出来,在西方,相应于这种情况,出现了与科学史关系密切的 STS(科学-技术与社会,以及更新的 science and technology studies)的研究领域。当这些方面的内容体现在教学中时,学生会对科学技术有更全面的认识,对于社会对科学应用的适当控制,以及对未

---

　　① J. J. Bulloff, Teaching the History of Chemistry as Part of the History of Science and of History as a Whole, in *Teaching the History of Chemistry: A Symposium*, G. G. Kaufman, ed., Akademiai Kiado, 1971, pp. 15-30.

来的科学技术决策等,也都有重要的潜在意义。对科学史的了解除了这些与社会生活关系更直接的作用之外,在更理论化的层次上,对于科学与意识形态关系的认识也是重要的方面。近年来,诸如后现代主义科学史中提出的社会建构论的观点,或女性主义科学史提出的性别意识形态对科学发展影响的观点等,对于更深刻地理解科学的本质也具有一定的启发意义。

第四,科学史教育对培养学生社会责任感的作用。早在 1944 年,中世纪史学家西格里斯特(H. Sigrist)就曾在《科学》杂志上撰写文章,主张必须对所有大学生通过讲授科学史来教授科学,以使他们成为科学时代民主制度下有责任感的公民。[①] 这一观点也为后来的科学史家和科学教育家所强调,因为"知道科学像其他事物一样是一种人类活动的公民,将倾向于在详细的证据积累起来之前,就以一种恰当的方式对广泛宣传的技术突破的说法持怀疑态度。这样的公民将有更好的准备,对开放或控制以科学为基础的技术措施明智地进行表决,并公开地或在朋友中对之进行辩论"。因此,"不仅对于科学的教学,而且对于在科学的历史与境中进行科学教学来说,这应是一个有力的论据"[②]。

以上几点的归纳是基于许多西方科学史家和科学教育家的观点,当然,也还存在其他一些观点。尤其对于不同类型的科学史教育,其教育的功能和价值又可以是彼此有所不同,各有侧重的。当然,关于科学史教育的这些目的和意义又显然是相互关联的。

---

① J. L. Heilbron, Applied History of Science, *Isis*, 1987, 78:552-563.

② I. Winchester, Editorial: History, Science, and Science Teaching, *Interchange*, 1989, 20:i-vi.

值得注意的是,在过去很长时间里,在我国经常提到的科学史的一个功能是其爱国主义的教育意义。而西方的科学史家对此却很少提及,他们更多地是把科学看作一种国际性的事业,把与科学史相关的爱国主义(或民族主义)之类的观点,归为"意识形态式的科学史",并对之持否定的态度。[①] 目前这种情形,虽然已经有了很大程度的改变,但在一些不同的场合,我们仍然会不时地见到类似的说法。

五 科学史教学的困难

虽然人们已认识到了科学史教学的重要意义,科学史教学也在越来越受到重视,并逐渐发展起来,但其困难和问题的存在也是显然的。谈及科学史教学的困难和问题,大致可分为两种,一种是较为表面的,一种是更深层的。前者,比如说,像科学史教学与学生科学基础的矛盾、其考试方式的困难,但这样困难和问题是完全可能通过适当的措施来解决的。又如,有人提出,目前科学课程的教学内容已十分拥挤,不可能再将课时分给科学史的内容,而实际上也早就有人提出,科学课程不应是百科全书,对以往教材的内容进行有选择的删除、替换、更新也并非不可能。当然,这些问题的解决与政府教育管理部门的政策也密切相关。还有人认为,考虑到科学史教学对科学教学的重要性,同时也考虑到其特殊性,科学

---

① H. Kragh, *An Introduction to the Historiography of Science*, Cambridge University Press, 1987, pp. 108-111.

史教学应单独设置其课程,如此等等。

　　这里所要较多讨论的是科学史教学所涉及的更深层的困难和问题。首先,历史与科学在研究方法、目标乃至价值标准上毕竟不同。正如有人所讲的那样,"科学家的目标是触及现象的本质,清除所有复杂的表面因素,尽其可能清晰、直接地查看真正涉及的内容,而历史学家的目标是再现过去事件的丰富性,在这两者间的冲突是很难调和的"①。如果说在萨顿式的认为科学史就是对科学这种实证知识积累过程记录的实证主义科学史观中,这种矛盾还不明显的话,那么,随着 60 年代以后科学史家的职业化,以及职业科学史家反辉格倾向的形成,冲突就更加尖锐化了。在此背景下,我们不难理解,为什么在 1970 年那次关于物理学史与物理学教学的里程碑式研讨会上,在众多赞同、支持科学史教学的与会者中,美国科学史家克莱因(M. J. Klein)却以题为"在物理学中对历史教学的利用与滥用"的论文提出了与众不同的论点。他认为,"让物理学史教学服务于物理教学是困难的,原因之一就是在物理学家和历史学家观点之间的本质差异",因为历史学家对历史的评判标准与在物理学教程中选择历史材料时所涉及的选择原则是不相容的,"其结果是,关于过去的物理学家所关心的问题,关于他们在其中工作的与境,关于成功或不成功地说服他们的同代人接受新观点的论据,学生并未得到了解。在此意义上,这种历史几乎不可避免地是糟糕的历史"。这种历史只是一种"零级近似",他的论据

---

① G. B. Kauffmen, History in the Chemistry Curriculum: Pros and Cons, *Annals of Science*, 1979, 36: 395-402.

是，"物理学史不可能为了要包含在物理教程的目的被切割、选择、改形，而不在这过程中变成某种不那么像历史的东西"。科学教师的真正目的是为了更有效地教授现代的理论和技术，他们必定会采取一种很带选择性的方式，只能从过去选取那些看上去对现实有意义的材料，这样或许能带来一系列迷人的而且经常是神话式的轶事，但肯定不是为历史学家所理解的历史。因此，他认为，由于这两门学科在研究方法上的不同，它们最好是由各自领域中的实际工作者来分别教授。[①]

就在美国的《改革物理学教程》出版的同时，美国科学哲学家和科学史家库恩的名著《科学革命的结构》一书也出版了。海尔布朗评价说，库恩的这本书"向许多人证明了霍尔顿及其同伴刚完成的事业是毫无用处的"[②]。在此书中，库恩提出了对科学革命新的描述，以及像"常规科学""范式""不可通约性"等后来被科学哲学家广泛采用且引起广泛争议的新概念。后来，库恩又更明确地指出，科学教育适当的职能不是要造就那些不断向现存教条挑战的怀疑论者，而是要训练有能力去"解疑"的人，这些人应甘于在公认的规则和理论（即控制着"常规科学"的"范式"）的框架中工作。在此背景下，1974 年，美国物理学史家布拉什在《科学》杂志上发表了一篇关于科学史教学的文章——"科学史应该被定为 X 级吗?"，这篇文章也产生了广泛的影响。在对色情领域就少儿不宜

①　M. J. Klein,The Use and Abuse of Historical Teaching in Physics,in *History in the Teaching of Physics*,S. G. Brush and A. L. King,eds.,University Press of New England,1972,pp. 12-18.

②　J. L. Heilbron,Applied History of Science,*Isis*,1987,78:552-563.

的内容规定限制级别的类比下,布拉什指出,按照历史学家的说法,科学家的行为方式可能不是学生们的一个好样板。因为这确实涉及对学生进行什么样的教育的问题,是把他们教育成遵守规则从事常规科学的科学家,还是教育成懂得在什么时候打破规则的天才? 若是按历史学家认可的那种"真实"的历史去教学,对科学共同体的道德会有什么样的影响? 通过列举许多物理学史近来研究的成果,再考虑到近来科学史研究在客观性问题看法上的变化,布拉什指出:"如果科学教师们想要利用科学史,并且如果他们想要从科学史家的当代著作中获得信息和说明,而不是从一代又一代的教科书的编者那里毫不费力地获得神话和轶事,那么他就不可避免地要被这种对客观性的怀疑论所影响,而这种怀疑论当前是很流行的。他们将发现很难抵制历史学家的论点,特别是如果他们费心去检验这些论点最初来源的话。"这样,"那些想要利用历史材料来说明科学家是如何工作的科学教师,确实是处于一种尴尬的境地",他的建议是让那些想向其学生灌输科学家是作为中性事实发现者的传统角色的教师,不要去使用目前由科学史家准备的材料,因为那类材料并不适合于他们的目的。①

　　类似的论述还有很多。例如,1979 年美国科学史家惠特克(M. A. B. Whitaker)还谈到"准历史"的概念。他认为,有些人几乎没有历史训练的背景,但感到需要使他们对事件的说明更生动,于是实际上是重新写了亦步亦趋地适合于物理学的历史。而大量

---

① S. G. Brush, Should the History of Science Be Rated X? *Science*, 1974, 183:
1164-1172.

的由这种人写作的著作的结果,就产生了所谓的"准历史"。[①] 也就是说,在这种情况下,"引入历史只是为了增加兴趣,帮助理解,或一般地意识到科学也是人类的活动,仅此而已。当我们不是为了历史自身的缘故用它,而只是把它作为达到某种目的的手段时,历史很容易被歪曲和窜改"[②]。

除了这些还算是较为传统的历史学家的观点之外,像很大程度受科学社会学影响而出现的"社会建构"科学史,更是将科学作为一种社会建构的产物。很自然地,它们更是非辉格式的,也就与适合科学教师的那种科学史距离更远了。

总之,以上谈到的这种在职业科学史家和科学家之间的分歧,是进行科学史教学所遇到的非常本质的问题与困难。后来,布拉什曾提出,科学教育的一项重要任务就是要在这种分化的两极间努力保持一种平衡。[③] 但是,究竟如何才能保持这种微妙的平衡,仍将有待科学教师和科学史家在教学实践和理论研究中进一步解决。

六　教材和教师

在更为实践性的层次上,要使科学史教学广泛开展起来,更加首要的问题是教材与教师的问题。在多次关于科学史教学的国际

---

① M. A. B. Whitaker, History and Quasi-History in Physics Education, Part Ⅰ and Ⅱ, *Physics Education*, 1979, 14: 108-112; 239-242.

② 弗伦奇:"把历史引进物理教学的乐趣和危险",陈秉乾等译,《大学物理》1986年第 2 期。

③ S. G. Brush, History of Science and Science Education, in *Teaching the History of Science*, M, Shortland and A. Warwick, eds., Basil Blackwell, 1989, pp. 54-66.

学术讨论会上,在学者们提出的未来计划中,这也是两个核心的问题。

　　关于教材,问题是像《改革物理学教程》那样较为成功者还不多见。而科学史研究又是在不断的发展中,要写出真正反映科学史研究成果又适合于教学目的的教材决非易事。萨顿早就指出:"一个专家翻开一本'科学史',即使其中每件事看起来似乎都有简洁的说明,他在几乎每一页上都辨认出没有保证的陈述。如果他是诚实的,他会竭力为这些陈述追根求源,证明它们或者否证它们,最后提出一个新的更接近真理的陈述。在某些情况下,他能做到使他满意的地步,但一般地说,如果他是一个科学史教师,很快他就被迫要作进一步的研究。"[①]在西方科学史基础研究相当发达的情况下尚且如此,我国对科学史(特别是西方科学史)的研究力量还比较薄弱,对西方科学史研究的成果译介又极其有限,在这种情况下,困难就更是可想而知了。确实,我们也有通史的专著和不少的科学史教材。但问题是这些教材的编写基础是否坚实,是否到了像萨顿所提出的那种要求? 当科学教师以更接近科学家而不是史学家的方法编写科学史教材时,是否意识到其局限呢? 正如萨顿所言:"就像一个笑话所说的:'当已经有了五本书专门写一个题目时,再写第六本书就是很容易的事了。'对极了! 但是这第六本书的价值是什么呢? 不论写起来多么辛苦,那也是白费功夫。我们必须承认用这种容易的方法写出来的书也含有许多真理,但是当真理和错误不加区别地混在一起并且无法从中做出判断时,

---

　　① 萨顿:《科学的历史研究》,第82—83页。

我们只能认为整本书都是错误的,科学家不顾史学方法写出来的历史著作必然导致精神力量的贬低。"[1]

1983年于意大利帕维亚召开的"用物理学史革新物理教育"的国际会议上,弗伦奇(A. P. French)对某些教科书作者进行批评:"有时,作者可能放肆地有意识地违反历史,但更经常的情况是作者感受到一种不可抗拒的驱策而插入大量姓名、数据和引述,它们为有关内容披上了肤浅的历史的外衣……我猜想,他们采用这些资料,是打算使否则会很单调的主题具有生气。不幸的是,这些资料的绝大多数在事实上是错误的(这很容易证明);但更糟糕的是,即使是正确的,它们对历史地理解科学也绝无任何贡献。"[2]

关于科学史教师的问题,一方面,涉及教育的管理者对科学史教师的认识。在历史上,甚至在目前,常常有把科学史教学的任务委托给其他学科教师的做法。但是,某人作为某一学科的专家,并不能保证他也是这一学科之历史的专家。几十年前,萨顿便已明确指出:"科学史的研究和教学是具有专职性质的工作。如果学校当局不能把教学工作委托给专家们,并给他们全部时间去做这项工作,对于一切有关的人来说,最好是放弃它。什么也不教是更合算的,要比拙劣的教学危险少得多。"[3]另一方面,问题也涉及对教师本身之资格与能力的要求。这里,请让我们再次引用萨顿的话:"值得重申的是,教师的主要资格是对今天的科学问题和科学方法

---

[1]　萨顿:《科学的历史研究》,第25页。

[2]　弗伦奇:"把历史引进物理教学的乐趣和危险",陈秉乾等译,《大学物理》1986年第2期。

[3]　萨顿:《科学的历史研究》,第92页。

十分熟悉……教师应历史地考虑问题,并充分掌握历史方法。他应有哲学头脑并通晓多种语言。进而,像任何其他教师一样,他的价值在某种程度上是由他自己的研究和他训练其他研究者的能力度量的……根据一本或几本不完善的教科书,其他一概没有,这样毫无准备地讲课,是再也不能干了。有幸教科学史的学者必须根据他丰富的知识和经验来准备发言。他的教学必须有几分才学洋溢,否则就不值得进行。他是被迫才精简掉许多内容的,因为这个题目是如此之大,时间是如此之短,而学生们又有许多其他课程要学。我相信他的教学应是尽可能地简明,但如果没有大量未提及细节的丰富知识,简化就是造假和骗人的。教学像纸币一样,如果没有暗藏的但坚实的黄金储备或其他保证,它就一钱不值。"[①]

　　其实,萨顿这里的论述所涉及的还只是专门教授科学史课程的教师。当考虑到在主要是由科学教师开设的科学课程中利用科学史时,对科学教师的历史培训就愈发显得必不可少。显然,这将是一项涉及面更广、困难更大但又无法回避的任务。

---

　　① 萨顿:《科学的历史研究》,第 87—88 页。

第十六章　地方性知识与科学史

> 如果说某件事不是科学，这并不意味着其中有什么错误的地方，这只是意味着它不是科学而已。
>
> ——费曼:《费曼物理学讲义》

近年来,关于"地方性知识"问题的相关研究,越来越成为学术界研究的热点问题。随着人们对地方性知识的关注,在科学史研究中利用这种立场则可以给过去许多有争议的问题带来新的理解,带来基于多元科学观立场下的科学史。例如,可以为对于非西方近现代科学的历史带来合法性。同时,这也带来了对科学这种人类对于自然界认识之本性的一种新认识。

然而,究竟如何恰当地理解"地方性知识",如何将之作为研究的基点,以及如何伸张其延伸的意义,由于不同的学者对于"地方性知识"概念的不同理解,以及不同的立场,仍然是需要讨论的问题。一些广为流传的关于"地方性知识"的看法,其实也可以被理解为是对此概念的误读。带来这些误读的原因,有语言翻译理解方面的因素,也有一些传统观点和立场,以及未经充分论证的假定的潜在影响。基于"误读"的关于地方性知识的研究,则会带来一些对体现和传播这种新的研究框架之价值的不利影响。

　　鉴于"地方性知识"的概念现在已经在不同的学科领域、在不同的理解中被广泛应用,除了其起源的人类学之外,在农业、生态、经济、管理、文学、艺术、历史、政治、法律等领域中均被引入并成为研究的视角。仅就以 STS 领域的研究为限来进行一些讨论,也还是一个颇为巨大的领域。大致说来,它可以包括科技哲学、科技史、科技社会学、科技人类学、科技政策、科学传播等多门学科,但其约束,因领域名称的限定,总是与科学和技术相关。而且,这也不可避免地与人们对科学技术的理解相关,对在本体论和认识论上科学技术知识的本性的理解相关,也与对科学技术的价值及评判的认识相关,甚至仍然在某种程度上无法回避最基础性的形而上学立场。当然,随着讨论和认识的深入,这对于在科学史领域中如何更好地运用"地方性知识"的概念框架,以及如何使 STS 领域的研究在科学史中得到理想的发展,也具有一定的意义。

一　关于对"地方性知识"的理解

　　首先,我们可以讨论一下关于对地方性知识这一概念理解的问题。其实,对于何为"地方性知识",人们的理解彼此并不完全一致。一般来说,大多认为是人类学家吉尔兹首先在人类学,或更准确地说是在阐释人类学的派别中,强调了这一概念。随后这个概念变得在许多研究领域中都流行起来。"至少,在人类学领域,'地方性知识'这个术语成为关注的热点,是由于吉尔兹关于法律比较研究的人类学论文。"①

不过,如果仔细地读读那本经常被人们引用的名为《地方性知识》的文集②,人们会发现,其实吉尔兹自己并未严格地对之给出非常明确的定义,而只是将这一并不十分清晰的概念用于对法律的人类学研究。但他确实将这种法律的"地方性"与"法律多元主义"联系起来。至于"地方性知识"的概念是如何从人类学的研究中扩散到其他学科的相关过程,笔者尚未见到系统的研究。或许,这个过程与库恩的"范式"概念从科学哲学向其他领域的进入有某种类似。

也许,正是由于这种在起源上的界定不明确,以及对后续此概念在其他学术领域的扩展使用过程的不清楚,我们现在可以看到的是,虽然这个概念成为诸多领域中被使用频繁的重要概念,但人们的理解并不一致(这又与库恩的"范式"概念后来被使用的情形颇类似),甚至会有望文生义的"误解"。王铭铭曾指出,吉尔兹的书名的"原文叫 *Local Knowledge*,翻译成中文为《地方性知识》。'地方'这个词在中国有特殊含义,与西文的 local 实不对应。按我的理解,local 是有地方性、局部性的意思,但若如此径直翻译,则易于与'地方'这个具有特殊含义的词语相混淆。Local 感觉上更接近于完整体系的'当地'或'在地'面貌,因而,不妨将 *Local Knowledge* 翻译为《当地知识》或《在地知识》,而这个意义上的

---

① J. Goody, Local Knowledge and Knowledge of Locality: The Desirability of Frames, *The Yale Journal of Criticism*, 1992, (2):137-147.

② 吉尔兹:《地方性知识——阐释人类学论文》,王海龙、张家瑄译,中央编译出版社 2000 年版。

'当地'或'在地',主要指文化的类型,而非'地方文化'"。因为
"*local knowledge* 被翻译成'地方性知识',接着有不少学者便对
'地方'这两个字纠缠不放。实际上 local 既可以指'地方性的',也
可以指广义上的'当地性的',而它绝对与我们中国观念中的'地
方'意思不同。我们说的'地方',更像 place、locality ,而非 local。
Local 可以指包括整个'中国文化'在内的、相对于海外的'当地',
其延伸意义包括了韦伯所说的'理想类型'"①。当然,现在中国台
湾虽然主要是使用"在地知识"这种译法,但在中国大陆,地方性知
识这种译法已经流行开来,恐怕也难以再普遍更换,但在对其的理
解上,我们显然仍需避免因翻译而带来误读的可能性。

　　在联合国教科文组织的网页上,对于地方性知识是这样定义
的:"关于自然界的精致的知识并不只限于科学。来自世界各地的
各种社会都有丰富的经验、理解和解释体系。地方性知识和本土
知识指那些具有与其自然环境长期打交道的社会所发展出来的理
解、技能和哲学。对于那些乡村和本土的人们,地方性知识告诉他
们有关日常生活各基本方面的决策。这种知识被整合成包括了语
言、分类系统、资源利用、社会交往、仪式和精神生活在内的文化复
合体。这种独特的认识方式是世界文化多样性的重要方面,为与
当地相适应的可持续发展提供了基础。"②

　　以上这两种理解基本上是基于人类学的视角,但突出的要点
是,地方性的一个重要特点是一种知识系统的类型。王铭铭的这

---

　　① 王铭铭:"从'当地知识'到'世界思想'",《西北民族研究》2008 年第 4 期。
　　② UNESCO,*Local and Indigenous Knowledge*,http://www. unesco. org/new/
en/natural-sciences/priority-areas/links/.

个说法是很值得强调的。不同文化类型的知识各自构成不同的地方性知识，而整个地加起来，构成了所谓的地方性知识的大类。这个知识的大类，在说人类所有的知识都是地方性知识的意义上，差不多也就是人类的知识，但其中不同文化类型的知识系统，构成了多样性的各种地方性知识。在这一大类的意义上，差不多等同于说只有"一种"地方性知识，而在这个大类其中各种多样性的子项（即不同文化类型的知识系统）各自成为多种地方性知识。尽管其缘起会与某个"地方"相联系，不过，从人们认识的过程来看，哪种知识又不是从某个特定的地方产生呢？因此，其实强调起源于某个"地方"并不是最重要的，最重要的是将这种缘起于某地的"地方性知识"作为一种具有理想类型意义的知识系统。在这种意义上，值得注意的是，这样的理解完全可以不仅限于人类学的领域，其实，是具备了被推广到其他领域的充分可能。如果说（各种）"科学"作为地方性知识，只不过是其中以自然为知识的对象而再以另一种分类方式的分类而已。

当然这样的说法似乎有些笼统，要严格地限定像究竟怎么才算是一种理想类型的知识？在这样一个大的框架下，如何区分地方性知识内部不同的地方性知识子项？其实这恰恰是需要基于各种案例研究来分析提炼的。这正与库恩的"范式"说类似，"范式"的不同可以成为区分不同的具体的地方性知识的标志之一。说"之一"，意在应该还会有其他的判别依据。

我们还可以注意到近年来在国内外变得引人注意的科学哲学重要流派中的科学实践哲学这一支，其代表性人物是劳斯，在使用"地方性知识"这一概念时，关注的角度又有所不同。因为科学实践哲学突出地强调"实践"（其实对于何为"实践"，其定义也仍然并非十分明确），一方面，他认为："理解是地方性的、生存性的，指的是它受制于具体的情境，体现于代代相传的解释性实践的实际传统中，并且存在于由特定的情境和传统所塑造的人身上。"①但另一方面，他所关注的科学，是与其强调的实践场所，即科学家工作的实验室（当然也可推及诊所、田野等场合）密不可分的。"科学知识的经验品格只有通过在实验室中把仪器运用于地方性的塑造时方能确立。"②我们可以看到，这样一来，其实他所谈论的那种源于在实验室的具体情境中实践的作为"地方性知识"的科学知识，只不过是广义的作为类型化的知识系统的"地方性知识"中的一种，即一个子项而已。

二　关于对"普遍性"的理解

在关于地方性知识的讨论中，另一个相关的重要概念是所谓的"普遍性知识"。或者，也可以说是涉及基于知识是否具有普遍性来对之分类和命名的问题。

许多学者认为，地方性知识的对立面是所谓的普遍性知识。这种看法表面上似乎不无道理，但实际上却是大可争议的。虽然也可以认为，随着"地方性知识"的提出，解构了"普遍性"，在这种意义上两者形成对立的范畴。

---

① 劳斯：《知识与权力——走向科学的政治哲学》，盛晓明等译，北京大学出版社2004年版，第66页。

② 同上书，第113页。

　　例如,国内研究科学实践哲学的权威专家吴彤教授曾指出:
"在人类学那里,西方学者对于其他地域的非西方知识的关注,虽
然的确带来了对于地方性知识的认可,但是仍然视地方性知识为
普遍性知识的对照者,只是一种普遍性知识的补充而已。地方性
始终兼有负面和有限制的意思。因此,从非西方知识入手去论证
地方性知识如何补充了普遍性知识,无论如何也不能打破普遍性
知识的幻觉和西方理性知识或者科学知识的垄断话语地位。而只
能看着这条鸿沟的存在而无法跨越。""地方性知识与普遍性知识
并非造成对应关系,而是在地方性知识的观点下,根本不存在普遍
性知识。普遍性知识只是一种地方性知识转移的结果。"①

　　这里有几点值得注意。其一,在科学实践哲学家劳斯所讲的
地方性知识其实是另有特指,即认为一切科学家的实践活动都是
局部的、情境化的,是在特定的实验室内或者特定的探究场合的,
从任何特定场合和具体情境中获得的知识都是局部的、地方性的,
看似普遍性的知识实际上是地方性知识标准化过程的一种表征。
其二,前面像王铭铭的例子也表明了人类学家并不一定都会"视地
方性知识为普遍性知识的对照者"。其三,更有意味的是,我们还
可以看到在前面最后这段引文中,两次出现的"普遍性知识"一词,
其实是在不同层面的意义上使用的。一个是指就其本性而言是具
有"普遍性"的"普遍性知识",另一个则是指被人们认为(而实则不
一定)具有"普遍性"而将其称为"普遍性知识"的那种"普遍性

---

　　① 吴彤:"两种'地方性知识'——兼评吉尔兹和劳斯的观点",《自然辩证法研究》
2007年第11期。

知识"。

　　所谓"普遍性",按其本来含义,不过是指一种普适性,即我们过去经常习惯所说的"放之四海而皆准"。但实际上人们在使用这一概念时往往是在不同的语义层面上来用的。比如,一种是认为某些知识可以无条件地应用于时空中所有的对象,这种普遍性是近来包括劳斯的科学实践哲学在内的科学哲学所消解的;一种是认为某些知识在加了一定的约束条件限制之下,可以普遍地应用于时空中所有的对象,这大约是劳斯在其研究中普遍性一词的某种含义;另外,还可以指有时人们由于意识形态、哲学立场等因素,仅仅是"相信"某些理论可以是"普遍性"的,而对于怎样来理解普遍性却未加深思这样一种信念。最后,这种普遍性我们可以先不管,但对于前两种意义上的"普遍性",其成立也往往是基于某种信念而非经验证明。例如,牛顿的"万有引力定律",其命名中的"万有"(universal),就隐含了这种"普适性"的意味。那么,中医呢?如果说万有引力定律在世界各地、在整个宇宙均普遍成立,那么中医是否对于中国以外的人也具有疗效? 当然这只是非常简化的说法,更细致的还会涉及"证明"万有引力定律在某地成立所需要的具体条件,说中医对美国人也可能会有效,也会涉及作为其治疗对象的美国人是否相信中医以及连带地带来的心身相互作用对于疗效的影响等许许多多更复杂的因素。如果仅一般性地说,如果按照归纳的经验"证明"方法,这两者在逻辑上均无法得到全称的肯定证明。因此,某种理论或"知识"的"普遍性",其实只是人们基于信念的一种断言。

　　当然,连带地对这种普遍性信念的支撑,又涉及对于像什么样

的经验事实可以被采纳作为证据的问题,而如果利用库恩的范式
概念来看的话,检验方式的不同本身也可以是因不同的范式而不
同。就像在同样对待药物疗效的认定上,当代西医要基于对实验
对象均等化的前提下利用双盲实验和数据统计的方法,与中医视
病人具有个体独特性而认可其疗效的方法,就有极大的分歧。不
过,对这一问题这里先不拟展开讨论。

在理解知识的普遍性概念时,有时人们还会将知识的普遍性
与知识传播的普遍化联系起来,甚至认为某种知识在传播和被接
受上的成功(例如西方科学、西方医学)是因为这种知识是具有普
遍性的。正如吴彤所指出的,"以吉尔兹为代表的人类学的地方性
知识概念最大的问题仍然是地方性知识无法普遍化、无法具有普
遍性知识所具有的地位"[①]。

但实际上,某种知识的普遍性(或称普适性)与其在传播结果
上的普遍性并不一定有着必然的联系。需要将这两者区分开来。
地方性知识也并非必然地含有非普遍化的意思。

在劳斯的科学实践哲学中,把"普遍性"解释为是一种知识的
标准化,通过"去地方性""去语境化"而实现的,是一种把(劳斯意
义上的)地方性搬到了另一地方的过程。固然这可以成为一种解
释和说明,是一种有益的尝试,但也仅是解释的一种而已。这样的
标准化隐含了让其能够普遍化的原因,但这样的说法并未充分说
明。其一,为什么在现实中是西方科学成功地实现了这种标准化

---

① 吴彤:"两种'地方性知识'——兼评吉尔兹和劳斯的观点",《自然辩证法研究》
2007 年第 11 期。

以及连带的普遍化,而非西方科学却没有？其二,当过于纠缠于定义并不清晰的"实践"概念而重点关注实验室的标准化推广时,忽视了哪怕在西方科学中也存在的多样性。例如,西方数学在现实中似乎也成功地标准化而被当成"普适的",众多其他的"民族数学"(ethno-mathematics)却没有,而作为广义科学的一部分的数学其实并不需要实验室条件下的经验验证。科学实践哲学重新把原来某种无条件的普遍性转变为在有应用语境下的普遍性,但这样的推论和解释逻辑,为什么不能适用于西方科学之外的其他地方性知识呢？这里,对于文化等其他因素的影响在相当程度上被忽略了。而像后殖民主义等学说,则在另外的意义上对于这种"普遍化"的形成给出了文化殖民的解释。

就科学实践哲学所说的标准化而言,还有一个很麻烦的问题,即与知识的可编码性关系密切。而对于默会知识(它们也是地方性知识的重要组成部分,甚至在非西方科学的地方性知识中所占比重要更大)则相对困难。例如,以可编码化的烹调知识可以标准化为像麦当劳那样的快餐,而更为精妙的大厨掌握火候的厨艺却很难标准化,而更是基于默会知识的、个性化的高档餐饮技术。不过,这里对此问题也先暂不展开讨论。

总之,更具体地说明一种地方性知识在传统的那种普遍性意义上的适用性(或适用范围),及与之相关看法的形成,确实是需要在特定的语境中进行具体的研究,而且也同样不可能脱离社会文化的因素。盛晓明也非常敏锐地看到了这一点,他指出:"人们总以为,主张地方性知识就是否定普遍性的科学知识,这其实是误解。按照地方性知识的观念,知识究竟在多大程度和范围内有效,这正是有待于我们考察的东西,而不是根据某种先天(a priori)原则被预先决定了的。"①

总之,重要的是认识到,当人们将某种知识的普遍性与这种知识在传播和应用中的普遍化相等同时,其实是有问题的。与此同时,这里我们也看到,其实在提出地方性知识这一重要概念时,其对立面在深层上并不是所谓的普遍性知识。那么,这个对立面又是什么呢?

三　一元论与文化相对主义

如果要挖出"地方性知识"真正的意义,找出其要否定的对立面是非常重要的。这涉及科学知识的多元性与一元性之争。地方性知识的提出所设置的对立面,是知识的正确性与真理性的一元论! 而与之相关的,则是关于绝对主义与文化相对主义的问题。

如前所述,其实关于普遍性与地方性的对立,只是一种表面上的假象。关于这一点,在劳斯在讨论科学知识的地方性特征时不厌其烦地论证普遍性的形成机制时,就已经表明了论证方向的偏差。所有的知识都是地方性知识,这点是没错的。但作为一种地方性知识能够为一定的人所接受,这显然需要以这种知识的有效性作为基础和前提。当然何为有效性和如何确定其判断标准,其实在不同的地方性知识中又非常不同。在库恩的范式学说中,作为范式的核心内容也包括对有效性的验证方式。在不同的范式

---

① 盛晓明:"地方性知识的构造",《哲学研究》2000年第12期。

中，对可以接受的验证方式的规定也不同。就像众所周知的，中医对于疗效的认证，就与当代西医的认证方式极为不同。

作为地方性知识如何能够推广普及而"普遍化"，那是另一个需要详细讨论的问题。如前所述，不同的理论也给出了基于不同关注重点的不同解释。但有一点其实很重要，并隐藏在这样的讨论中，那就是以往人们除了把西方科学当作一种普遍性的知识，背后经常还隐藏了另外一层理解，即认为科学知识是唯一客观的、正确的有效知识。在这种一元论的立场下，非西方科学的知识自然就会被看作是不客观的、不正确的"非科学"，以至于在极端情况下被称为"伪科学"的知识。

对于地方性知识的关注，深层意义之一是提醒人们那些非西方科学的"地方性知识"也是重要的，也是有效的，甚至在所有知识的应用都必须具有的语境的约束下，也可以是"普遍性"的。同为人的身体，同样作为"地方性知识"的不同医学，都可能会有在不同认证方式下的"疗效"。作为建筑设计，基于牛顿力学是当代的方式，在没有牛顿力学的当年，也可以根据其他的地方性知识很早就建成著名的赵州桥。这样，多元的而非一元的"地方性的""科学知识"的成立和道理，就与文化相对主义产生了关联。当然，这些"不同"的"地方性知识"彼此之间，就像库恩的"范式"一样，并不一定都是可通约的，但毕竟有着相同的和不同的效能。

在国内早期率先介绍地方性知识概念的学者中，叶舒宪对此是看得非常清楚的。他在那篇引用率很高的"论地方性知识"一文中明确指出，除了"从文化相对主义的立场出发，用阐释人类学的方法去接近'地方性知识'，这种新的倾向在人类学的内外都产生了相当可观的反响"之外，"越来越多的人类学者借助于对文化他者的认识反过来认识西方自己的文化和社会，终于意识到过去被奉为圭臬的西方知识系统原来也是人为'建构'出来的，从价值上看与形形色色的'地方性知识'同样没有高下优劣之分，只不过被传统认可（误认）成了唯一标准的和普遍性的。用吉尔兹的话说，知识形态从一元化走向多元化，是人类学给现代社会科学带来的进步"，"'地方性知识'不但完全有理由与所谓的普遍性知识平起平坐，而且对于人类认识的潜力而言自有其不可替代的优势"[①]。

我们也必须注意到吉尔兹在《地方性知识》的绪言中所写的："承认他人也具有和我们一样的本性则是一种最起码的态度。但是，在别的文化中发现我们自己，作为人类社会中生活形式地方化的地方性的例子，作为众多个案中的一个，作为众多世界中的一个世界来看待，这将会是一个十分难能可贵的成就。"[②]这里，已经相当明确地带有了多元性的意味。这种多元性正对应着文化相对主义的立场。在当代文化人类学中，文化相对主义的立场几乎是占据了主流，而来自人类学的地方性知识概念的提出，也正与此相一致。

我们在第七章曾对相对主义进行了比较多的讨论。在此，就不再展开重新论述这种哲学立场的价值了，但可以明确指出的是，这种立场恰恰与坚持多元论的地方性知识的理念十分吻合。

虽然地方性知识概念的广泛应用构成了对于多元的科学文化

---

① 叶舒宪："论地方性知识"，《读书》2001 年第 5 期。
② 吉尔兹：《地方性知识——阐释人类学论文》，第 19 页。

观,以及作为其基础的文化相对主义的支持,但由于传统意识形态的力量和影响,还有许多人对多元的科学知识系统和文化相对主义并不认同。前面提到的叶舒宪对此也曾有精辟的说法:"倘若按照后现代主义哲学家的眼光来看,全球化也好,地球村也好,所应带给我们的绝不是什么'天下大同',也不是以西方资本主义为单一样板的'现代化',而是一个无限多种可能并存不悖而且能够相互宽容和相互对话的多彩世界。""从攻乎异端到容忍差异,从党同伐异到欣赏他者,这种认识上、情感上和心态上的转变并非一朝一夕可以完成,它要求人们的传统知识观、价值观等均有相应的改变。在这方面,当代人类学对'地方性知识'的论述可以提供很有参考价值的理论教材。"①如果说这种向承认科学的多元文化观和文化相对主义立场的转变,是一种知识观、价值观的改变,也就是说是一种哲学信念的转变,各种论述和争论都可能有助于这样的转变。但作为形而上学立场的转变,又不完全是由逻辑推论而实现的。因此,仍然会有不同的立场存在,仍然会有对文化相对主义的不相信,仍然会有不同的关于科学知识的一元论和多元论的看法。在某种理解中的地方性知识及其应用,只是支持了多元论的和文化相对主义的一方而已。不过,针对国内学界传统的观念,这种在文化相对主义立场下多元论的地方性知识,又恰好是一剂重要的解毒剂。

---

① 叶舒宪:"论地方性知识",《读书》2001 年第 5 期。

四 从地方性知识视角再看何为"科学"

涉及对于"地方性知识"的不同理解,其实背后还有一个重要因素的影响,这就是对于何为"科学"这个一直为人们激烈争论的问题的理解。显而易见,究竟何为科学,这本来就是科学史研究最基础的前提所在,它决定科学史家研究的内容和评判。

虽然在很大程度上,关于什么是科学,这本来是一个定义的问题,是一个人为的分类问题,但分类问题经常负载着价值的判断,并进而因为价值判断而影响到人们对于自然知识的评价和看法。

在过去,人们也曾经非常激烈地争论诸如中国古代有无科学的问题。笔者当年也曾加入过有关的争论。随着思考自己的认识也在不断的改变。其实,在像科学史等领域,一直也是存在着类似于悖论的纠结。一方面,许多人写出了以中国古代科学史等为题的大量论著和论文;另一方面,人们却又一直在争论中国古代是否有科学的问题。当然,人们可以说,这里所说的"科学",是指西方科学。而其实中国古代是有着"中国科学"的。但在这样的争论中,这样的辩解还是有问题的。例如,为什么人们会在争论中一般并不明确地加上"西方"这一对科学的限定词?而是将"科学"默认为"西方科学"?而且,在这样的前提下,如果问"为什么中国古代没有西方科学产生",这本身就成为一个荒唐的例题。

之所以会有这样的情形出现,其实也还是与对科学的定义及相关的价值判断相联系的。除去那些坚定地认为只有西方科学才是真正的科学而否定其他"非西方科学"价值的人之外,即使在那些观念上更开放一些的学者中,其实对此也是有所分歧的。例如,在"科学文化"圈里一些坚持反对"科学主义"的学者中,也还有所谓被冠之以"宽""窄""面条"隐喻的争论:"在国内的科学文化界,历来有所谓'宽面条'派和'窄面条'派的争议。前者是试图扩大'科学'的定义范围……把过去许许多多不被承认为科学的东西纳入科学当中,最宽泛地讲,几乎可以把人类严肃地认识自然的系统或准系统性知识,以及用于改变自然的生活经验,都归到科学之中。后者的'窄面条'派则坚持传统对科学的狭窄定义,但与此同时,并不否认那些没有被归入科学定义范围的东西的价值,也不认为传统中狭义定义的科学,要比这些'非科学'更为正确。"①也就是说,如果把人类的知识分为关于自然(人自身的一部分也是自然)和社会文化两大类的话,我们其实可以将前者(即关于自然的那类)都归于一种广义的"科学",而包括西方科学在内的各种相应的"地方性知识",则都属于在 STS 意义上的"地方性知识"(这只是指其首位的指向,尽管它们不可能与后者截然分开而且与后者必然有着二阶的密切关联)。这样的分类系统才会更为一致和连贯。

而像科学实践哲学家劳斯的那种仅仅把现代西方科学的研究,在取消理论优位而更优先注重实验室的"实践"的前提下,作为"地方性知识"来看待的研究,固然也是在西方科学的范围内的有益推进,但只是涉及我们刚刚定义的那种"广义的科学"的"地方性知识"的一部分而已。如果是这样来理解,那么前面提到的吴彤教

<hr>

① 　江晓原、刘兵:《好的归博物》,华东师范大学出版社 2011 年版,第 28—34 页。

授关于"科学实践哲学的开创者劳斯的地方性知识与吉尔兹的地方性知识以及一般人类学中通常的地方性知识概念就有本质上的不同"的说法,就不再成立了。因为所谓的"两种地方性知识"其间虽有差异,但差异绝非"本质上"的,而恰恰是反过来,只是在分类上作为总类的地方性知识和在总类中具体特殊的地方性知识的差别而已。甚至那种将西方科学当作是与人类学中地方性知识不同的另一种地方性知识看法的背后,如果套用劳斯经常所用的反对"理论优位"的说法,反倒是隐约地含有某种关于西方科学的"优越"的意味。

查阅有关"地方性知识"的研究,有不少工作与中医相关。以此为例,我们也可以说,按照前面所理解的作为一种"文化类型"的说法,中医确实是一种地方性知识。而西医,也同样是地方性知识。如果把对人体的认识也归入广义的科学,那么,自然也可以说,各种民族医学(ethno-medicines)作为广义科学的一部分,也都同样是地方性知识。

这正如西方科学哲学家哈丁所说:"二战后科学技术研究的两个学派均认为,不存在唯一的科学方法,不存在单一的'科学',也不存在单一形式的好的科学推理。因为无论是欧洲科学还是其他文明的科学,在不同的时代都是用不同方法和不同形式的推理来探索解释自然规律的系统模式。"[①]

联系到从地方性知识的视角来看何为科学的争议,以及地方

---

① 哈丁:《科学的文化多元性:后殖民主义、女性主义和认识论》,夏侯炳等译,江西教育出版社 2002 年版,第 71—72 页。

性知识概念带来的解释,我们就不难理解叶舒宪的这种说法了:
"地方性知识的确认对于传统的一元化知识观和科学观具有潜在
的解构和颠覆作用。"①

五　简要的结论

综合前面的分析讨论,可以将本章的主要结论简要地总结如
下。(1)对于"地方性知识"这一源于人类学的重要概念,已经在诸
多领域被广泛应用,但人们对其的理解并不一致。(2)从人类学的
某种理解出发,可以将"地方性知识"的概念推广到人类学之外,作
为产生于"地方"但又不限于"地方"的"知识类型"来看待。在这种
意义上,所有的知识都是地方性知识,科学也是,西方科学也是,非
西方科学也是,都是最普遍意义上的"一种"地方性知识。而在其
内部又有各种不同的子项,这些多元的子项构成了下一层次的"多
种"具体的"地方性知识"。区分人类学的和科学实践哲学的"两
种"地方性知识的分类和对之给出的本质差异和价值差异的评判,
是不恰当的。(3)科学实践哲学中对于"地方性知识"的讨论是很
重要的,对改变关于西方科学的传统看法有积极的意义,但又有其
局限性,对西方科学之外的其他"科学"知识的关注不够,对"普遍
性知识"的分析讨论也有问题。知识的普遍性其实是值得质疑的
人们的一种信念,它与知识在传播结果上的普遍化并不一定具有
必然的关联。实际上,在所有的知识都产生和应用于特定语境的

---

① 叶舒宪:"论地方性知识",《读书》2001年第5期。

前提下,地方性知识并不与普遍性构成对立。(4)在这里谈论的理解中,地方性知识概念的提出和应用,恰恰与科学的文化多元性和文化相对主义的立场是一致的。地方性知识在深层意义上的对立面,其实是科学知识的一元论立场。关注地方性知识的研究,恰恰是对科学知识的文化多元性给以支持。(5)在恰当地理解地方性知识的前提下,将此观念应用于科学史的研究,将给科学史带来合法的、重要的新领地。

附录　李约瑟与李约瑟问题

西方科学的发展是以两个伟大的成就为基础的：希腊哲学家发明形式逻辑体系（在欧几里得几何学中），以及（在文艺复兴时期）发现通过系统的实验可能找出因果关系。

在我看来，中国的贤哲没有走上这两步，那是用不着惊奇的。要是这些发现果然都做出了，那倒是令人惊奇的事。

——爱因斯坦

一　引　言

对于中国科学技术史的研究来说，像科学史的其他领域一样，进行必要的编史学（historiography）思考，既是一种有意义的反思和总结，也可以反过来对过去与现状获得某种理解，并在此基础上对未来有所展望。由于李约瑟在中国科学史研究中的特殊地位，这里将以其工作的编史学问题作为出发点，在对一些国外科学史家的有关文章阅读的基础上，进行某种编史学的提炼与总结，并尝试性地对中国科学史研究的若干理论性问题进行一些思考。

需要做出的某些限定是,这里主要关心一些大的趋势和重要的理论性问题,一般不纠缠于具体的细节问题;以对西方科学史家有限的一些理论性回顾、总结为出发点,更为关注西方研究中国科学史的学者对这一领域过去与现状的看法;但除了偶尔也会涉及对中国科学史家的工作的一般性评价之外,国外中国科学史研究的问题对于中国的研究者也会很有启发和借鉴意义的。

从李约瑟的工作出发,对其中涉及的一些编史学问题,特别是对于"李约瑟问题"的重新思考,其意义也将超出中国,甚至东亚科学史研究的范围,并与世界科学史研究的编史学研究密切相关。除了像"科学革命"这样具体的编史学问题之外,也与更为一般的"元编史学"、科学哲学,乃至于像殖民主义等当代文化思潮密切相关①,为人们提供了一个审视这些问题的特殊视角。

然而,要做这样的工作,有两个涉及这种研究困难的前提是必须首先指出的。其一,在国际科学史界,与那些研究"主流"课题(如近代西方科学革命等)的科学史家共同体相比,研究中国科学史(这里先在广义上使用"科学"这个术语,包括技术与医学,后面我们将对此再进行详细的讨论)研究者的共同体仍然相对弱小。例如,按照美国的中国科学史专家席文在 1988 年的粗略统计②,除了在中国研究中国科学史的人数占绝对优势之外,在美国与欧

---

①　刘钝、王扬宗:《中国科学与科学革命:李约瑟难题及其相关问题》,辽宁教育出版社 2002 年版,第 721—758 页。

②　N. Sivin,Science and Medicine in Imperial China—The State of the Field,*The Journal of Asian Studies*,1988,47(1):41-90.

洲主要以中国科学史为研究领域的学者大约只有 70 余人（其中科学史 40 人，技术史 12 人，医学史 18 人）；在韩国，在其总人数为 330 人的科学史学会的会员以及总人数为 25 人的韩国医学史学会的会员中，研究中国科学史的一共只有 20 人；日本的情形比较特殊，虽然在其医学史学会的 777 名会员中，大约有 100 人研究中国医学，但专业人士只有 15 人，而在其 800 名科学史学会会员中，中国科学史研究者也只有 10 人；至于其他像马来西亚、澳大利亚等国，更是只有寥寥几人。因此，从人数上来看，即使考虑到在席文的统计之后的发展，中国科学史研究者的共同体在世界科学史的大共同体中，仍是处于"边缘"的弱势群体。

其二，是在这样一个本来就不算大的科学史家共同体中，虽然有大量的中国科学史研究成果问世，但除了相对集中地讨论像"李约瑟问题"之类的文章之外，非常关心这一领域研究的理论问题并就此撰写有关编史学文章的学者数目就更少了。绝大多数研究中国科学史的科学家主要关注的仍是对中国科学史的具体研究。因此，这种情形也给中国科学史的编史学研究带来了一定的困难。

二　中国科学史研究在西方的兴起与李约瑟

一般地讲，科学史这门学科在西方大约在 18 世纪开始形成了一些专业学科的学科史，到 19 世纪综合性科学史开始成形。到了 20 世纪有关的研究更加深入，特别是 20 世纪 60 年代左右美国科学史领域的职业化发展，使得科学史的建制化和学术化走向成熟。

但是，在这些过程中，西方科学史家主要的研究领域仍是"主流"的西方科学史，对古代科学史的研究也大多是在与西方近代科学发展相联系的线索与视角下进行的。因而，对于其他"非主流"的，被认为与西方近代科学发展无关的其他国家和地区的科学史，长期处于被忽视的状态。中国科学史也基本属于此列。

在此阶段，西方当然也有一些汉学家少量关于中国科学史的工作，但汉学家的主要兴趣并不在科学方面。中国科学史研究在西方发展的一个重要转折点，还是李约瑟的出现。

如果略去再早些的准备阶段，从 20 世纪 50 年代起，李约瑟的《中国科学技术史》（按其英文标题应为《中国的科学与文明》，而英文标题与其内容更为吻合）开始出版。这部后来在规模上又有了极大的扩展，而且至今仍未出完的多卷巨著，极大地改变了西方对中国科学史研究的局面。从技术性的内容来说，它一方面极为丰富地占有了东方与西方的各种参考文献；另一方，而且更为重要的是，它的出现首次向西方学者展示了中国科学史的丰富内容，使中国的科学在西方受到尊重，使中国历史中科学的成就在国际历史学界得到承认，使西方人意识到中国有其自身重要的科学与技术的传统。

李约瑟本人在其后半生中，从职业科学家转向从事中国科学史的研究，当然可以从各种的背景中研究其动力。但至少在他后来多次的表述中，可以看到，提出如今经常被我们称为"李约瑟问题"，以及他穷其后半生之努力来尝试找到对这一问题的答案，是其中国科学史研究的最重要的动力之一。詹嘉玲就曾指出，李约瑟的贡献不仅是提出了李约瑟问题，而且是把它变成撰写一部比较科学史的动力。[①] 或者,即使更弱化一点讲,对这一问题回答的努力,始终是作为一种明显的背景存在于李约瑟本人大量的研究之中。关于这一点,在 1954 年出版的《中国科学技术史》第一卷的序言中也有明确的表现:

　　"在不同的历史时期,即在古代和中古代,中国人对于科学、科学思想和技术的发展,究竟做出了什么贡献?虽然从耶稣会士 17 世纪初来到北京以后,中国的科学就已经逐步融合在近代科学的整体之中,但是,人们仍然可以问:中国人在这以后的各个时期有些什么贡献?广义地说,中国的科学为什么持续停留在经验阶段?并且只有原始型的或中古型的理论?如果事情确实是这样,那么在科学技术发明的许多重要方面,中国人又怎样成功地走在那些创造出"希腊奇迹"的传奇式人物的前面,和拥有古代西方世界全部文化财富的阿拉伯人并驾齐驱,并在 3 到 13 世纪保持一个西方所望尘莫及的科学知识水平?中国在理论和几何学方法体系方面所存在的弱点,为什么并没有妨碍各种科学发现和技术发明的涌现?中国的这些发明和发现往往远远超过同时代的欧洲,特别是在 15 世纪之前更是如此(关于这一点可以毫不费力地加以证明)。欧洲在 16 世纪以后就诞生了近代科学,这种科学已被证明是形成近代世界秩序的基本因素之一,而中国文明却未

---

　　① C. Jami, Joseph Needham and the Historiography of Chinese Mathematics, in *Situating the History of Science: Dialogues with Joseph Needham*, S. I. Habib and D. Raina, eds., Oxford University Press, 1999, pp. 261-278.

能在亚洲产生与此相似的近代科学,其阻碍因素是什么? 另一方面,又是什么因素使得科学在中国早期社会比在欧洲中古社会更容易得到应用? 最后,为什么中国在科学理论方面虽然比较落后,但能产生出有机的自然观? 这种自然观虽然在不同的学派那里有不同形式的解释,但它和近代科学经过机械唯物论统治的三个世纪之后被迫采纳的自然观非常相似。这些问题是本书想要讨论的问题的一部分。"①

虽然关于"李约瑟问题"本身的意义与问题,已有很多学者进行过的讨论,或是赞成并尝试对之进行回答,或是认为其问题本身提法的不当,本身是一个伪问题等,但不可否认的事实是,这个问题的提出毕竟带来了某种学术的繁荣。抛开他人的评价不说,仅就其本人而言,正在这样一种背景下,或者说从这样一个出发点出发,李约瑟在中国科学史研究中的成就,使之在世界科学史界甚至科学史界之外都成为一位功不可没的传奇人物。正如席文所评论的,李约瑟对中国科学、技术与医学居高临下的考察,首次使西欧和美国受过教育的人意识到过去时代中国的成就。

然而,如果我们站在今天的立场上来审视的话,会发现李约瑟的著作是建筑在一些最初的假定之上。1988 年,席文曾总结了其

---

① 李约瑟:《中国科学技术史》(第一卷),科学出版社、上海古籍出版社 1990 年版,第 1—2 页。

中最重要的八条假定①。(1)人类是一个大家庭,科学的世界观明显地超越于所有不同的种族、肤色和宗教文化之上。(2)科学和技术是不可分离的,跨文化的综合应把这两者都包括在内。(3)只有通过对科学之外的因素的关注(其范围包括从经济到宗教的广泛领域),才能理解科学变革的原动力。(4)在公元前1世纪到15世纪,中国文明与西方相比,在应用人类关于自然的知识于人类实践需求方面,要更有效,这种优势反映了更高度发展的科学与技术。(5)为什么尽管有这种优势,但近代科学没有在中国文明(或印度文明)中发展起来,而只是在欧洲发展起来,这成为一个核心的编史学问题("科学革命问题")。(6)虽然非世袭的儒家国家的"官僚封建主义"非常有利于在前文艺复兴水平的自然科学的成长,但它最终阻碍了向近代类型科学的转变。(7)可以在早期道家著作中发现的态度,鼓励了对自然的无功利的经验观察,所以在各个历史阶段,"道家"在很大程度上对科学和技术的发展起作用。这种情况延续下来,即使社会经济体制"抑制了自然科学的萌芽",把道家原始的科学实验转变为算命和乡村巫术。(8)在权衡对科学革命问题有影响的众多因素时,外部因素占更大权重。对中国与西欧之间社会和经济模式之差别的分析,将最终说明——就任何可能对之带来的新见解而言——中国科学在早期的突出地位,以及后来近代科学仅在欧洲的兴起。

　　席文对李约瑟工作假定的总结已经很全面了。如果要详细地

---

① N. Sivin, Science and Medicine in Imperial China—The State of the Field, *The Journal of Asian Studies*, 1988, 47(1): 41-90.

理解李约瑟的工作,则有必要对其中的一些假定和概念进一步
分析。

三　李约瑟的科学概念与中国科学史
研究的合法性

李约瑟的巨著,不论是译为《中国的科学技术史》,还是译成
《中国的科学与文明》,其核心的概念依然首先是"科学"。事实上,
对于任何科学史的研究来说,虽然对科学概念的定义可能不会像
科学哲学中要求得那么严格,但毕竟每个科学史家对之都有自己
的理解,并将这种理解贯穿在其历史研究中。

如果说在研究和撰写伽利略时代之前的西方古代与中世纪科
学史时,虽然所研究的时代还没有近代科学的出现,但在一种与后
来近代科学的出现有联系,或者说,至少是有假定的逻辑联系的意
义上,科学史家可以把他们所研究的"科学"(或按其原来的名称作
为"自然哲学")视为近代科学的前身,从而使"科学"史的研究合法
化,那么,对于那些在西方近代科学主流发展脉络之外的非西方古
代科学的研究,所涉及的对"科学"概念的理解,则更加微妙,也更
需要论证。不久前,国内学术界又出现了新的一轮对中国古代是
否有科学的争论。但在那场争论中,如果不谈那些片面强调中国
古代就是有科学,而不管这种科学与近代科学之联系和差异,不管
现有的科学哲学对科学概念的研究背景而提出的那些观点的话,
值得注意的代表性观点,一是以作为西方科学革命产物的近代科
学的概念来理解科学,在这种意义上,中国古代当然不会有科学;

而与这种观点相对立的代表性看法,则是在扩充了对科学概念规定的前提下,认为中国古代有科学存在,尽管按照科学哲学的标准,其科学的定义或是比较模糊,或是干脆就采取了一种多元的科学定义。但无论如何,这场新的争论也部分地表明了在对中国科学史这种非西方古代科学史的研究领域中,科学的定义对其研究之意义与合法性的迫切需要。

但对于李约瑟本人,其对科学的定义和理解倒是比较清楚。虽然在 1954 年问世的《中国科学技术史》第一卷导言中,他还就与中国古代科学相区分的意义上用了西方近代科学一词,几年后他又在《中国科学技术史》的第三卷中明确地指出:

> "在今天至关重要的,是世界应该承认 17 世纪的欧洲并没有产生在本质上是'欧洲的'或者'近代的'科学,而是产生了普适有效的世界科学。也就是说,相对于古代和中世纪科学的'近代'科学。"[①]

但在大约十年后,李约瑟在他的另一本重要著作《大滴定》[②]中,对科学的概念又提出了更为明确的扩展的说法。他认为在通

---

① J. Needham, *Science and Civilisation in China*, Cambridge University Press, Vol. 3, 1959, p. 448.

② 《大滴定》一书的书名是李约瑟的一个重要隐喻,此隐喻与其作为生物化学家的出身有关。在化学反应中,把已知其含量的试剂从可计量的滴管中滴出到要测试的溶液中,直至产生中和反应,使溶液变色。因试剂的滴出量为已知,所以就可知被测溶液中某种成分的未知量。李约瑟用此隐喻,指他对科学史的研究,就像对东方与西方文明的滴定,以确定某人最先做出某事或理解某事的时刻。但因此过程是对人类历史和文明的"滴定",故称为"大滴定"。

常的科学史研究中,"所隐含的对科学的定义过于狭窄了。确实,力学是近代科学中的先驱者,所有其他的科学都寻求仿效"机械论的"范式,对于作为其基础的希腊演绎几何学的强调也是有道理的。但这并不等同于说几何式的运动学就是科学的一切。近代科学本身并非总是维持在笛卡尔式的限度之内,因为物理学中的场论和生物学中的有机概念已经深刻地修改了更早些时候的力学的世界图景"①。当然,李约瑟这样的科学概念,虽然引入了新的扩展要素,但仍然没有突破西方主流科学的框架,仍然是一种一元的科学观。

基于其"普适的"科学的概念,用席文的说法,李约瑟又使用了"水利学的隐喻":虽然他并不否认希腊人的贡献是近代科学基础的一个本质性的部分,但他想要说的是,"近代精密的自然科学要比欧几里得几何学和托勒密的天文学要广大宽泛得多;不只是这两条河流,还有更多的河流汇入其海洋之中"②。对于这种普适的科学在中国科学史中的应用,李约瑟写作《中国科学技术史》的合作者之一白馥兰就曾说过,就其意义而言,《中国的科学与文明》使中国科学在西方受到尊重。但是,李约瑟是按照那个时期所熟悉的常规科学史来制订其计划的,也就是说,是根据走向普适真理的进步来制订的。而其新颖之处,也正在于其前提,即中国对科学中

---

①　J. Needham, *The Grand Titration: Science and Society in East ans West*, George Allen & Unwin, 1969, p. 45.

②　Ibid., p. 50.

"普适的"进步有重要的贡献。①

具体到中国古代的科学,李约瑟认为:

> "因此,关于中国的'遗产',我们必须考虑到三种不同的价
> 值。一种是有直接助于对伽利略式的突破产生影响的价值,一
> 种是后来汇合到近代科学之中的价值,最后一种但绝非不重要
> 的价值,是没有可追溯的影响,但却使得中国的科学和技术与
> 欧洲的科学和技术相比同样值得研究和赞美的价值。一切都
> 取决于对遗产继承者的规定——仅仅是欧洲,或者是近代普适
> 的科学,或是全人类。我所极力主张的是,事实上没有道理要
> 求每一种科学和技术的活动都应对欧洲文化领域的进步有所
> 贡献。甚至也不需要表明每一种科学和技术活动都构成了近
> 代普适的科学的建筑材料。科学史不应仅仅是依据一种把相关
> 的影响串起来的线索而写成的。难道就没有一种世界性的关于
> 人类对自然的思考与认识的历史,在其中所有的努力都有一席之
> 地,而不管它是接受了还是产生了影响? 这难道不就是所有人努
> 力的唯一真正继承者——普适的科学的历史和哲学吗?"②

由此我们可以看到,李约瑟首先将"近代科学"的概念独立出
来,并与古代、中世纪以及像中国这样的非西方传统的复数名词的

---

① F. Bray,An Appreciation of Joseph Needham,*Chinese Science*,1995,12:164-165.

② J. Needham,*The Grand Titration*:*Science and Society in East and West*,George Allen & Unwin,1969,p. 61.

"科学"相区分,但又相信科学终将发展成为一种超越于"近代科学"之上的"普适的科学"。如果说在上述引文所谈到的第一种价值对于中国科学的遗产来说并不存在的话,那么,无论是在第二种还是在第三种价值的意义上,都可以找到研究中国古代科学史的内在合法性。就像他在《大滴定》一书中所说的,诞生于伽利略时代的是世界性的智慧女神,是对不分种族、肤色、信仰或祖国的全人类的有益的启蒙运动,在这里所有的人都有资格、都能参与。尽管他依然没有像当代科学哲学家那样对这种更为含义宽泛的复数的科学概念给出明确的划界定义。

四 中国科学史研究的趋向:参照标准 与优先权问题

我们在前面曾提到,"李约瑟问题"是李约瑟进行中国科学史研究的一个重要出发点,它也成为某种重要的动机。在《大滴定》一书中,对于"李约瑟问题"的经典表述是:

> "……为什么现代科学只在欧洲而没有在中国文明(或印度文明)中发展起来? ……为什么在公元前 1 世纪至 15 世纪,中国文明在应用人类关于自然的知识于人类的实际需求方面比西方文明要有效得多?"①

---

① J. Needham, *The Grand Titration: Science and Society in East and West*, George Allen & Unwin, 1969, p. 190.

　　这里暂且不说"李约瑟问题"自身的意义,以及由之引出的热烈的学术争论。当然,任何从事如此规模研究的学者都自然会面对来自许多方面的攻击,"从第一卷问世起,李约瑟就因他的方法论、他的马克思主义前提、他对中国文化的理解,以及他对科学与技术之等同的坚持而受到批判"[①]。仅就李约瑟本人的中国科学史研究,以及这种研究背后的潜在假定来说,从"李约瑟问题"中也可以看出一点值得注意之处,即在"李约瑟问题"的第二个,或者说第二部分的表述中,首先,潜在地预设了欧洲或者说西方作为一个参照物;其次,在这种预设的参照物的对比下,更加关心发现的优先权问题。对此,一些国外的学者也有注意和论述。例如,日本科学史家中山茂就将研究者当中的"现代化主义者"(modernizer)定义为,这些人在评价他们的课题时,是以这些课题如何近似地接近西方的科学实践与建制的流行为标准的。与之有所不同的是,"现代研究者"(modernist)只指那些研究近现代的人,而现代化主义者则指把这种意识形态立场用于历史的人。如果我们注意到"客观的和价值中立的学术在科学史中比在任何其他领域中都更不可能"的话,我们就会看到,"直到60年代,对于现代化主义者用来衡量非西方科学成就的判据是否有效,几乎没有任何疑问提出。在这类研究中,关键问题是:是否亚洲的科学家比其欧洲对手更早达到了现代知识的某些部分? 可以确信,李约瑟扭转了早先利用优先权来论证亚洲文化之低下的倾向。他依靠对中国文献的广泛掌

---

　　① 　B. Finlay, China, the West, and World History in Joseph Needham's Science and Civilisation in China, *Journal of World History*, 2000, 11:265-303.

握来说服西方读者:在近代以前,东方的技术比西方的技术更为创新。但问题仍然是优先权问题。李约瑟用近代欧洲的标准来评价古代中国科学的策略,自相矛盾地鼓励了世界各地的他的大多数追随者,包括那些在中国的追随者,来不加批判地接受现代化的观点。这损害了他自己对比较研究之热情的典范价值"①。澳大利亚科学史家洛(Morris F. Low)在为其主编的以"超越李约瑟:东亚与东南亚的科学、技术与医学"为主题的《俄赛里斯》(*Osiris*)专号所写的导言中也谈到:

"李约瑟并未将现代科学等同于西方科学。相反,他认为它是一种世界性的科学、地域性的传统科学,特别是中国的科学汇入其中。李约瑟想要通过做出机器和装置从欧洲引入到中国以及相反过程的资产负债表,向我们揭示西方文明极大地受惠于中国。他的历史植根于一种偏离当前的世界观。这些历史深究过去,并展示了一种西方人发现也很难忽视的遗产……在李约瑟的著作之前,科学史家经常把'科学'解释为'西方科学'。而其他知识的生产者的贡献,尤其是在亚洲的贡献,则倾向于被边缘化。李约瑟开辟了研究非西方科学的道路……为什么我们要高度评价亚洲科学技术与医学史的价值呢? 在过去,一种理由是:亚洲科学类似于西方科学,并以某种方式对之做出了贡献。显然,科学技术可以超越文化的

---

① N. Shigeru, History of East Asian Science: Needs and Opportunities, *Osiris*, 1995,10:80-94.

差别,为已有知识的共享储水池加料,但社会与境对如何接纳各种观点有所影响……如果我们确实想要超越李约瑟和单一的科学,我们还需要打破由现代化研究所强加的框架。近来的经验表明,进步可以不是线性的。……在撰写全球科学及其进步的线性历史的倾向背后,是对于西方科学取代了传统的、更地域性的知识形式的信仰。……以这种方式写亚洲科学史,我们就是假定了在西方科学中的某种连续性和在亚洲科学中的不连续性。在李约瑟的方案中,地方土生土长的知识的重要性,是倾向于以其在多大程度上对现在我们所称的科学的形成有贡献来衡量的。"①

也就是说,李约瑟即使是在其比较科学史的研究中,其比较的参照标准,在某种程度上也还是辉格式的。事实上,在某些分析中,人们有时是把过去西方中心论的科学编史学观念视为带有某些种族主义色彩的,因而有人论证说:"李约瑟因为未能把他自己与西方科学及其方法的优越与不可或缺性的概念分离开,所以他没有成功地带来对欧洲种族主义的明确突破。"②

与这种参照标准相关,是科学史研究中对优先权问题的关注程度与关注方式。李约瑟本人的工作,包括了对中国众多科学技

---

① M. F. Low, Beyound Joseph Needham: Science, Technology, and Medicine in East and Southeast Asia, *Osiris*, 1998, 13:1-8.

② S. Chacraverti, The Modern Western Historiography of Science and Joseph Needham, in *The Life and Works of Joseph Needham*, eds. By S. K. Mukherjee and A. Ghosh, The Asiatic Society, 1997, pp. 56-66.

术之发现的优先权的发现,一方面,我们应该充分承认这些发现极大地改变了中国科学技术史在世界上的形象;另一方面,我们也可以说,当中国科学技术史的研究深入到某种程度,发展到某个阶段之后,优先权的发现固然重要,但已不是唯一重要的内容了。这个问题对于中国学者的中国科学史研究也是需要注意的重要问题。正如80年代末席文在谈及中国天文学史研究时所说过的,中国天文学史家当时主要关心的,是对中国优先权的确立,发现目前的天文学知识的先驱者,尽管随着新的方法论、新的像考古学之类的学科通过通信或个人的接触而被引进,这种强调已经开始有变化。当然,从世界范围科学史的发展来看,自50年代起,随着科学内部史的兴趣,科学史经常成为对今天常规智慧的先驱者的寻猎。但随着这样的工作的继续,或迟或早,总会产生先驱者的先驱者问题。① 其实,可以注意的是,韩国科学史家金永植在总结韩国的科学研究时曾这样讲过:

> "关于韩国科学史较早期工作的最突出的特征,就是其对韩国科学成就创造性和原创性的强调,突出了韩国科学这些特征的论题被研究,而其他的论题则被忽略。这种强调,是对日本殖民时期殖民主义编史学的自然反应。……这种倾向在科学史中很持久……它过分强调技术与人造物,而不是观念与建制,因为前者倾向于表明韩国成就创造性的独创性,以及

---

① N. Sivin, Science and Medicine in Imperial China—The State of the Field, *The Journal of Asian Studies*, 1988, 47(1):41-90.

它们比其他国家的优先和优越。"①

当然,早期韩国科学史家对韩国科学史的研究有其特殊的背景,其编史学问题也并不完全等同于目前中国科学史研究中存在的编史学问题。不过,类似这样的反思,却是很值得中国科学史研究者借鉴的。至少,在研究的价值趋向上还是存在某些类似之处。

五　在李约瑟之后

李约瑟研究中国科学史的成就与功绩,是无需质疑的。然而,像其他的学科一样,科学史一直处在发展中,中国科学史的研究也是一样。当人们回过头来重新审视李约瑟及其中国科学史研究时,自然也会提出新的、对未来的发展有意义的见解。当然,也有人会从李约瑟的著作中找出一些细节上的技术性错误,但这几乎是在任何科学史研究者的工作中都会存在的,更不用说像李约瑟这样一位外国研究者,其成果超乎寻常的丰富,甚至在相当的程度上完全可以与之相抵。这更属于枝节性的问题。这样的工作虽然也是有意义的,但不必为此而过于自我得意。更重要的是,我们应该注意中国科学史研究在科学观、研究方法、研究进路上的变化。

首先,依然可以从科学的概念谈起。李约瑟所信奉的那种将走向统一的、普适的科学观念,以及与之相关的中国古代科学对之

---

① Y. S. Kim, Problems and Possibilities in the Study of the History of Korean Science, *Osiris*, 1998, 13: 48-79.

的汇入,以及像对自然界的有机论的态度等,从一开始,直到如今,几乎一直不是科学史研究中的主流。在美国一篇将李约瑟著作中的宗教与伦理作为研究内容的博士论文的作者,甚至从其所关心的问题以及处理这些问题的方法出发,将李约瑟归入 19 世纪浪漫主义学者的行列。① 也正如白馥兰在李约瑟逝世时所写的短文中所指出的:

> "现在,李约瑟的计划处于一种悖论的境地。后现代对西方至上的元叙述的批判,从对思想的内史论研究到向社会和文化解释的转向,以及对实践的强调,这一切都(至少在理论上)给非西方世界在主流科学史中带来了合法的空间。然而,这种修正主义的硬币的另一面,是作为来自作为普适的知识形式的"科学"这一概念被提出异议。"②

但是,这种对李约瑟的科学概念的质疑并未给中国科学史研究的合法性问题带来实践上的困难。虽然科学哲学界对科学概念的规定仍然充满争议,但在像科学史、科学社会学等领域的实践中,发展中的科学概念依然可以应付实用的目的。剑桥大学的科学史家谢弗在其一篇面向公众讲述 20 世纪有多种不同说法的科学定义的文章中,曾这样介绍科学的概念:

① L. S. Buettner, *Science, Religin, and Ethics in the Writing of Joseph Needham*, Dissertation of University of Southern California, 1987.

② F. Bray, An Appreciation of Joseph Needham, *Chinese Science*, 1995, 12:164-165.

"用纲要性的术语来说,科学可以被看作是统一的或形形色色的,可以被看作是在人类的能力中共同具有的世俗的方面,或是罕见的、与众不同的活动,可以被看作是非个人的现代化的力量,或是人类劳动和社会群体的技能形式。在这些看法中,一种突出的看法断言说,各种科学都具有关于日常生活实践的常识。关于科学态度,也没有什么特殊之处;科学提出的问题,是那些向所有的人表现出来的问题。人们争辩说,在使其成功的过程中,科学家只不过是以一种与其同伴相类似的方式来观察、计算和提出理论,只不过偶尔更加细心。"①

席文则说得更明确:"如果科学的概念宽泛到能包容欧洲从早期到目前对自然思考的演化,那么这个概念就必定可以用于多种多样的中国的经历。"②从而,中国科学史研究的合法性自然继续存在。当然,这是在将宽泛的科学概念与更狭义的西方近代科学概念有明确区分的前提之下。就像有学者在论述科学教育时所言:

"长久以来,教育者把科学或是看作为凭其自身的资格而成为的一种文化,或者是超越文化的。更近一段时间以来,许多教育者都开始把科学看作是文化的若干方面中的一个。在

---

①　S. Shaffer,What Is Science,in *Science in the Twentieth Century*,J. Krige,et al. , eds. Harwood Academic publishers,1997,pp. 27-42.

②　N. Sivin,Science and Medicine in Imperial China—The State of the Field,*The Journal of Asian Studies*,1988,47(1):41-90.

这种观点中,谈论西方科学是合适的,因为西方是近代科学的历史家园,讲近代是在一种假说演绎的、实验的研究科学的方法的意义上。……如果'科学'是指通过简单的观察来对自然的因果研究,那么,当然所有时代的所有文化都有其科学。然而,有恰当的理由将这种对科学的看法与近代科学区分开来。"①

相应于这种多元化意义上的科学概念,对任何社会中科学史的研究来说可以采用的基本原则就成为:"正是关于实力与弱点、关注与忽视的模式,以及关于各种科学学科及其与社会-经济史和文化史的关联,可以给出在一特定社会中的科学史以一种具有其自身特色的特征。"李约瑟强调的是普适的科学的概念,目前尽管存在有地域性的研究科学途径,但如何能够把这样的地域性途径与本质上普适的特征相协调呢?有人相信,"答案是简单的:普适性的问题只有当人们充分广泛地看到了分化的历史时才会提出。当只有单一的乐器时,人们不能谈论和谐。此时,更重要的是获得更多的乐器"②。

除了科学的概念之外,在研究的参照系、标准以及与之相关的目的与方法上,也同样存在新的思考方式。英国著名科学史家、研

---

① W. W. Cobern,Science and a Social Constructivist View of Science Education, in *Social-Cultrual Perspectives on Science Education*, W. W. Cobern, ed. , Kluwer Academic Publishers,1998,pp. 7-23.

② D. Chattarji, Joseph Needham and the Historiography of Science in Non-Western Societies,in *The Life and Works of Joseph Needham*,S. K. Mukherjee and A. Ghosh,eds. ,The Asiatic Society,1997.

究科学革命的权威霍尔就曾在大力赞扬李约瑟成就的同时，也指出了其中的一些问题。例如，举出几个《中国的科学与文明》一书中具体的例子，说明其将中国的发明与西方的发明之联系以及比较的不恰当等。尤其是：

> "从一开始，正如我们所见的，李约瑟目的的主要部分，是展示中国科学与技术的丰富多产；与西方的比较对于西方读者来说是有启发性的（其实对其自身也是回报），但却没有中国材料固有的魅力那么重要。"[①]

在与李约瑟的研究，以及背后与他著名的李约瑟问题相关的参照标准上，还有其他一些重要的论述。白馥兰在充分肯定了李约瑟的工作是由一位科学家对非西方科学与技术的最初严肃的历史研究，认为它在对非西方社会的非历史表述的挑战中，绝对是基础性的。但与此同时，白馥兰也指出它所构成的只是第一步，而不是一场批判性的革命。在李约瑟的策略中，中国的知识被区分为对应近代西方纯粹与应用的各学科分支，其中技术是应用科学，如天文学被分类为应用数学、工程被分类为应用物理学、炼丹术被分类为应用化学、农业被分类为应用植物学等。但重要的是：

> "在李约瑟计划中的目的论带来了两个严重的问题。首

---

①　A. R. Hall, A Window on the East, *Note and Records of the Royal Society of London*, 1990, 44: 101-110.

先,接受一种知识谱系的革命模式,其各分支对应于近代科学的各学科,这可以让李约瑟辨识出近代科学与技术的中国祖先或者先驱,但代价是使其脱离了他们的文化和历史与境。……这种对'发现'和'创新'的强调,是以一种很可能会歪曲对这个时期的技能和知识的更广泛与境的理解的方式。它把注意力从其他一些现在看来似乎是没有出路的、非理性的、不那么有效的或在智力上不那么激动人心的要素中引开,而这些东西在当时可能是更重要、传播更广或有影响力的。

"其次,在把科学革命和工业革命作为人类进步的一种自然结果的情况下,使得我们在判断所有技能与知识的历史系统时,使用了从这种特殊的欧洲经验中导出的判据。资本主义的兴起、近代科学的诞生和工业革命在我们的思想中是如此紧密地缠绕在一起,我们发现很难把技术的科学分开,很难想象在工程的复杂精致、规模经济或增加产出之外强调其他判据的技术发展轨迹。于是,从这条窄路的任何偏离都必须被用失败、用受制停滞的历史来解释。那些无可否认地产生了精致复杂的技术贮备但没有沿着达到同样结论的欧洲道路发展的社会,例如中世纪的伊斯兰、印加帝国或中华帝国,便会遇到所谓的李约瑟问题以及与之相关的问题:为什么它们没有继续产生本土的现代性形式? 出了什么问题? 缺失了什么? 这种文化的智力的或特性上的缺点是什么?"①

---

① 　F. Bray, *Technology and Gender : Fabrics of Power in Late Imperial China*, University of California Press,1997.

在这种分析中,联系到对李约瑟采用的参照框架,即欧洲发展道路的分析,实际上在某种意义上消解了作为李约瑟之研究出发点的"李约瑟问题"。或者说,在当我们采取了新的、不将欧洲的近代科学作为参照标准,而是以一种非辉格式的立场,更关注非西方科学的本土与境及其意义时,"李约瑟问题"就不再成为一个必然的研究出发点,不再是采取这种立场的科学史家首要关心的核心问题。正如埃岑加(Aant Elzinga)其对"李约瑟问题"的重新估价与分析中所说的那样:

"更新近的科学编史学中产生了文化倾向,以及科学的跨文化研究计划与对现代性更激进的批判之间的联系(这种批判主要集中在基本范畴的表示方式和文化同一性政策)。在这种强调知识的本土性质、鼓吹基于文化的陈述与同一性交叉的论述中,'李约瑟难题'核心问题的基础变得荒唐可笑。一个人不会问:为什么,又何以在某些文化背景中的科学知识更成功,而在另一些背景中的科学知识却不那么成功。因此,'李约瑟难题'以及它所依赖的进化论和剩余唯科学论的基础已是昭然若揭。"[①]

而法国的中国科学史研究者詹嘉玲更明确地指出,"许多研究传统中国科学的西方科学史家批评了李约瑟陈述他的核心问题的

---

① 刘钝、王扬宗:《中国科学与科学革命:李约瑟难题及其相关问题》,辽宁教育出版社 2002 年版,第 562—563 页。

方式。他们选择了不同的研究进路,关心对于思维模式的更深入的理解胜于关心补充中国对当今科学知识之贡献的清单的补充。在这一领域,目前被认为是最创新的研究,集中于关注在中国的科学传统中发现了什么,而不是缺失了什么"。虽然关注缺失的传统仍然还有影响,但在努力摆脱它的过程,科学史家近来的研究力求正面的描述,努力对原来那些由"西方崇拜"的同事提出的问题找到替代者。替代的问题经常被表述为:"中国科学是否做出了……?"或"中国人怎对待……?"等等。不过,"寻找这种替代的问题,并不意味着文化的相对主义;对普适有效模型的研究并不能避免对我们的研究工具提出质疑"[①]。

从另一个方面讲,白馥兰甚至提出这样的出发点所带来的另外一种后果:"自相矛盾的是,科学技术史家能够继续忽视在其他社会中发生的事情,恰恰是因为像李约瑟这样的学者的先驱性的工作,因为他们就中国或印度而提出的那些要予以回答的问题,是用宏大叙事(master narrative)所确立的术语来框定的……在技术史学科内,在欧洲与中国或其他非西方社会之间的差别,不是被当作一种恢复带有不同目标和价值的知识与力量的其他文化的挑战,而只是作为对西方才真正是能动的并因而值得研究的观点的证明。"[②]美国科学史家哈特(Roger Hart)站在更加后现代立场上

① C. Jami,Joseph Needham and the Historiography of Chinese Mathematics,in *Situating the History of Science:Dialogues with Joseph Needham*,S. I. Habib and D. Raina,eds.,Oxford University Press,1999,pp. 261-278.

② F. Bray,*Technology and Gender:Fabrics of Power in Late Imperial China*,University of California Press,1997,p. 10.

的分析,也表现出类似的看法:"尤其是在过去 20 年中,批判研究中的探索,已经对科学与文明的这些宏大叙事提出了质疑。"他还进一步突出了李约瑟的范式与对西方科学的参照之间的关系,发现那些对李约瑟的批评者"看到李约瑟过分夸大地试图为中国科学恢复名誉,却忽视了他最终把近代科学作为西方特有看法的再度确认"①。

　　在与那些更有后现代意味的分析相比,在一种稍缓和些的意义上对于李约瑟研究范式的超越来说,由席文负责编辑整理的《中国科学技术史》第六卷"生物学与生物技术"第六分册"医学"在李约瑟去世后于 2000 年出版,这可以说是一个很有象征意义的事件。此卷此分册与《中国科学技术史》其他已经出版了的各卷各分册有明显的不同。席文将此书编成仅由李约瑟几篇早期作品构成的文集,对于席文编辑处理李约瑟文稿的方式,学界当然存在不同的看法。不过,席文的做法的确明显地表现出他与李约瑟在研究观念等方面的不同。他在为此书所写的长篇序言中,系统地总结了李约瑟对中国科学技术史与医学史的研究成果与问题,并对目前这一领域的研究做了全面的综述,提出了诸多见解新颖的观点。按照席文的判断,实证主义渗透在李约瑟对于什么才是恰当的科学与医学史的判断之中。但是,今天的历史学家则比李约瑟和他的同代人更可能以对他们所研究的时期和地点的技术现象的整体理解为目标,并随其目标的要求而规定他们的判据。这一转向极

---

　　① R. Hart, Beyond Science and Civilization: A Post-Needham Critique, *East Asian Science, Technology, and Medicine*, 1999, 16: 88-114.

大地限制了李约瑟的方法论对于年轻学者的影响。而席文本人的
科学与科学史观则是像大多数今天研究科学史的西方学者一样，
不认为知识（不论在什么地方）是会聚于一个预先确定的国家，不
是将今天的知识看作一个终点：

> "我在研究中的经历，使我把科学看作是某种人们一点一
> 点地发明和再发明的东西，永远不会受到已经存在了的东西的
> 彻底制约，永远不为某种不可改变的目标所牵制，经常犯错误，
> 而且总是处在被废弃的边缘。这种观点使它的历史不是作为
> 一连串预定的成功，而是作为一种曲折的旅程，它的方向经常
> 改变，没有终点，而是在给定的时间在某处产生出来。尽管科
> 学有惊人的严谨和力量，在这种开放性的演化的意义上，它就像
> 人类所经历的所有其他事情的历史一样。像其他的人文学家一
> 样，我认为错误的步骤和失败就像成功一样吸引人和具有教益。
> 问题不是 A 或 B 怎样出现在现代的 Z 之前，而是人们如何从 A
> 走到 B，以及我们可以从这种历史变化的进程中学到什么。"[1]

席文的这篇序言是值得我们注意的。它表现出与李约瑟有所
不同的另外一种更新的编史学立场，考查了李约瑟的研究中从一
般性基础假定到具体的观念框架与方法中存在的问题，总结了中

---

① N. Sivin, Editor's Introduction, in *Science and Civilisation in China*, Vol. 6,
Biology and Biological Technology, Part VI: Medicine, by Joseph Needham, with the
calibration of Lu Gwei-Djen, and edited and with an introduction by Nathan Sivin,
Cambridge University Press, 2000, pp. 1-37.

国科学技术史研究,特别是中国医学史研究的历史与现状,乃至展望了未来研究的发展和未来研究的课题。限于篇幅,这里无法对之一一详细总结转述。但其中至少可以提到两个值得关注的问题。

其一,是在中国科学史研究中已经有许多人注意到的"考证"方法的意义与局限的问题。席文指出:

"仍然还有大量类似的工作需要专家去做文本研究(考证)。问题是,对于世界其他地方(甚至非洲)的医学研究,不再依赖于这种狭隘的方法论基础。随着从历史学、社会学、人类学、民俗学研究和其他学科采用的新的分析方法的结果,其范围在迅速地改变着。对这种更广泛的视野的无知,使东亚的历史孤立起来,并使得它对医学史的影响比它应该有的影响要小得多。

"少数有进取心的研究东亚医学的年轻学者已经开始了对技能与研究问题的必要扩充。他们开始自由地汲取新的洞察力的源泉,其中包括知识社会学、符号人类学、文化史、文学解构等。我将不在更特殊的研究,像民族志方法论、话语分析和其他他们正在学习的研究方法的力量与弱点方面停留。我只是呼吁关注已经提到的中国问题,对之这样的方法可以带来新见解。"[①]

---

① N. Sivin, Editor's Introduction, in *Science and Civilisation in China*, Vol. 6, Biology and Biological Technology, Part Ⅵ: Medicine, by Joseph Needham, with the calibration of Lu Gwei-Djen, and edited and with an introduction by Nathan Sivin, Cambridge University Press, 2000, pp. 1-37.

　　另一个这里只想点到为止的问题是，在这篇序言中席文还专门提到了中国医学史研究与性别的问题，而且认为在医学史中，一般来说，性别的问题已不再只是一个女性主义的主题。它们与保健的最基本的特征有关。妇女特有的疾病不仅是生理学的概念，它们还是社会控制的工具等，并指出关于性别的洞见将对医学的所有方面，对于男人和女人都带来新见解。

　　关于中国科学技术和医学史与性别研究的问题，这里不拟展开。但在这里可以看到，这样一个主题出现在最新出版的《中国科学技术史》中，确实是有着鲜明的象征意义。

六　中国科学技术史研究与人类学

　　在李约瑟之后，虽然在国际范围的科学史学科中，中国科学史的研究还远远没有成为主流，但其研究的内容、视角、方法和指导思想也已经发生了巨大的变化，形成了对李约瑟的某种超越。正如小怀特（Lynn White, Jr.）在 20 世纪 80 年代中期就已经指出的那样：

　　　　"我怀疑，极少有（至少是更年轻的）科学史家在今天还具有李约瑟的那种带有对于在巴洛克时期在欧洲出现的科学风格的全部信心。其原因不仅仅是一种偶然性的意识对于我们大部分思考的渗透，或是对如此令人兴奋的库恩范式的争论，或近来对'迷信'——这个最令人误解的词——在 17 世纪科学滋养中作用的公正承认。主要原因是一种对于科学生态深刻兴趣的出现。也就是说,对于在任何阶段和地区的理论科学每样形成了其总体的与境,以及客观存在怎样由其环境、文化和其他因素所相互形成的兴趣。近代科学的历史不是对利用伽利略的方法而得到的一个无限系列的对绝对真理发现之记录的成功过程,它与所有其他的历史成为整体,在类型上绝非与所有其他种类的人类经验有所差别。"①

而席文也在他那篇重要的序言中指出:

"由于对相互关系之注重的革新,内部史和外部史渐渐隐退。在 80 年代,最有影响的科学史家和那些与他们接近的医学史家,承认在思想和社会关系的二分法使得人们不可能把任何历史的境遇作为一个整体来看待。在这种努力中,他们极大地得到了从人类学和社会学借用来的工具和洞察力的帮助。以最明显的例子来说,文化的观念就提供了一种对概念、价值和社会相互作用的整体看法。"②

其实,更早些时候,席文就已经谈到了在中国科学史的研究方

① L. White, Jr. Review Symposia, *Isis*, 1984, 75:171-179.
② N. Sivin, Editor's Introduction, in *Science and Civilisation in China*, Vol. 6, Biology and Biological Technology, Part VI: Medicine, by Joseph Needham, with the calibration of Lu Gwei-Djen, and edited and with an introduction by Nathan Sivin, Cambridge University Press, 2000. pp. 1-37.

法与观念上"跨越边界"的问题。他认为,对科学史研究已经在三个边界的探索中被实践着。第一个边界是科学史与科学实践的边界,第二个边界是科学史与历史和哲学的边界,第三个边界是科学史与社会科学,主要是人类学和社会学的边界。跨越这三个边界的研究领域分别出现于不同的时期。尤其是第三个边界是与人类学和社会学共有的,直到20世纪60年代末70年代初才从迷雾中出现。而它的出现,也部分地是由历史学家受到法国年鉴学派的启发。它也逐渐进一步地由结构人类学家和符号人类学家(他们用非常新的方式来解释人类动机和行为的模式)所描绘出轮廓。而事实上,新的人类学是如此地有力量,在十来年的时间里,它已经彻底削弱了在人类学和社会学之间的壁垒。虽然在过去的观点中,通常是认为人类学家研究他们所称的原始人,而社会学家研究"我们"当代人,但随着人类学和社会学的合流,同样的方法、见解和理论体系的拓展,几乎可以应用于所有的人。可以注意到的是,在席文倡导将人类学方法用于科学史研究的看法中,带有比较鲜明的社会建构论的背景。席文本人也明确地认为:"也许,历史学家从社会科学那里得来的最有影响的见解,必须涉及所谓的'对实在的社会建构'。"作为科学史研究对象的那些人,是用他们从周围的人那里继承来的素材而使其经验有意义的。"我们所见的他们的世界观或宇宙观或科学,只是人们随着其长大而建构的单一实在的一个组成部分。作为更大结构的一部分,宇宙观不是外来的。他们在与其他人的关系中观察到的秩序的概念使宇宙观形成。他们采纳的社会秩序,是他们知道会使社会之外杂乱的现象有意义——否则就会没有意义。"①

确实,无论就一般科学史还是就中国科学史研究目前的发展来说,与人类学的结合是诸多发展方向中非常突出地值得重视的方向之一。但对这样一个大问题的系统研究,还需要另外的专门讨论。在这里,不妨仅以一个近来的研究实例,来说明人类学方法在中国科学史研究的具体表现。

恰恰就是那位作为李约瑟写作《中国科学技术史》的合作者之一的白馥兰,在《俄赛里斯》题为"超越李约瑟:东亚与南亚的科学、技术与医学"专号中,发表了一篇有关中国技术文化史的论文。②这篇论文的出发点,就是将中国技术史的研究与人类学方法结合起来。白馥兰认为,在1000—1800年这段被称为"中华晚期帝国"的社会与境下,可将家居建筑视为一种技术,其重要性可与19世纪美国的机床设计相比。在以往人们研究包括中国技术史在内的技术史时,都是关注那些与现代世界相联系的前现代技术,如工程、计时、能量的转化,以及像金属、食品、丝织等日用品的生产。换言之,也就是关注那些在我们看来似乎最重要的领域,因为它们构成了工业化的资本主义世界。从而,认为西方所走的道路仍然是最"自然的",与之相反,在所有非西方的社会中(包括中国),技术进步的自然能力以某种方式被阻止了走上这条自然的道路。所用的隐喻则是障碍、刹车(制动,闸)或陷阱。非西方的经验于是被

---

① N. Sivin, Over the Borders: Technical History, Philosophy, and the Social Sciences, *Chinese Science*, 1991, 10:69-80.

② F. Bray, Technics and Civilization in Late Imperial China: An Essay in the Cultural History of Technology, *Osiris*, 1998, 13:11-33.

表述为一种未能建立成就的失败,这种失败需要解释,于是通常受到责备的就是在认识论或建制的形式上的文化。她指出,李约瑟批判了利用科学来支撑西方至上的做法,但像他那一代的其他科学家一样,他也充分地具有"辉格立场"的目的论。《中国科学技术史》是把技术分类为应用科学,而李约瑟对技术进步道路的绘制,仍然是按照标准观点的判据。在技术史中,这种标准观点把工业化的资本主义范畴强加在非西方的社会上,然后,它就通过辨认其未能走西方道路的原因来不恰当地表述它们。

在这种思想指导下,当辨别重要的技术时,关于那些对社会本性的形成最有贡献的技术,中国技术史家通常沿袭西方历史学家的样子,关注带来工业世界的日常用品的技术——冶金、农业、丝织。然而,白馥兰看到,晚期帝国的中国不是资本主义,它特征性的社会秩序的组织,并不是按现代主义的目标和价值构成的。在建制中最本质地形成了晚期帝国社会与文化的是等级联系。因此,她认为,如果人们完全可以把建筑设计作为一种"生活的机器"(machines for living)来看待,它反映了特定的生活方式和价值。人类学和文化批评研究者表明,建筑不是中性的。房子是一种文化的寺院,生活在其中的人被培养着基本的知识、技能和这个社会特定的价值。因此,她选择家居建筑中的宗祠作为中国技术史研究的对象,这一对象把所有阶级的家庭联系到历史和更广泛的政策中,它将特殊的意识形态与社会秩序结晶化,规范化了晚期帝国的社会。在对中国家居建筑的具体研究中,她主要是根据朱熹的著作、《鲁班经》等文献进行分析,也包括风水等内容。她发现家祠是一种家族联系与价值的物质符号,从宋朝开始中国的知识与政治精英利用以宗祠为中心的仪式与礼节,将人口中范围广泛的圈子合并到正统的信仰群体中;并提出,作为一种物质的人造物,宗祠包含了不明确的意义,对应于道德的流变,帮助其成功地传播,并使它成为一种在面对潜在的破坏力量时使社会秩序重新产生的有力工具。总之,抛开具体的结论,关键点在于白馥兰所关注的,是那些在传统中被认为是"非生产性"技术起改变作用的影响,以便提出一种更为有机的、人类学的研究技术及其表现的方法。应用了这样的新观念、新方法和新视角来重新思考非西方的技术史,就带来了一系列全新的理解过去的可能性,以及新的与其他历史和文化研究分支对话的可能性。

然而,像这样的研究兴趣,所要解决的问题就不再是像"李约瑟问题"之类的预设了。

七　小结

这里基于有关西方学者对中国科学史研究的编史学研究,特别是对李约瑟的中国科学史研究中的概念、假定和指导思想中问题的研究,以及在李约瑟之后的反思的考察,讨论了中国科学史研究中的几个基础性的编史学问题。在此可以简要地总结为以下七个方面。

第一,李约瑟对中国科学史研究的重大贡献与意义,主要在于他通过对中国科学史多方面多学科的系统考察,最先使西方人在某种程度上改变了对中国科学史的态度,为中国科学史的研究在科学史界奠定了基础,也为到他完成其撰写的著作时的相关文献做了系统的整理与总结。

第二，李约瑟的中国科学史研究，是以解决其提出的"李约瑟问题"为主要动力与目标的。其基础性的科学概念是一种与"西方近代科学"有别的、有机的、普适的世界性科学，他认为中国古代科学的发展将汇流到这种科学之中。这种普适的科学的概念和中国古代的成就与其之间的关系，使中国古代科学史的研究得到了合法化的地位。

第三，在李约瑟的研究中，在相当程度上仍是以西方近代科学的成就作为潜在的参照标准，在这方面依然有某种辉格式历史的倾向。

第四，基于李约瑟的前提概念与假定，在其工作中展示中国古代科学发现的优先权问题是一项重要的内容。与之相关，或者间接相关地，在早期其他西方学者和更多中国学者对中国古代科学史的研究，或更一般地讲，在许多非西方科学史研究的早期，都有类似的对优先权发现的极度关注，同时考证的方法也突出地得到重视。

第五，随着国际科学史学科的发展，以及当代科学哲学与科学社会学研究的发展，李约瑟的科学概念、参照标准和对中国发现之优先权的注意和强调，已经是一些可以讨论的问题，对这些问题的讨论，将为中国科学史的研究带来变化。以科学的概念为例，现在持李约瑟那种普适的科学概念的科学史家人数很少，但在与西方近代科学相明确区分的前提下，在更关注观念、建制、文化等关联时，对非西方科学（甚至于对某些西方科学）的历史研究中，在对不同地域和文化的具体历史研究中，科学概念的泛化或多元化已是一种现实,并为众多科学史家所接受。

第六,虽然"李约瑟问题"对中国科学史研究的发展起到过重要的、无可否认的促进作用,带来了学术的繁荣,但基于新的对李约瑟前提假定的看法与立场的变化,"李约瑟问题"的重要性已不像以前那样,至少不再是一部分西方研究中国科学史的学者所首先关注的核心问题。

第七,随着对中国科学编史学研究的发展,在国际科学史学科发展的大背景和总趋势下,除了基本观念和指导思想之外,相应地在研究方法上,一些西方学者对中国科学史的研究也表现出变化。在诸多变化中,与社会建构论有某种相关的将人类学方法引入科学史,是值得注意的发展之一,与之相关的一些具体研究成果是非常有新意和启发性的。